Strategien und Prozesse
für neue Geschäftsmodelle

Jürgen Frischmuth   Wolfgang Karrlein
Jan Knop   (Hrsg.)

Strategien und Prozesse für neue Geschäftsmodelle

Praxisleitfaden für E- und Mobile Business

Geleitwort von Friedrich Fröschl

 Springer

Jürgen Frischmuth
Dr. Wolfgang Karrlein

Siemens Business Services
Berliner Straße 95, 80805 München
{juergen.frischmuth, wolfgang.karrlein}@mch20sbs.de

Prof. Dr. Jan Knop
Heinrich-Heine-Universität, Universitätsrechenzentrum
Universitätsstraße 1, 40225 Düsseldorf
knop@uni-duesseldorf.de

Mit 101 Abbildungen

ISBN 978-3-642-62527-5

Die Deutsche Bibliothek – CIP-Einheitsaufnahme
Strategien und Prozesse für neue Geschäftsmodelle:
Praxisleitfaden für E- und Mobile Business / Hrsg.: Jürgen Frischmuth

ISBN 978-3-642-62527-5   ISBN 978-3-642-56588-5 (eBook)
DOI 10.1007/978-3-642-56588-5

Umschlaggestaltung: Künkel + Lopka Werbeagentur, Heidelberg
Satz: Datenkonvertierung durch perform, Heidelberg
Gedruckt auf säurefreiem Papier   SPIN: 10787036   45/3142 GF – 5 4 3 2 1 0

Geleitwort

Electronic Business – Chancen und Herausforderungen

Der Siegeszug des Internets ist ungebrochen – weltweit nutzen bereits über 200 Millionen Anwender dieses Kommunikations- und Informationsnetz. Auf Basis des Internet-Protokolls, mit dem sich jegliche Form von Kommunikation – Sprache, Daten, Bilder, Musik, Videos – übertragen lässt, hat sich das Internet in nur wenigen Jahren zu einem zentralen Nervensystem der Welt entwickelt.

Die betriebs- und volkswirtschaftlichen Wirkungen des Internets sind tief greifend. Waren die technologischen Fortschritte in der Informationstechnik früher nur kommerziellen Anwendern vorbehalten, stehen heute jeder Privatperson umfassende Informationsquellen und leistungsfähige Werkzeuge zur Verfügung. Und der einzelne Konsument profitiert davon: Nicht nur die Kosten für die Endgeräte und die Kommunikation haben sich drastisch reduziert, sondern auch die Preise der gehandelten Güter und Dienstleistungen.

Mit dem Internet und seinen intelligenten Suchmaschinen entstand ein virtueller Markt auf rein elektronischer Basis. Angebot und Nachfrage eines globalen Marktes, der 24 Stunden 7 Tage die Woche geöffnet ist, können in Echtzeit abgeglichen werden. In der Online-Welt werden die Preise transparent. Mit dem räumlich und zeitlich unbegrenzten Zugang zu Produkt- und Marktinformationen fallen traditionelle Barrieren, die bisher den „vollständigen Markt", das Ideal der Volkswirtschaftstheorie, verhindert haben. Die Macht des Käufers wächst und der Preisdruck nimmt zu – mit durchaus spürbaren positiven Effekten auf das Preisniveau insgesamt.

Noch einschneidender sind die Veränderungen auf der Anbieterseite. Mit neuen Produkten und Dienstleistungen erreicht man vom ersten Tag an eine globale Konsumentengemeinde. Dies betrifft alle Branchen und alle Unternehmensgrößen. Nicht nur regionale Märkte, vor allem bisher durch vielfältige Maßnahmen regulierte Branchen, wie zum Beispiel die gesamte Gesundheitsbranche, sind betroffen.

Ein weiterer Effekt ist unübersehbar: Das Internet lässt die Unterschiede zwischen Groß und Klein, Alt und Neu verschwinden. Auf der einen Seite können größere Organisationen aufgrund ihrer Kapitalkraft leichter neue Chancen nutzen, die informationstechnische Infrastruktur ausbauen und letztlich genauso flexibel werden wie ihre kleineren Mitbewerber. Auf der anderen Seite aber senkt E-Business die Eintrittsbarrieren für kleinere Unternehmen und Newcomer. Sie werden auf einen Schlag gegenüber den Giganten des Marktes über alle geografischen Grenzen hinweg wettbewerbsfähig.

Wir erleben einen neuartigen Zeitwettbewerb. Nur wer sich heute an die Spitze der Entwicklung setzt, wird in wenigen Jahren in seinem Segment dominieren. Die Zeit zum Planen, Bewerten und Handeln hat sich extrem verkürzt. Dies führt zu neuen Spielregeln, die wiederum die Unternehmen zwingen, ihre gesamte Wertschöpfung neu zu ordnen.

Ganz offensichtlich haben sich die Wettbewerbsbedingungen und die Anbieterlandschaft – die Außenwelt der Unternehmen – grundlegend verändert. Noch gravierender sind jedoch die internen Wirkungen. Dabei wird leicht übersehen, dass es mit Hilfe der Informationstechnik in den letzten 30 Jahren zwar gelungen ist, alle betriebliche Abläufe wesentlich effizienter zu gestalten, diese sind aber im Wesentlichen unverändert geblieben. Das auf dem Internet aufbauende E-Business wird in der produzierenden und dienstleistenden Wirtschaft die Produktentwicklung beschleunigen, Vertriebswege schlanker machen, Lieferanten enger einbinden, den Aktionsradius der Unternehmen erweitern und ihre Kundenbasis verbreitern. Entsprechendes gilt für öffentliche Institutionen.

Die damit verbundenen Veränderungen werden insofern zu Recht als E-Business-Revolution bezeichnet[1], als E-Business die Integration der Informationstechnik in die Geschäftsprozesse bewirkt. Das macht den Weg frei für völlig neue Organisations- und Geschäftsformen, verändert bestehende Organisationen und schafft neue. Dabei eröffnet E-Business ein geradezu unerschöpfliches Potenzial an Produktivitätsverbesserungen. Das Hauptmotiv der Internet-Nutzung ist ganz real: Es geht darum, schneller und preiswerter zu sein. Hier stehen wir erst am Anfang, und die Umsetzung setzt solide und gründlich durchdachte Konzepte voraus.

Wie erfolgreich durchgeführte E-Business-Lösungen zeigen, lassen sich zum Beispiel im Wertpapierhandel die Kosten pro Transaktion messbar reduzieren. Mit elektronischen Beschaffungsnetzen, über umfassende Kundenservicesysteme und elektronische Vertriebssysteme können die Bearbeitungskosten deutlich gesenkt werden, in der Entwicklung und Produktion kann die Herstellungszeit um bis zu 25% verkürzt werden.

Der Übergang zur elektronischen Geschäftsabwicklung hat seinen Preis: Künftig ist weit mehr in die Informationstechnik zu investieren. Ihr Anteil am Gesamtbudget wird in wenigen Jahren je nach Branche von zurzeit 2 bis 10 auf 10 bis 40 Prozent anwachsen. Dabei ist zu beachten, dass zusätzlicher Umsatz aus dem E-Business nicht sofort zu erwarten ist. Ein entsprechender Amortisationszeitraum muss überbrückt werden.

Es bietet sich hier der Vergleich zur Welle des Total Quality Management oder des Reengineering am Beginn bzw. zur Mitte der neunziger Jahre an, die jeweils mit signifikanten Produktivitätsverbesserungen verbunden war. Ich bin davon überzeugt, dass E-Business in wenigen Jahren die ganz normale Art und Weise der Geschäftsabwicklung darstellen und dabei zu nachhaltigen Wettbewerbsvorteilen führen wird. Dies setzt allerdings voraus, dass man die Herausforderung annimmt, alle geschäftlichen Prozesse auf den Prüfstand zu stellen.

Der Blick auf die Kostenseite allein ist zu eng: Die eigentliche Chance liegt darin, dass E-Business nicht bei Kostenaspekten Halt macht und zu Wachstumszielen hinführt – mit der Erschließung neuer Märkte, höherer Ausschöpfung des vorhandenen Kundenstamms und engerer Bindung an den Kunden. Durch die Möglichkeit individualisierter sowie erweiterter Dienstleistungen lassen sich bisherige Geschäftsbeziehungen festigen und zusätzlicher Umsatz generieren.

---

1 Vgl. P. Cunningham, F. Fröschl: Electronic Business Revolution. Opportunities and Challenges in the 21st Century. Springer-Verlag 1999.

Voraussetzung für eine erfolgreiche Umsetzung von E-Business-Lösungen ist aber ein planvolles und aufeinander abgestimmtes Vorgehen. Entsprechend der betrieblichen Wertschöpfungskette bietet es sich dabei an, Konzepte und Anwendungen in folgende fünf Kerngebiete zu gliedern:

- Supply Chain Management für das reibungslose Zusammenspiel aller betrieblichen Abläufe von der Bestellung bis zur Auslieferung,
- Enterprise Resource Management für die Optimierung aller administrativen Geschäftsprozesse,
- Business Information Management zur effizienten Nutzung und Verknüpfung aller relevanten Informationen im Unternehmen,
- Customer Relationship Management für die reibungslose Koordination von Vertrieb, Marketing und Kundenservice, zugeschnitten auf die individuellen Bedürfnisse der Kunden, und schließlich
- E-Commerce, der elektronische Handel, der sich immer mehr in Richtung Mobile Commerce entwickelt, also mit Hilfe mobiler Endgeräte hin zu Mobile Shopping, Mobile Banking, Mobile Booking und Mobile Brokerage.

Ganz entscheidend für eine erfolgreiche Implementierung neuer elektronischer Lösungen ist deshalb die klare Trennung der verschiedenen betrieblichen Geschäftsarten innerhalb des Unternehmens, denn in den einzelnen Geschäftssegmenten gelten ganz unterschiedliche Erfolgsfaktoren und Unternehmenskulturen. Während bei der Produktentwicklung Kreativität zählt und es vor allem auf Geschwindigkeit und Stückzahl ankommt, sind beim Management der betrieblichen Infrastruktur Kostenbewusstsein, Operational Excellence und Economies of Scale entscheidend. Bei der Kundenbetreuung ist Dienstleistungsmentalität und genaue Kenntnis der Kundenbedürfnisse vorrangig, ein Asset, das wiederum erst durch E-Business-Lösungen gezielt entwickelt werden kann.

Das vorliegende Buch gibt mit seinen Praxisbeispielen Anregungen und Hilfestellungen für erfolgversprechende Ansätze. Es erhebt keinen Anspruch auf Vollständigkeit. Vielmehr sollen die hier von Praktikern und Experten beschriebenen Beispiele aus unterschiedlichen Branchen aufzeigen, wie im jeweiligen Unternehmen Electronic Business eingeführt worden ist; die Spannbreite reicht von der strategischen Neuausrichtung über die Einführung von Kundenmanagementsystemen bis hin zur Auslagerung gesamter Geschäftsprozesse an externe Dienstleister. So erfahren Sie aus erster Hand, auf welche Weise diese Anwender ihre Ziele verwirklicht und welche Erfahrungen sie dabei gemacht haben.

Dr. Friedrich Fröschl
Vorsitzender der Geschäftsführung
Siemens Business Services

Inhalt

Einführung

Die Zukunft hat schon begonnen

Jürgen Frischmuth
Siemens Business Services, München, Geschäftsleiter

Dr. Wolfgang Karrlein
Siemens Business Services, München, Leiter Strategisches Marketing

Prof. Dr. Jan Knop
Heinrich Heine Universität, Düsseldorf, Direktor des Rechenzentrums

New Economy, E-Business, Mobile oder M-Commerce – täglich prägen die Medien neue Schlagworte, die dann von den Beratern im Munde geführt und auf Folien gezeigt werden. Einmal findet die euphorische Ankündigung des Siegeszuges der „neuen Wirtschaft" statt, dann wird die Revolution wieder abgesagt oder zumindest vertagt. Was aber steckt hinter all diesen modischen Schlagworten? Welche Konzepte schälen sich nach den ersten Gründerjahren des Internets heraus? Wir alle haben das Bonmot gehört oder gelesen: Nichts ist so beständig wie der Wandel. Was sind aber nun die neuen Koordinaten, die es hinter dieser plakativen Fassade zu entdecken und zu beachten gilt?

Die Gründerstimmung vor allem in den USA mit ihrem schon recht lange anhaltenden Boom ist zunächst einmal nicht nur auf das Internet zurückzuführen. Zu der eigentlichen „New Economy" gehören neben der Informations- und Kommunikationsbranche noch einige weitere Branchen, in denen ebenfalls erhebliche Innovationsschübe zu beobachten sind, etwa

- in der Automatisierungstechnologie,
- bei den neuen Werkstoffen,
- in der Nanotechnologie oder
- in der Bio- und Gentechnologie.

All diesen Branchen ist gemeinsam, dass sie eine Querschnittsfunktion haben und mit ihrem technischen Fortschritt andere Wirtschaftszweige beeinflussen – wie zum Beispiel auch die Logistikbranche. Ergänzt wird die Veränderung durch demografische Trends: Der zunehmende Anteil älterer Menschen – vor allem in den Industriestaaten – bedeutet eine große Herausforderung für die sozialen Sicherungssysteme und auch für die Versorgung der Wirtschaft mit Arbeitnehmern. Zugleich führt dieser Trend zu signifikanten Veränderungen in den Bedürfnissen eines großen Teils der Bevölkerung und damit zu Nachfrageverschiebungen.

Informations- und Kommunikationstechnologie als Motor

Die Entwicklungen und die Konsequenzen, die sich aus der Informations- und Kommunikationsindustrie als einer der vier Schlüsselbranchen der „New Economy" für die anderen Wirtschaftszweige ergeben, sind Gegenstand dieses Buches. Gegenwärtig ist die Informations- und Kommunikationsbranche häufig noch alleinige Nutzerin ihrer eigenen Innovationen – beispielsweise im E-Business. Die Diffusion der technischen Innovationen und neuer – nun möglich gewordener – Konzepte in andere Bereiche der Wirtschaft hat gerade erst begonnen. Aber sie wird sehr schnell vorankommen. Kaum ein Unternehmen hat heute bereits all seine Geschäftsprozesse voll auf die Möglichkeiten des E-Business umgestellt. Die Konsequenzen, die diese Entwicklung mit sich bringen wird, sind jedoch bereits klar zu erkennen:

- Das Internet führt zu einer höheren Markttransparenz. Der Zugang zu Informationen wird wesentlich einfacher, ihre Menge nimmt deutlich zu und die Kosten sinken.
- Der Servicegrad für die Kunden steigt. Dadurch, dass die Zugangsgeräte immer einfacher werden, wird die Hemmschwelle zur Nutzung immer geringer. In Zukunft dürften die erforderlichen technischen Voraussetzungen, um die sich jeder Nutzer selbst kümmern muss, kaum mehr eine Barriere für den breiten Einsatz dieser Technologien sein. So wird das Mobiltelefon immer mehr zum Internet-Zugangsgerät und der Anschluss über die „normale" Stromsteckdose zu Hause ist ebenfalls schon in Pilotprojekten realisiert.
- Für die Firmen bedeutet die rasche Ausbreitung des Internets, dass sie noch viel mehr Daten über die Wünsche und Vorlieben ihrer Kunden erhalten können, als dies mit traditionellen Mitteln möglich ist. Wenn sie die internen Analyse-, Marketing- und Vertriebsprozesse klug miteinander integrieren, können sie auch schneller auf Änderungen dieser Vorlieben und Bedürfnisse reagieren und damit die Kundenbindung erhöhen.

Als wesentliche Voraussetzung für diese Entwicklung wird eine Vernetzung und Integration von unternehmensinternen Programmen und Systemen mit dem Internet notwendig sein, um teure und zeitlich aufwendige Medienbrüche zu vermeiden. Dadurch, dass eine Bestellung eben nicht nur einen Ordervorgang auslöst, sondern vielmehr einen ganzen Produktionsprozess – unter Umständen mit der „Losgröße Eins" – anstößt, der wiederum einen Bestellvorgang bei Zulieferern auslöst usw., wird auch die Vernetzung zwischen den Unternehmen immer wichtiger. Als gemeinsame Basistechnologie kann dabei das Internet dienen.

Unterschiedliche Auswirkungen auf verschiedene Branchen

Die Innovationen der Informations- und Kommunikationstechnologie als Querschnittsfunktion beeinflussen andere Wirtschaftszweige erheblich. Sieht man sich

die Trends und Entwicklungen in Deutschland in verschiedenen Branchen an,
wird deutlich, wie umfassend die neuen Technologien Einzug halten.

Beispiel: Logistikbranche

Die Logistikbranche ist durch eine Internationalisierung und Konsolidierung gekennzeichnet. Zusammenschlüsse und Allianzen bestimmen zunehmend das Bild.
Dadurch treten vor allem große Logistikanbieter in fremde Märkte ein. Die mittelständischen Unternehmen reagieren darauf mit Fokussierungs- und Differenzie-
rungsstrategien, wobei sie etwa Logistik- und IT-Beratung sowie die Organisation
und Optimierung des Güterverkehrs anbieten. Der hohe Kostendruck führt dazu,
dass die Auslagerung von Logistikprozessen und zusätzliche Mehrwertdienstleistungen (Order Tracking, Call Center etc.) eine wichtige Rolle für die Branche
spielen.

Im Zuge des E- oder M-Commerce lassen sich automatisch Reservierungen für
Lieferungen und Transporte durchführen. Dazu werden Logistikportale als neues
Geschäftsmodell z.B. für großvolumige Aufträge aufgebaut. Die Logistikleistun-
gen vor allem im Kurier-, Express- und Paketdienst (KEP) erfordern neue Konzepte – sowohl bei der Belieferung zwischen Unternehmen als auch zu den privaten Haushalten. Denn das Fulfillment der Online-Bestellungen setzt hohe Qualität
und Zuverlässigkeit bei Terminen und Konditionen voraus. Daher spielen Systeme
für das Kundenbeziehungs- oder das Ressourcenmanagement und vor allem deren
nahtlose Integration eine wichtige Rolle.

Beispiel: Handel

Im Handel führen die sinkenden Margen, stagnierende Umsätze und der scharfe
Preiswettbewerb zu Konzentrationstendenzen. Dadurch erhoffen sich die Unter-
nehmen, Skaleneffekte und bessere Einkaufskonditionen ausnutzen zu können.
Neue Konzepte, deren Umsetzung eng mit der Einführung neuer Information-
stechnologie verbunden ist, wie etwa Efficient Consumer Response (ECR) oder
Continuous-Replenishment-Prozesse, werden ebenfalls durch den herrschenden
Wettbewerb und Kostendruck vorangetrieben.

Durch die Gründung von Internet-Töchtern verschwindet die klare Trennung
zwischen Einzel-, Versand- und Großhandel, weil dadurch auch Zwischenstufen
eliminiert werden können. Wichtige Beiträge des E-Business kommen für den
Handel aus der Integration von Warenwirtschaftssystemen mit Enterprise-
Resource-Management-Applikationen. Die Unternehmensgrenzen werden durch
die Notwendigkeit einer nahtlosen Kommunikation mit Banken, Handelspartnern
und Logistikunternehmen erweitert. Auf der Beschaffungsseite findet durch
Supply-Chain-Management-Applikationen ebenfalls eine Transformation in das
E-Business statt.

Beispiel: Finanzbranche

Die Finanzdienstleister sind – neben dem Einzelhandel – diejenige Branche, die bereits am meisten von den neuen Entwicklungen betroffen ist. Sie sehen sich gravierenden Veränderungen gegenüber, denn durch das Zusammenwachsen Europas bekommen vor allem europäische Banken ungehinderten Zutritt zum deutschen Markt. Der verstärkte Wettbewerbsdruck führt für die Kunden zu einer hohen Transparenz bei Preisen und Leistungen der verschiedenen Institute. Dies trifft zeitgleich auf wachsende Ansprüche sowohl der Privat- als auch der Firmenkunden, sodass insgesamt eine sinkende Kundenloyalität zu verzeichnen ist. Klassische Geschäftsfelder wie das Kreditgeschäft verlieren an Bedeutung; neue Bereiche entstehen. So beispielsweise das Online-Brokerage oder Investment-Banking. Die klassische Einnahmequelle der Banken – das Zinsgeschäft – wirft kaum mehr Gewinne ab. Die Geldinstitute sind deshalb gezwungen, durch mehr Service und Beratung das Provisionsgeschäft zu fördern.

Für die Finanzbranche heißt das: Verbesserung der Kundenbeziehung und des Kundenmanagements. Durch neue Regeln für das One-to-One-Banking muss eine zielgruppengenaue Ansprache und Pflege der Privat- wie auch der Firmenkunden möglich werden. Customer-Relationship-Management-Lösungen stehen daher zunehmend auf dem vorderen Platz der Investitionen. Ebenso erfordern die immer schnelleren Zyklen der Internet-Technologien große finanzielle Anstrengungen. Solche Entwicklungen stärken auch im Finanzbereich die Nachfrage nach Outsourcing-Services, wobei diese Dienstleistung zunehmend unter strategischen Aspekten beurteilt wird. Darüber hinaus ergeben sich durch die Informationstechnologie auch neue Geschäftsmodelle als Einnahmequellen für die Institute. Sie können beispielsweise Portalfunktionen für ihre Geschäftskunden im Hinblick auf Zahlungsverkehr oder Sicherheit bieten. Ebenso ist eine künftige Rolle als Application Service Provider (ASP) vorstellbar, wobei über das Internet einfache und hoch standardisierte Cash-Management-Funktionen angeboten werden können.

Beispiel: Hochschulbereich

Zunehmend stellen Hochschulen ihre Arbeitsabläufe auf netzgesteuerte Aktivitäten um, die die Geschäftsprozesse innerhalb der Universität und mit Außenstehenden umfassen. Die technische Netzinfrastruktur dafür ist heute gegeben. Electronic Procurement mit den Lieferanten, Customer Relationship Management mit den ehemaligen Absolventen (Alumni) und Teleteaching sind Schlagworte, die zunehmend in die hochschulinterne Diskussion Einzug halten. Ein regelrechter „Push" der E-Commerce-Anwendungen ist jedoch erst mit dem Einsatz der intelligenten Chipkarte an den Hochschulen zu erwarten. Diese SmartCards stehen vor dem Durchbruch und ermöglichen zukünftig etwa auch Online-Wahlen zum Studierenden-Parlament und zu Personalräten. Damit können die Hochschulen zum Vorreiter für ähnliche Entwicklungen in der öffentlichen Verwaltung werden. E-Government verbessert den Bürgerservice, senkt die Kosten und ermöglicht neue Formen der demokratischen Teilhabe für alle Bürger.

Die eigentliche Technik tritt immer mehr in den Hintergrund

Diese Beispiele aus nur wenigen Branchen zeigen, dass sich die Wahrnehmung und Stellung von Informations- und Kommunikationstechnologie innerhalb der Unternehmen in den nächsten Jahren massiv verändert. Sie entwickelt sich von einem Kostenblock zu einem strategischen Mittel, das die Art und Weise bestimmt, wie Geschäftsprozesse in Zukunft funktionieren. Die eigentliche Technik tritt dabei immer mehr in den Hintergrund – der entscheidende Erfolgsfaktor ist das Geschäftsmodell selbst. Die Wertschöpfungsprozesse werden zunehmend digitalisiert und untereinander integriert. Sie bestimmen und verändern damit die erforderlichen Organisationsstrukturen und die notwendigen Kooperationsformen.

Im Zuge der hier skizzierten Virtualisierung der Geschäftswelt werden traditionelle und neue Business-Modelle für eine gewisse Zeit nebeneinander existieren. Das bedeutet allerdings auch eine weitere große Herausforderung für die Unternehmen. Sie besteht vor allem darin, den erforderlichen Lern- und Veränderungsprozess in den Betrieben mit möglichst wenig Friktionen und Effizienzeinbußen durchzuführen.

Der rasche technologische Fortschritt und die damit steigende Komplexität der Technik, aber auch die neuen Möglichkeiten, die sich durch diese schnelle Entwicklung ergeben – all das wird weiterhin eine Triebfeder für Dienstleistungen im Sinne von Beratung, Design, Entwicklung, Integration und Wartung von Informations- und Kommunikationstechnologie sein. Da die Kompetenz und die Ressourcen vieler Unternehmen durch die zu erwartenden Entwicklungen dafür nicht mehr ausreichen, ist ein Trend zum externen Bezug von informationstechnischen Dienstleistungen auch für ganze Prozessketten festzustellen. Outsourcing wandelt sich dabei ebenfalls von einem Mittel der Kostensenkung zu einem strategischen Element in der Geschäftsstrategie.

Zielsetzung des Buches

Die Autoren dieses Buches haben vor allem versucht, einen praxisnahen Zugang zum E-Business zu beschreiben. Es geht dabei insbesondere um die Darstellung, wie die verschiedenen Aspekte der elektronischen Geschäftsabwicklung umgesetzt werden können. Sowohl die konzeptionellen Beiträge wie auch die ausführlichen Praxisberichte stellen das heutige E-Business-Projekt dar und illustrieren es. Alle, die an diesem Buch mitgearbeitet haben, hoffen, dass es gerade durch diesen starken Praxisbezug einen wertvollen Beitrag zu der Transformation von Unternehmen in die „New Economy" des Electronic und Mobile Business leisten kann.

Teil 1

Management:
Geschäftsmodelle, Strategie, Change

Strategien und Geschäftsmodelle im E-Business

Jürgen Frischmuth
Siemens Business Services, München, Geschäftsleitung

Wolfgang Karrlein
Siemens Business Services, München, Leiter Strategisches Marketing

Im Sommer 2000 erschien die „New Economy" in einem Zustand wie nach einer durchzechten Nacht: Am Abend vorher war alles noch lustig und erschien unter euphorischem Licht. Am Morgen danach kam der Kater. Wurden noch wenige Wochen zuvor die Internet-Start-ups in den Medien hochgejubelt und jeder, der sein Geld nicht in die boomenden Webfirmen-Start-ups steckte, zum Loser gestempelt, so waren kurze Zeit später die Aktienkurse im Keller, Börsengänge wurden verschoben und die traditionellen Unternehmen der „Old Economy" schienen auch im Web die Oberhoheit zu bekommen. Geht der „New Economy" also die Luft aus?

Eines scheint jedenfalls sicher zu sein: Die Phase einer Konsolidierung ist eingeläutet und die Goldgräberstimmung erst einmal vorbei. Nüchtern betrachtet ist der Status quo dadurch gekennzeichnet, dass ein grundsätzliches Überprüfen der verschiedenen Geschäftsmodelle auf längerfristige Zukunftstauglichkeit eingesetzt hat. Dabei werden auch strategische Überlegungen und Aspekte eine wichtige Rolle spielen, bei denen sich die Verfolger aus der „Old Economy" möglicherweise leichter, aber zumindest nicht schwerer tun werden.

Im Folgenden wird – nach einem kurzen Abriss der Entwicklung des E-Business-Booms – auf grundlegende Konzepte und Geschäftsmodelle eingegangen, die unserer Meinung nach bei der Strategieentwicklung und dem Design eines E-Business-Geschäftsmodells wichtige Elemente darstellen.

Die neue Goldgräberstimmung

In der ersten Phase der Entwicklung ging es um eine Landnahme im Internet. Die vielen Start-ups hatten die Gunst der Stunde erkannt und fingen einfach mit dem Experimentieren an. Die neue Technologie war relativ leicht zu erlernen, sie war (zunächst) auch billig einzusetzen und sie versprach Aufmerksamkeit und damit auch Zugang zu Venture Capital für weitere Investitionen. Ähnlich wie in der Kinderzeit beim Spielzeug kannte man nur noch das Neue, das Alte interessierte erst einmal nicht mehr. Genau darin lag auch der scheinbare Nachteil der großen und etablierten Unternehmen. Sie alle waren in ihrer Planung und mit ihren komplexen internen Prozessen und Abstimmungen nicht in der Lage, das neue „Spielzeug" genauso euphorisch aufzunehmen und mit seinen Möglichkeiten zu experimentieren. Zum einen befanden sie sich in zum Teil schon lange geplanten und großen Investitionsprojekten wie etwa Euro Einführung, Jahr-2000-Umstellung,

Einführung von ERP-Software (Enterprise Resource Management), die sich nicht so einfach stoppen, verschieben oder ändern ließen. Zum anderen sind die Strukturen in diesen Firmen generell hinsichtlich Strategieplanung und Abstimmung scheinbar „schwerfälliger" als bei neuen und wesentlich kleineren Unternehmen. Die neue Kultur für Task Forces und Experimente war und ist auch heute diesen Großunternehmen fremd oder bedarf einer hohen Anstrengung des Managements, um den notwendigen Freiraum zu schaffen.

Nach den ersten, in den Medien entsprechend aufbereiteten Erfolgen der (damals) neuen Start-up-Unternehmen wie amazon.com, Cisco oder Dell begann sich ein enormer Druck von Seiten der Investoren auf die Betriebe der „Old Economy" aufzubauen. Denn die Bewertung der Firmen aus der „Neuen Wirtschaft" war inzwischen um Größenordnungen höher. Als schließlich ein solches noch junges Internet-Unternehmen (AOL) einen traditionellen Riesen der Medienindustrie (Time Warner) aufkaufte und mit seinen entsprechend hoch bewerteten Aktien zahlte, schien das Ende der herkömmlichen Unternehmen nur mehr eine Frage der Zeit zu sein.

Das folgende Beispiel zeigt einen Vergleich (auf der Basis von Ende 1999) zwischen einem traditionellen Player – Compaq – und „seinem" neuen Konkurrenten – Dell. Dabei ergab sich die in Abb. 1 dargestellte Situation.

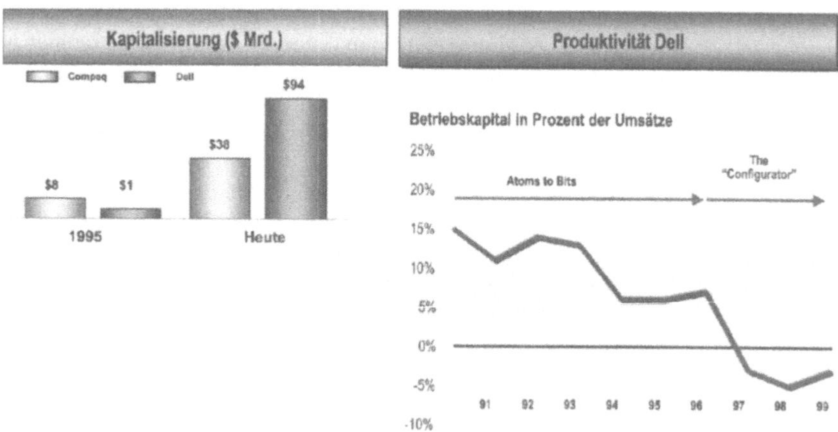

Abb. 1. Vergleich von Compaq und Dell

Noch im Jahr 1995 hatte Compaq eine Marktkapitalisierung von acht Milliarden US-Dollar, während Dell bei gerade einmal einer Milliarde US-Dollar stand. Nach nur knapp fünf Jahren (gegen Ende 1999) hatte sich das Bild dramatisch verändert: Compaq konnte seinen Börsenwert auf 38 Milliarden US-Dollar steigern. Dell dagegen wurde mit 94 Milliarden US-Dollar bewertet. Damit erreichte der Newcomer eine neue Dimension, was die Schnelligkeit der Abläufe anbetraf. Erreicht wurde das durch die konsequente Umstellung seines gesamten Geschäftsmodells und seiner Prozesse auf E-Business, was zu einer Steigerung um das 20fache gegenüber dem Konkurrenten führte. Das Betriebskapital von Dell ist seit der Einführung des Internets als Konfigurationsmaschine und als Vertriebska-

nal sogar negativ geworden. (Betriebskapital = Umlaufvermögen – Zahlungsmittel
– kurzfristige Verbindlichkeiten). Dell hat es in dieser Zeit geschafft, durch die
Transformation seine Prozesse von einem Push-Vertrieb in einen Pull-Vertrieb zu
entwickeln. Dabei wurde viel Wert darauf gelegt, dass die über das Internet aus-
gelösten Bestellvorgänge in einem hoch integrierten System schnell abgearbeitet
werden können.

Wie viel Psychologie hinter diesen Erfolgen und vor allem den Erwartungen
steckt, wird deutlich, wenn man die Entwicklung von Aktienkursen bei Unternehmen betrachtet, die ihren Namen um das kleine Kürzel „.com" ergänzten oder
gleich einen neuen Dotcom-Namen erfanden. Der Wert der Anteilscheine, die in
einer Studie zwischen Januar 1998 und März 1999 untersucht wurden, stieg um
fast 200 Prozent (s. Abb. 2). Dabei spielte allein die Ankündigung eine Rolle und
nicht etwa die ersten Anzeichen einer Umsetzung der entsprechenden Programme
oder die Einführung neuer Prozesse.

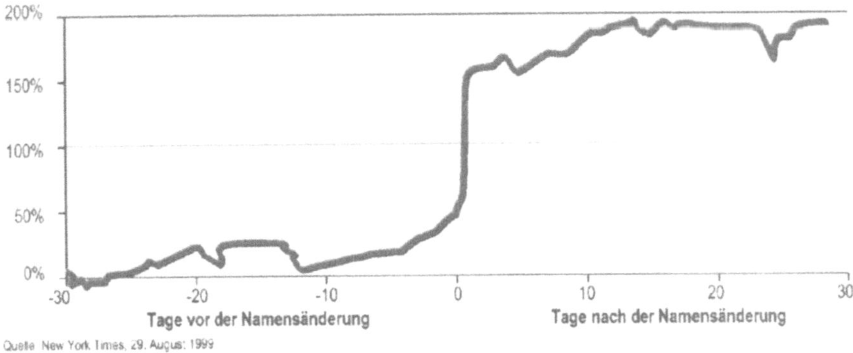

Abb. 2. Kurssprünge durch einfache Namensänderungen

Ein Grund, weshalb diesen Unternehmen – wie auch den meisten Start-ups –
dieser riesige Vertrauensvorschuss zugebilligt wurde, wird deutlich, wenn man die
Produktivität von etablierten Unternehmen den entsprechenden Parametern von
Firmen gegenüberstellt, die ihr Geschäftsmodell und ihre Prozesse am E-Business
ausrichten. Egal aus welchem Bereich die Beispiele sind, die Internet-Companies
hatten immer einen doppelten oder sogar noch größeren Produktivitätsvorteil. Das
Internet ermöglicht also ein Experimentieren mit zum Teil völlig neuen Geschäftsmodellen, die eindeutig neue Potenziale bei Effizienz, Effektivität, Qualität
und Kundenservice haben. Vor allem die Start-up-Unternehmen realisierten durch
ihre Schnelligkeit und Flexibilität einige dieser neuen Möglichkeiten (Abb. 3).

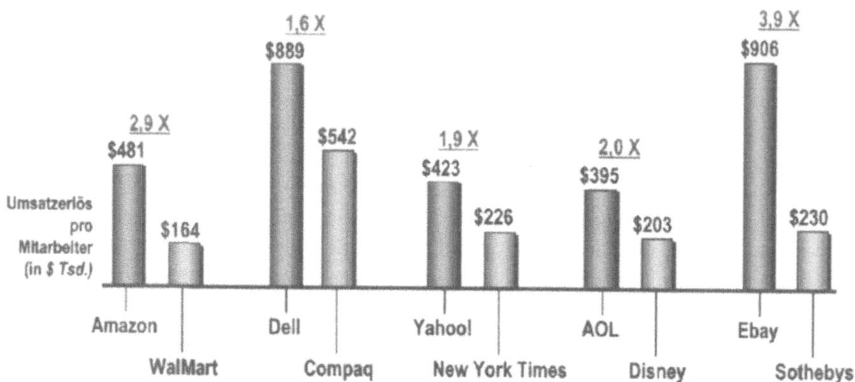

Abb. 3. Start-ups mit Produktivitätsvorteilen

Die „Old Economy" holt auf

Im Laufe des Jahres 2000 scheint nun das Pendel zurückgeschwungen zu sein und es hat sich deutliche Ernüchterung breit gemacht. Die „Old Economy" gewinnt wieder an Boden:

(1) Wachsende Ungeduld mit Start-ups
Es gibt verschobene Börsengänge, schwarze Listen und sogar Wetten, welches Unternehmen der „New Economy" als Nächstes aufgeben muss. Die Investoren zögern, ihr Risikokapital in neue Start-ups zu stecken. Die Anleger akzeptieren mittlerweile nur noch mit deutlich vernehmbarem Murren, wenn sie von ihrem Investment immer noch keinen Return sehen. Bestes Beispiel hierfür ist amazon.com: Der einstige Shooting Star und Börsenliebling kam im Sommer 2000 arg unter die Räder. Es scheint fast so, dass man von einem Extrem in das andere gefallen ist. Konnte die Firma amazon.com früher machen, was sie wollte, und wurde trotzdem mit weiter steigenden Kursen honoriert, so wurde sie wenige Monate später auch bei eigentlich positiven Meldungen mit Abschlägen bestraft. Bei der Akzeptanz von gewinnlosen Geschäftsjahren sind die Anleger inzwischen recht dünnhäutig.

(2) Intensiverer E-Business-Wettbewerb unter den traditionellen Unternehmen
Aber es scheint den Start-ups nicht nur von dieser Seite Ungemach zu drohen. Auch die in den letzten Jahren immer mit etwas Hohn und Spott betrachteten traditionellen Unternehmen sind inzwischen zum Teil schon einen großen Schritt weiter in Richtung E-Business. Sicherlich mussten sie wachgeküsst werden, aber nun sind sie wach und entwickeln in ihren Märkten immer deutlicher einen großen Druck, sodass Nachzügler nicht mehr weiter warten können. Denn konnten diese die neuen, aber relativ kleinen Wettbewerber vielleicht noch ignorieren, so ist das

jetzt nicht mehr möglich. Wenn nun ihre bekannten Konkurrenten voll auf die Veränderungen durch E-Business setzen, bleibt kein Stein mehr auf dem anderen.
(3) Bestehende Marktmacht der traditionellen Firmen
Der vermeintliche Nachteil der traditionellen Unternehmen in der Anfangsphase des E-Business vermindert sich zusehends: Plötzlich wird eine Marktmacht deutlich, die sich vor allem in den Prognosen bei den Business-to-Business-Umsätzen widerspiegelt (Abb. 4). Zudem haben diese Unternehmen eine entsprechende Umsetzungskapazität – wenn sie das auch nicht immer durch eigene Ressourcen selbst tun (können), so haben sie doch die finanziellen Mittel, für eine zügige Umsetzung zu sorgen. Wichtig ist hierbei festzuhalten, dass die Umsetzungen meistens auf länger diskutierten und verabschiedeten Plänen und Entwürfen beruhen. Das Vor-Investment hierfür und die Bedeutung des E-Business für den Unternehmenswert garantieren nun auch meistens entsprechende Aufmerksamkeit in der Geschäftsleitung.

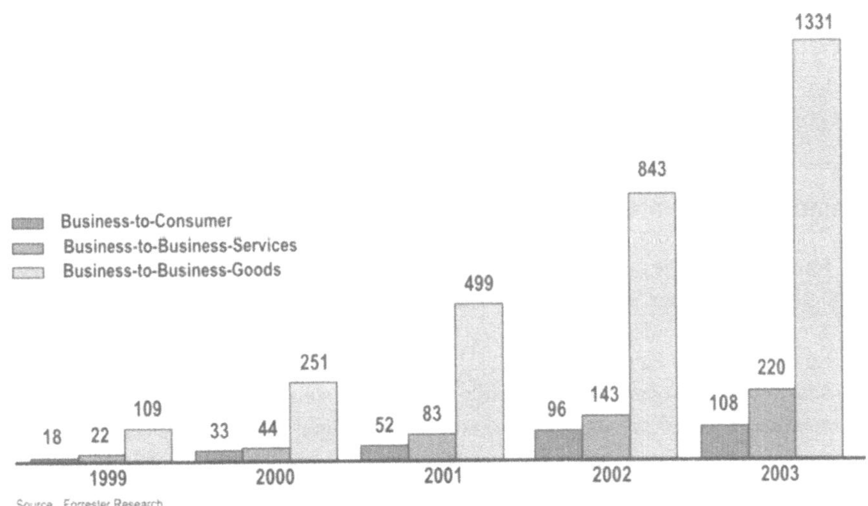

Abb. 4. Vor allem der Business-to-Business-Handel boomt.

Beginn der Konsolidierung

Nach dem Experimentierstadium im E-Business der letzten Jahre wird es nun offensichtlich immer wichtiger, die Konzepte und Ansätze auf eine fundiertere Basis zu stellen und die Geschäftsmodelle zu stabilisieren und zu konsolidieren. Sie müssen in eine Strategie integriert werden, die deutlich macht, wie anhaltender profitabler Geschäftserfolg erzielt werden kann. Eine Strategie zielt immer auf das Erringen von Wettbewerbsvorteilen ab, die möglichst lange anhalten sollen. Wettbewerbsvorteile sind ihrerseits dadurch zu erringen, dass ein Unternehmen entsprechenden Mehrwert für seine Kunden bietet (durch Qualität, Service, Produkte etc.), der in einer dem Unternehmen eigenen Kombination von Geschäftsprozessen erzeugt wird, die die anderen Wettbewerber nicht ohne weiteres kopieren können. Wettbewerbsstärke basiert daher auf Differenzierung.

Beim E-Business, das auf dem Internet – oder zukünftig auch auf mobilen Endgeräten – beruht, werden digitalisierte Informationen gehandelt. Auch wenn anschließend Bestell- oder Produktionsvorgänge angestoßen werden, ist der Ausgangspunkt erst einmal eine Darstellung und Transaktion von Informationen. Damit ist das eigentliche „Gut" des E-Business anders beschaffen als die meisten anderen Güter. Gelten deshalb bei der Strategieentwicklung andere Regeln oder andere Schwerpunkte?

Aus den vielen Beispielen – ob von neuen oder etablierten Firmen – wird eines klar: Im E-Business gelten grundsätzlich keine anderen Kriterien, wenn es um die Bewertung des Geschäfts- und Markterfolges geht. „Let's be clear about one thing: If you take a business that is a bad business and put it online, it's still a bad business. It's just become a bad online business" (Michael Dell). Es gelten jedoch andere Regeln, die bei der Konzeption eines Geschäftsmodells, der Strategie und bei deren Umsetzung beachtet werden müssen. Diese sind fundamental anders als in der „Old Economy", und die darauf aufbauenden Geschäftsprozesse müssen entsprechend gestaltet sein.

Elemente der Strategie

Im Internet-Zeitalter sind viele Geschäftsmodelle leicht zu kopieren – und damit geht ein wesentlicher Wettbewerbsvorteil verloren. Die Gründe sind:

- Relativ geringer Kapitalbedarf
- Relativ billige Technologie (jedenfalls für den ersten Schritt)
- Information als Ware (und damit keine aufwendigen Produktionsschritte)

Wesentliche Randbedingungen sind:

- Etablierte Informations- und Kommunikationstechnologien als Basis
- Beherrschung der Kernprozesse
- Schnelles Umsetzen von Ideen

Eine scheinbar triviale, aber wesentliche Feststellung ist: Die Technologien liefern lediglich eine Plattform, auf der neue Ideen umgesetzt werden können. Daher sind die Geschäftsmodelle für den Erfolg entscheidend, nicht die technischen Plattformen. Die Forderung, dass die Informations- und Telekommunikationstechnologie die Prozesse zu unterstützen hat, ist nach wie vor gültig. Sie stellt aber ein weniger großes Problem dar, als es noch vor ein paar Jahren der Fall war. Die Schwierigkeit liegt vielmehr darin, die neuen Nutzungsmöglichkeiten schnell zu erkennen und dann entsprechend umzusetzen. Das ist aber oftmals weniger ein technologisches Problem als eine Frage von Kreativität und Wandlungsbereitschaft. Die Unternehmenskultur wird zum erfolgskritischen Faktor.

Die wesentliche Herausforderung an eine Strategieentwicklung besteht in dem Erkennen von möglichen Bedrohungen und sich ergebenden Chancen. Wie das Beispiel des Internet-Service Napster.com zeigt, hat sich innerhalb einer extrem kurzen Zeit ein konkretes Bedrohungsszenario für die Musikindustrie entwickelt. Wie die Antwort aussehen wird – denn nur mit juristischen Mitteln wird sich die Bedrohung nicht abwenden lassen –, ist noch offen. Neueste Reaktionen der Unterhaltungsindustrie weisen auf mögliche Formen von Kooperationen hin. Das ist ein immer deutlicher werdendes Kennzeichen der „New Economy": Die Tatsache, dass sich der Wettbewerbsvorteil aufrechterhalten lässt, wenn die ihm zugrunde liegenden Kernkompetenzen innerhalb des Unternehmens gehalten werden, gilt in dieser Form nicht mehr. Informationssyndizierung, also die Wiederverwertung von Informationen aus verschiedenen Quellen in unterschiedlichen Kontexten, unterstützt die Erarbeitung entsprechender Strategien und ist die Grundlage für neue Geschäftsmodelle.

Information als „das" Wirtschaftsgut

Der Vorgang der Informationssyndizierung wird seit langem in der Medienindustrie durchgeführt. Er bedeutet im Wesentlichen den Verkauf einer Information (z.B. Meldung, Foto) an viele Redaktionen, die sie wiederum in die eigene Zeitung oder Informationssendung integrieren. Die wesentlichen Voraussetzungen für eine derartige vielfache Nutzung sind:

1. Information als Basiselement – nur eine Information kann unbegrenzt wieder verwendet werden, in neue Kontexte gestellt werden, ohne sich abzunutzen.
2. Modularität – jede Information hat ihren eigenen Wert oder kann neuen Wert im Kontext mit anderen Informationen entfalten.
3. Verteilungskanäle – die Zusammensetzung und Kombination von Informationen zu neuen Informationen – funktionieren nur, wenn es eine Vielzahl verschiedener Nutzer und damit Verteiler gibt. Denn nur dann entsteht neue Information, weil sie die unterschiedlichen Teile verschieden kombinieren.

Das Internet macht nun die Nutzung und Neukombination verschiedenster Informationen wesentlich leichter und schneller möglich. Aus strategischer Sicht sind bei der Informationssyndizierung die verschiedenen Rollen wichtig, die ein Unternehmen einnehmen kann, da sie eine mögliche Positionierung und Fokussierung ermöglichen. Die bisherigen meist linearen Ketten und Verbindungen von Firmen werden dabei durch ein Netzwerk ersetzt: Die Bezugsquelle von Informationen kann sehr schnell gewechselt werden, es können verschiedene Quellen benutzt werden und bei der Verteilung der Information sind auch zahlreiche Kanäle möglich.

- Am Beginn der Informationssyndizierung steht die „Erzeugung" eines Informationspakets. Das Internet ermöglicht neue Kategorien, die syndiziert werden können, und erleichtert vor allem die letztlich globale Verbreitung. Alles, was als Information verbreitet werden kann, kann syndiziert werden.

- Informationsintermediäre, kurz Infomediäre, sammeln die Informationen aus verschiedenen Quellen und stellen sie in einheitlichen Formaten zur weiteren Nutzung zur Verfügung. Damit entlasten sie die Verteiler von der aufwendigen Suche nach den Quellen und den jeweiligen Verhandlungen über die Rechte.
- Die eigentlichen Distributoren nutzen den Service der Infomediäre, um ihre Kosten bei der Suche nach Inhalten und Informationen zu minimieren und durch Neukombination der Informationen ihren Kunden einen Mehrwert zu bieten.

Bei der Informationssyndizierung handelt es sich nicht um Outsourcing oder Outtasking im eigentlichen Sinn. Der wesentliche Unterschied liegt in der Volatilität und Flexibilität der Geschäftsbeziehungen. Bei der Syndizierung sind die Beziehungen kürzer und wesentlich flexibler als bei lange laufenden Outsourcing- oder auch Outtasking-Kontrakten. Die strategische Herausforderung durch die Informationssyndizierung liegt in der charakteristischen Eigenschaft der Information als Wirtschaftsgut. Der Wettbewerbsvorteil in traditionellen Geschäftsmodellen liegt vor allem im Aufbau von Nachfrage und Mangel: Wenn eine Firma einen Nachfrageüberhang bedient, tut sie das durch Wissen und entsprechende Prozesse, die andere nicht leicht kopieren können; dadurch hat sie einen klaren Wettbewerbsvorteil. Anders stellt sich die Situation im Internet dar: Durch die Information als eigentliches Gut, das im Internet letztlich gehandelt wird, wird ein Überfluss erzeugt, da sich die Information beliebig oft vervielfältigen lässt und sie von überall her nachgefragt werden kann. Strategien müssen also mit dieser Charakteristik umgehen. Das bedeutet aber in solchen Syndikationsnetzwerken, dass die Position nie länger gehalten werden kann.

Einige Beispiele mögen das Prinzip verdeutlichen und auch als Anregung für die Übertragung des Prinzips auf andere Branchen und Märkte dienen:

Beispiel: amazon.com

Zum Start wurden Bücher und Informationen über Bücher angeboten. Damit war amazon.com allen physikalischen Buchhandlungen überlegen, was den Vorrat an Druckschriften und Informationen über die Bücher bis hin zu Leserrezensionen anbelangte. Dieser Vorsprung hielt aber nicht lange, weil das Geschäftsmodell leicht kopierbar war. Die eigentliche Strategie ist jedoch darauf angelegt, immer neue Informationen in das bestehende Angebot mit zu integrieren und individuell weiterzugeben.

Als Erstes wurde 1996 ein Partnerprogramm aufgelegt (amazon.com associates): Dadurch sind auf inzwischen über 400.000 weiteren Sites von Partnern Hyperlinks zu amazon zu finden. Das Unternehmen bietet also seinen gesamten Webauftritt zur Nutzung durch Dritte an. Ein Teil der Umsätze wird zwar an die Partner abgeführt, dennoch bleibt der positive Effekt größer als die entgangenen Umsätze. Amazon ist auf diese Weise für wesentlich mehr Kunden zugänglich als nur über die eigene Site.

Ein erst kürzlich vollzogener Schritt ist die Einrichtung von zShops: Hier werden hunderte von kleinen E-Commerce-Anbietern in die Amazon-Site integriert.

Auf diese Weise erhalten diese Shops Zugang zu den 13 Millionen Kunden des Online-Buchhändlers wie auch zu der ausgefeilten Toolumgebung, die Amazon für die Individualisierung seines Angebots nutzt, und natürlich dem Online-Ordering-System. In diesem Fall machen die Partnerfirmen amazon.com zu einem Distributor, der durch Lizenzgebühren an ihrem Geschäft verdient.

Beispiel: FedEx

Das Logistikunternehmen hat ein Package-Tracking-System entwickelt, das zur Zeit seiner Einführung einzigartig war. In der klassischen Denkweise würde dieses System nun als Differenzierungsmerkmal exklusiv bei FedEx gehalten. Allerdings wäre es nach einer gewissen Zeit von anderen Anbietern kopiert worden. FedEx reagierte deshalb auf diese Herausforderung anders und öffnete sein System dem Zugang und der aktiven Nutzung. Kunden von FedEx können sich darin einklinken und ihre Sendung verfolgen. Es werden sogar entsprechende Tools angeboten, sodass vor allem Firmenkunden ihre großen Sendungen automatisch verfolgen können und den Endverbrauchern wiederum bessere Informationen über den gesamten Bestell- und Liefervorgang sowie den Eingangstermin liefern können. Die Kunden des Blumenhändlers Proflowers.com etwa können zum Beispiel ihre Sendung verfolgen, wobei sie – ohne es zu wissen – direkt mit dem FedEx-System arbeiten. Die von dort gelieferten Logistikinformationen werden von Proflowers.com um die spezifischen Bestellinformationen wie den Inhalt der Sendung, die beigefügten Zeilen usw. ergänzt. Damit wird – aus FedEx-Sicht eine wesentliche stärkere Kundenbindung erzielt, weil eine Kernkompetenz des Unternehmens plötzlich Teil des Serviceangebots seiner Kunden geworden ist.

Die Erkenntnis aus diesen beiden Beispielen lautet: Kernkompetenzen können nicht mehr dauerhaft als Betriebsgeheimnisse geschützt werden, sondern lassen sich aktiv zur Umsatzgenerierung und zur Stärkung der eigenen Wettbewerbspositionierung vor allem dadurch nutzen, indem sie anderen zur Verfügung gestellt werden. Mit dem aktiven „Verkaufen" eines anfänglichen Alleinstellungsmerkmals kann ein noch viel größerer Nutzen erzielt werden.

Beispiel: Finanzdienstleistungen

Online-Broker wie Consors, Direkt Anlage Bank oder andere bieten eine Reihe von Fonds und ähnliche Investmentangebote an, ohne dass sie selbst von diesen Unternehmen aufgelegt, geführt und gemanagt werden. Sie kombinieren diese Anlagemöglichkeiten dabei auf den Internetseiten auch mit einer Reihe von weiteren Informationen, die aus den verschiedensten Quellen (z.B. Reuters, Börsen, Wirtschaftspresse) stammen. Die eigene „Erzeugung" und Entwicklung dieser Angebote und Informationen würde jedoch extrem teuer werden und den Preisvorteil recht schnell zunichte machen.

Dieses Prinzip gilt für alle Online-Banken und Brokerage-Firmen. Darin unterscheiden sie sich nicht. Die Differenzierung entsteht durch die maßgeschneiderte Zusammensetzung der Angebote und Informationen entsprechend ihren jeweiligen

Zielgruppen und ihrer Strategie. Sie selbst konzentrieren sich daher auf ihre wesentliche Kompetenz: Kunden anzuziehen, diese Beziehung zu managen und durch individuelle Betreuung (auch über das Internet) einen Mehrwert zu bieten. Der Preis der Leistung bemisst sich dann entsprechend diesem Aufwand und dem Mehrwert. Ihre Aufgabe ist es nicht, die eigentlichen Produkte zu erzeugen. Aus diesem Grunde ist das *Customer Relationship Management* für diese Finanzdienstleister so wichtig.

Die Strategie kann aber noch über das Anbieten von reinen Finanzdienstleistungen hinausgehen. Immer öfter werden auch eigentlich bankfremde Angebote mit aufgenommen: Consors bietet beispielsweise mit seinem Partner Offerto auch Gebrauchsgegenstände aus dem Lebensumfeld der Kunden an, wie zum Beispiel Handys, Computer oder Finanzbücher. Die HypoVereinsbank offeriert in ihrem Immobilienportal (Net@Home) zahlreiche Dienstleistungen rund um den Kauf und Verkauf von Häusern oder Wohnungen; dabei sind neben Finanzierungen, Ansparmodellen und Versicherungen – als eigentliche Finanzdienstleistungen – auch die Darstellung von Grundrissen, 3-D-Animationen bis hin zu Beurteilungen der Umgebung und Lage (sog. Environmental Services wie Aussehen, Einkaufsmöglichkeiten, Schulen, Verkehrsanbindung) im Angebot.

Dieses Beispiel zeigt, dass sich insbesondere Banken, Einzelhandelsfirmen und Telekommunikationsunternehmen immer ähnlicher werden. Die gemeinsamen Charakteristika sind:

- Kontakt zu vielen Kunden (Kundenbindung)
- Internet
- Wachsende Konkurrenz
- Geringere Differenzierungsmöglichkeiten

Die Konsequenz ist: Banken eröffnen E-Shops, und Telekommunikationsunternehmen gründen Banken oder verhandeln über entsprechende gemeinsame Aktivitäten. Der wichtigste Grund dafür sind die enormen Kosten, die zum „Aufbau" neuer Kunden investiert werden müssen. Die Internet-Bank First-E hat beispielsweise 30 Millionen Mark für das Marketing ausgegeben und damit 50.000 Kunden gewonnen. Das bedeutet, dass pro neuem Kunden alleine 600 Mark an Marketingkosten angefallen sind. Deshalb sollen die Kunden möglichst alle Geschäfte auf einer Website erledigen und so deren Betreiber weitere Einnahmen bringen. Die Kunden sollen möglichst an die eigene Website gebunden werden. Dazu dient die attraktive Kombination von verschiedensten Informationen auf einer Seite, die aus unzähligen verschiedenen Quellen stammen können.

Es zeichnet sich hier ein Modell – basierend auf dem Grundprinzip der Informationssyndizierung – ab (Abb. 5): Retailbanken stellen sich als Intermediäre auf und bieten statt selbst erzeugten Produkten die jeweils günstigsten Produkte von verschiedenen Anbietern („Herstellern") an. Die Produktion bleibt den global agierenden Instituten überlassen, die dabei Größenvorteile nutzen und in der Massenproduktion trotz des Preisdrucks ordentliche Gewinne erzielen können.

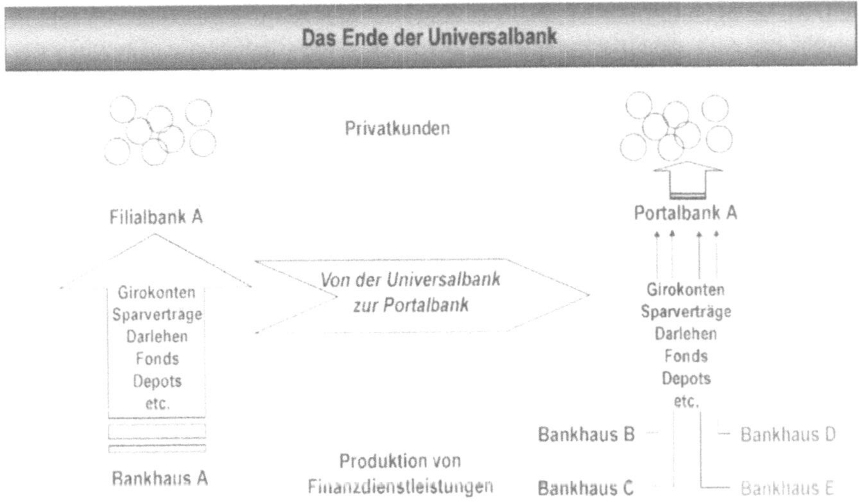

Abb. 5. Neues Geschäftsmodell für das Bankgewerbe

Diese neuen Möglichkeiten ändern die Art und Weise, wie Unternehmensstrategien aufgebaut und Geschäftsmodelle gestaltet werden müssen. Durch diese grundlegenden Änderungen werden die „virtuellen Firmen" real und konkret.

Neue Geschäftsmodelle

Die Informationssyndizierung stellt ein wesentliches konstituierendes Element der „New Economy" dar, auf dem Strategien und Geschäftsmodelle basieren. Einige Grundtypen von Geschäftsmodellen, die für die strategische Ausrichtung eines E-Business-Unternehmens wichtig sind, werden im Folgenden betrachtet und anhand von Beispielen verdeutlicht. Im Einzelnen sind das:

- Navigation als neues Geschäftsmodell
- Digitale Marktplätze
- Positionierung von Präsenz- und Online-Geschäft
- Neue Geschäftsmodelle durch Rekombination

Navigation als eigenständiges Geschäftsmodell

Der erste und offensichtlichste Typ eines Geschäftsmodells ist das Verkaufen von Informationssyndizierung selbst. Das Internet bietet im Vergleich zum Präsenzgeschäft eine um Größenordnungen breitere Informationsbasis, um nach einem Gut oder einer Dienstleistung zu suchen und deren Preise zu vergleichen. Die Kosten für diese Informationsgewinnung sind vergleichsweise klein. Hier setzt das Modell der Navigationshilfe an. Die Suche nach Informationen geschieht im Internet unabhängig von gleichzeitigem Vorhalten der Güter in Läden oder Warenhäusern.

Die Folge dieser Entkoppelung von physischer Präsenz und Navigations- und Entscheidungshilfen ist die „Entmachtung" der bisherigen Zwischenhändler (wie z.B. Kaufhäuser). Die Endkunden können direkt beim Produzenten bestellen. Genau hier setzt das Geschäftsmodell an. Denn die Navigationshilfen oder auch die Infomediäre suchen die Informationen zusammen und unterstützen die Kunden bei der Suche. Das eigentliche Ausführen der Lieferung wird an Logistikunternehmen übertragen. Das Internet ermöglicht somit den Infomediären eine Dienstleistung, die auf der Informationssyndizierung basiert. Navigationshilfen werden zum eigenständigen Geschäft.

Das Geschäftsmodell hat drei Dimensionen, die wesentlich den Erfolg bestimmen: Reichweite, Unabhängigkeit und Reichtum der Information.

1. Die Reichweite der Information bestimmt nicht nur, wie viele potenzielle Kunden diese Dienstleistung nachfragen können – das sind im Zweifel alle Menschen mit einem Zugang zum Internet –, sondern auch den Umfang der Information. Darin ist das Internet jedem Präsenzhandel überlegen. In einer der größten Buchhandlungen in den USA können vielleicht 200.000 Titel vorrätig gehalten werden. Dagegen bietet amazon.com annähernd fünf Millionen Titel. In diesem Sinne ist amazon.com auch kein Buchladen mehr, sondern eine gigantische Navigationshilfe im Meer der veröffentlichten Druckwerke.

Produzenten sind mehr oder weniger dazu gezwungen, ihre Informationen in solche Navigator-Sites einzustellen, denn sie ermöglichen zusätzliches Geschäft zu kleinen Zusatzkosten. Es liegt also in ihrem eigenen Interesse, sich beispielsweise elektronischen Preis- und Leistungsvergleichen zu stellen und dabei möglichst gut abzuschneiden. Insbesondere kleinen Firmen bietet der Link in solchen Sites eine ungeahnte potenzielle Käuferschaft.

2. Die Unabhängigkeit der Information in solchen Navigationsseiten ist unabdingbar, denn eine zu enge Partnerschaft mit einem der angebotenen Hersteller würde die Kunden abschrecken und sie würden diese Hilfe nicht kontaktieren. Es ist daher der Position als Infomediär zuträglich, ja fast ein absolutes Muss, dass der Anbieter nicht im selben Geschäft tätig ist. Ein Finanzinfomediär, der eigene Fonds auflegt, könnte nur schwer die Neutralität bewahren, wenn er seinen Kunden verschiedene Anlagemöglichkeiten offerieren will.

3. Der Reichtum bzw. die Menge an Daten, die durch das Angebot einer Hilfestellung bei der Suche nach Information fast notgedrungen anfallen, ist im Internet enorm. Diese Daten wurden von den meisten Firmen bisher noch gar nicht ausgenutzt und in wertvolle Informationen über den Kunden verwandelt. Sie bieten im Prinzip die Basis für eine Personalisierung der Website und individuell zugeschnittene Angebote. Begrenzende Faktoren sind dabei im Wesentlichen der Wunsch nach einer ungestörten Privatsphäre und der Wille, eigene Suchen durchzuführen. Die erste Stelle, an der solche Informationen der potenziellen Kunden „anfallen", sind wiederum die Infomediäre.

Insbesondere etablierte Unternehmen stehen durch diese Aufspaltung der Wertschöpfung in separate Geschäftsmodelle vor einem Problem. Um sich auch als Infomediär zu etablieren, sind sie gezwungen, eine völlig neue Strategie zu verfolgen. Dies kann aber in überzeugender Weise nur dann geschehen, wenn sie ihr „altes" Geschäft von diesem neuen Business trennen.

Digitale Marktplätze

Auf der Einkaufsseite werden digitale Marktplätze immer wichtiger. Im Moment scheinen solche Einkaufszusammenschlüsse vor allem in der Automobilindustrie, der Chemiebranche und in der Luftfahrt um sich zu greifen. Einige Analysten gehen jedoch davon aus, dass der Zahl an konkurrierenden Marktplätzen in einer Branche natürliche Grenzen gesetzt sind. Sie prognostizieren, dass sich am Ende lediglich ein Marktplatz pro Branche behaupten wird, ergänzt von unabhängigen Marktplätzen für Güter und Dienstleistungen, die branchenübergreifend agieren.

Bei diesen digitalen Marktplätzen haben die traditionellen Unternehmen gegenüber den Start-ups nur wenige Nachteile. Die Newcomer waren zwar eher mit der Idee auf dem Markt, doch die traditionellen Unternehmen vereinigen eine wesentlich größere Einkaufsmacht, die auch als Integrationspunkt für weitere Firmen einer Branche wirken kann.

Beispiel: Automobilindustrie

Die Konzerne DaimlerChrysler, Ford und General Motors haben zusammen einen gemeinsam betriebenen Marktplatz – Covisint – gegründet, über den sie künftig bei ihren Zulieferen einkaufen wollen. Im Wesentlichen handelt es sich dabei um Roh-, Hilfs- oder Betriebsstoffe, in denen kein firmeninternes Know-how steckt. Für die Zulieferer bedeutet das aber bei der enormen Einkaufsmacht, die diese Konzerne auf sich vereinigen, einen erheblichen Bedarf an Neuorganisation.

Interessant ist, dass sich andere führende Automobilhersteller aus unterschiedlichen Gründen nicht an diesem Marktplatz beteiligen wollen: Porsche beispielsweise verspricht sich keinen (Kosten-)Vorteil, weil dieser Hersteller die Zahl seiner Zulieferer bereits von 600 auf 300 reduziert hat. Porsche will durch diese Strategie aber vor allem auch deutlich machen, dass der Preis nicht alles ist, sondern individuelle Betreuung, Qualität und Zuverlässigkeit ebenfalls honoriert werden.

BMW wiederum hat – ähnlich wie VW – einen eigenen Internet-Marktplatz aufgebaut. Wie bei Covisint werden hier aber erst einmal Normwaren und DIN-Produkte geordert, hauptsächlich für die Werke in Deutschland und den USA. Der Hauptgrund für die Zurückhaltung liegt hier im Wesentlichen in der mangelnden Sicherheit der Informationen begründet.

Beispiel: Flugzeugindustrie

In der Flugzeugindustrie haben sich kürzlich vier Marktplätze herausgebildet. Interessant sind dabei zwei, weil sie die unterschiedliche Intention deutlich machen. Myaircraft.com ist eine Gründung von Boeing, Honeywell, i2 Technologies und anderen Firmen. Die neu gegründete EADS überlegt, ob sie sich diesem Marktplatz anschließen will, der primär darauf ausgerichtet ist, den Verkauf der beteiligten Firmen zu fördern.

Anders bei Aeroxchange, einem Marktplatz, der von 13 Unternehmen wie Lufthansa, Northwest Airlines, Japan Airlines und FedEx gegründet wurde: Hier steht der Einkauf von technischen Komponenten und Dienstleistungen für die Luftfahrtindustrie eindeutig im Vordergrund. Die beteiligten Firmen vereinigen 40 Prozent der jährlichen weltweiten Beschaffung auf sich.

Weitere Beispiele:

Mit ähnlichen Ansätzen entstanden sind der Stahl-Marktplatz von Arbed, auf dem die Kunden verschiedene Stahlarten ordern können, der Chemie-Marktplatz Chemdex und der Einkaufsmarktplatz von Nestlé. Bei dem Schweizer Nahrungsmittelkonzern steht zunächst ebenfalls der Bezug von Grundstoffen, wie Butter, Kokosöl oder Verpackungsmaterial, im Vordergrund. Er soll auch (in Europa) für andere Firmen der Branche offen stehen, um das darüber abgewickelte Volumen zu erhöhen.

An diesen Beispielen wird deutlich, welche Macht hinter solchen Marktplätzen stecken wird – egal ob es nun tatsächlich „nur" ein großer pro Branche sein wird oder mehrere konkurrierende Handelsplattformen. Auch wenn zunächst vielfach „nur" einfache Produkte, in denen kein strategisches Entwicklungs-Know-how gebunden ist, gehandelt werden, sind die Anfänge für eine Revolution des bisherigen Beschaffungswesens gemacht.

Für eine strategische Positionierung solcher Marktplätze ist eine genauere Betrachtung in mehreren Dimensionen wichtig. Zunächst geht es um eine Klassifizierung nach Einkaufsverhalten und Gütern. Dabei muss genau betrachtet werden, was eingekauft wird.

Produktionsgüter: An einem Ende der Skala stehen Güter, die im Laufe des Produktionsprozesses Eingang in das Endprodukt finden. Diese Güter variieren stark von einer Branche zur anderen. Denkt man an die chemische Grundstoffindustrie, so sind die Zulieferer wenige spezialisierte Unternehmen. An diesem Beispiel wird ebenfalls deutlich, dass die Lieferung von solchen Gütern eine hohe und spezielle Anforderung an die Logistik stellen kann. Die Transporte werden dann von spezialisierten Unternehmen durchgeführt.

Verbrauchsgüter: Am anderen Ende der Skala stehen branchenunspezifische Güter, die nicht in den Produktionsprozess einfließen. Dazu gehören Büromaschinen, Ersatzteile, Reisemittel etc. Diese Güter werden meistens nicht im industriellen Maßstab eingekauft und erfordern in der Regel auch keine spezielle Logistik.

Eine zweite Dimension ergibt sich bei Betrachtung der Art, wie diese Güter eingekauft werden:

Einkauf von Partnern: In diesem Fall hat das Unternehmen eine Reihe von ausgewählten Lieferanten. Es bezieht die Güter systematisch und unter Umständen sogar automatisch in regelmäßigen Abständen. Mit diesen Lieferanten besteht eine feste Partnerschaft auf vertraglicher Basis und meist auch mit entsprechenden Konditionen. Die Zusammenarbeit ist auf längere Frist angelegt.

Spontaneinkäufe: Demgegenüber stehen Einkäufe, bei denen fallweise ein Lieferant gesucht wird. Dazu muss das Gut weitgehend homogen sein, sodass der Preis und die benötigte Menge fast als alleiniges Kriterium dient. Die Kunden-Lieferantenbeziehung besteht im Wesentlichen nur für diese Transaktion.

Bei Berücksichtigung dieser Kriterien ergeben sich vier verschiedene Grundtypen von digitalen Marktplätzen (Abb. 6).

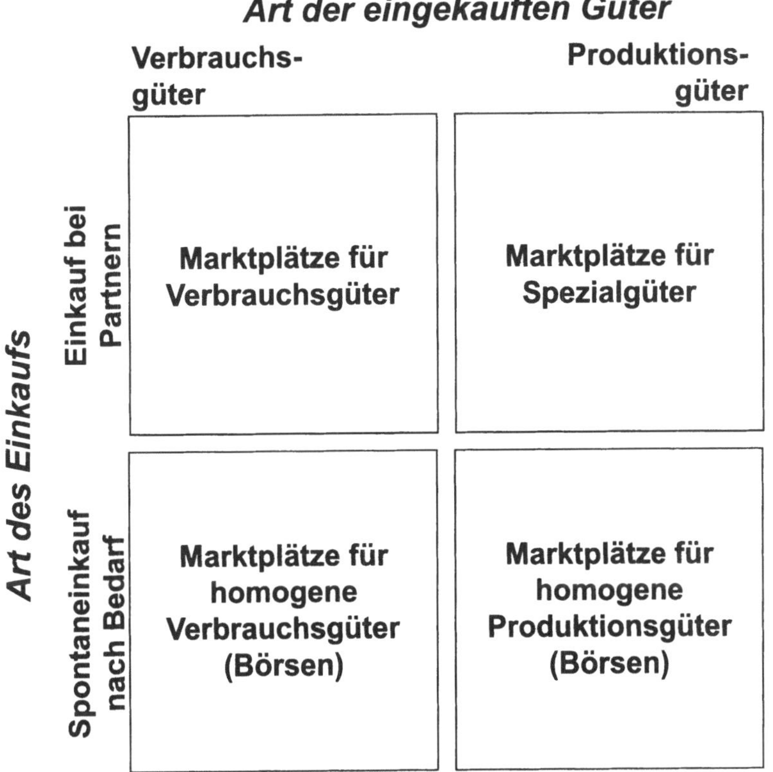

Abb. 6. Vier Grundtypen von digitalen Marktplätzen

Marktplätze für Ersatz- und Betriebsgüter: Der Einkauf von Gütern für Ersatzteile und Betriebsstoffe ist gekennzeichnet durch Einkaufspartnerschaften. Die entsprechenden Marktplätze entfalten im Wesentlichen ihren Nutzen in der Steigerung der Effizienz im Einkauf.

Marktplätze für Bedarfsgüter: Diese Marktplätze werden vorwiegend bei homogenen Gütern eingesetzt. Hier herrscht eine hohe Volatilität der Nachfrage wie auch eine hohe Preissensitivität. Der Nutzen für die Teilnehmer solcher Marktplätze liegt in der Möglichkeit, sich hier entsprechend ihren schwankenden Nachfragen flexibel zu versorgen.

Marktplätze für homogene Produktionsmittel: Diese Marktplätze sind ähnlich wie die Marktplätze für Bedarfsgüter, nur dass hier Produktionsgüter eingekauft werden. Durch solche Handelsplattformen werden schwankende Nachfragen und Angebote zusammengebracht. Die Produktionsgüter müssen homogen sein, da sich auf solchen Marktplätzen die Käufer und Verkäufer in der Regel nicht kennen. Die Marktplätze nehmen die Suche nach Geschäftspartnern und die Preisverhandlungen ab.

Marktplätze für spezialisierte Produktionsgüter (Kataloge): Auf Grund der Branchenspezifika der Güter sind diese Marktplätze auf ein Segment und auf bestimmte Güter spezialisiert. Die Teilnehmer kennen sich weitgehend. Der Nutzen besteht in der Reduktion von Transaktionskosten. Bedürfen die Güter einer speziellen Behandlung beim Transport, können die Marktplatzbetreiber auch mit entsprechenden Logistikunternehmen kooperieren, um die tatsächliche Lieferung zu gewährleisten und den Käufer aus einer Hand zu bedienen.

Klassifizierung nach dem Geschäftsmodell

Diese Marktplätze können nach zwei verschiedenen Geschäftsmodellen funktionieren. Das eine Modell ist durch folgende Charakteristika gekennzeichnet:

- Die Position der Marktteilnehmer ist klar definiert.
- Die Preise sind festgelegt.

In diesem Fall kommt es im Wesentlichen darauf an, die Käufer mit den Verkäufern zusammenzuführen. Die Zahl der Handelspartner ist hoch. Das Eintreten eines weiteren Käufers wirkt sich folgerichtig nicht auf den Preis aus, sondern die Verkäufer haben einen potenziellen Abnehmer mehr – und umgekehrt. Dieses Aggregationsmodell funktioniert am besten, wenn:

- die Prozesskosten für einen Einkauf im Vergleich zum Wert der eingekauften Güter hoch sind
- spezialisierte Güter angeboten werden (keine Commodities)
- die Zahl der auf Lager liegenden Einheiten sehr hoch ist

- die Zulieferstruktur hoch fragmentiert ist
- die Käufer keinen dynamischen Preisvergleich durchführen können und
- der Einkauf nach vordefinierten Konditionen verläuft.

Beim zweiten Modell besteht zwischen den Marktteilnehmern noch kein eindeutiger Preis. Hier kommt also neben dem Aggregieren der Käufer und Verkäufer noch ein Preisfindungsmechanismus dazu. Dieser Mechanismus ist von den Finanz- und Warenbörsen bekannt. Der Preis bildet sich im Moment der Nachfrage, die Preise können dabei auch durch einen Auktionsmechanismus bestimmt werden. Dieses Modell funktioniert am besten, wenn:

- die Güter Commodities sind
- die Handelsvolumina groß im Vergleich zu den Transaktionskosten sind
- die Käufer und Verkäufer zur dynamischen Preisfindung qualifiziert sind
- die Spitzen bei der Nachfrage auf einem solchen Spotmarkt ausgeglichen werden können
- die Logistik durch Dritte erfolgen kann und
- die Nachfrage und Preise volatil sind.

Klassifizierung nach dem Betreiber

Eine weitere wichtige Eigenschaft digitaler Marktplätze ist ihr Grad an Neutralität. Bei neutralen Marktplätzen steht der Betreiber weder auf der Seite der Käufer noch auf der der Verkäufer. Sind diese Marktplätze für beide Seiten attraktiv genug, können sie echte „Market-Maker" für die auf ihnen gehandelten Güter sein. Die notwendige Attraktivität muss dabei von den Betreibern geschaffen werden. Möglich wird dies beispielsweise durch die Syndizierung mit für die Teilnehmer wichtigen Informationen. Die zweite Aufgabe, die die Betreiber lösen müssen, ist der Kanalkonflikt der Verkäufer. Hier ist entsprechende Kreativität gefordert, die die verschiedensten Partnerschaftsmodelle zwischen dem Marktplatzbetreiber und dem Verkäufer annehmen kann. Generell können neutrale Marktplätze umso erfolgreicher sein, je fragmentierter die beiden Seiten der Marktteilnehmer sind. Der Nutzen durch geringere Transaktionskosten steigt damit.

Neben den neutralen Marktplätzen kann der Marktplatz auch von den Verkäufern betrieben werden. Dieses Modell wird am ehesten dann funktionieren, wenn die Käuferseite fragmentiert ist. Der Marktplatz funktioniert dann im Sinne eines „Forward-Aggregator-Modells". Die Nachfrage wird auf Grund der Marktmacht des Marktplatzes (bedingt durch die Verkäufer) auf ihn gelenkt. Die Supply Chain wird auf dem Marktplatz (Front-End) integriert.

Umgekehrt verhält es sich, wenn die Käufer den Marktplatz betreiben. Eine solche Plattform kann dann funktionieren, wenn die Verkäuferseite fragmentiert ist. Sie funktioniert dann im Sinne eines „Reverse-Aggregator-Modells". Das Angebot wird auf Grund der Marktmacht der Käufer-Community auf den Marktplatz gelenkt.

Die hier klassifizierten Modelle sind Grundstrukturen von Business-to-Business-Geschäftsmodellen. Ihre Charakteristika spielen bei der Gründung und der Strategieentwicklung eine wesentliche Rolle. Mit der Zeit wird die Gründung eines digitalen Marktplatzes wahrscheinlich immer weniger eine strategische Option als vielmehr eine operative Notwendigkeit. Wenn die Wettbewerber ihre Prozesse optimieren, ihre Kosten durch die Teilnahme an Marktplätzen reduzieren, wird der Druck auf Unternehmen, sich solchen Handelsplattformen ebenfalls anzuschließen, steigen. Die Differenzierung muss dann durch andere Aspekte erzielt werden. Eine Möglichkeit kann zum Beispiel in der Kombination mit Logistikunternehmen bestehen. Denn die meisten dort gehandelten Güter müssen irgendwann auch physisch transportiert werden.

Auf einen nicht zu vernachlässigenden Aspekt sei nur kurz hingewiesen: Die Abwicklung von Einkaufs- oder Verkaufsvorgängen über digitale Marktplätze hat unweigerlich Auswirkungen auf die entsprechenden Bereiche im Unternehmen. Die Mitarbeiter in diesen Abteilungen müssen frühzeitig und fundiert in den Veränderungsprozess integriert werden.

Positionierung von Präsenz- und Online-Geschäft

Eine schwierige strategische Entscheidung insbesondere bei bereits existierenden Unternehmen ist die Frage, wie ein Online-Geschäftsmodell neben dem bestehenden Präsenzgeschäft positioniert werden soll. Ist eine völlig getrennte Führung (also auch unter anderem Namen) beiden Geschäften förderlich, oder sollte man die beiden möglichst weitgehend miteinander integrieren und verbinden? Die Vor- und Nachteile der beiden Alternativen liegen auf der Hand:

- Beim Zusammenführen können Rationalisierungspotenziale u.a. aus der Querpromotion der beiden Aktivitäten, der gemeinsamen Verwertung von Informationen, dem kombinierten Einkauf und der Vertriebslogistik realisiert werden.
- Auf der anderen Seite besteht die Befürchtung von Kannibalisierungseffekten für das etablierte Geschäft.

Das bekannteste Beispiel gilt vielen Beobachtern noch als Abschreckung: Das große US-Buchhandelsunternehmen Barnes & Noble gründete eine separate Internet-Buchhandelsfirma (barnesandnoble.com), um der wachsenden Konkurrenz des Herausforderers amazon.com zu begegnen. Man versprach sich durch diese getrennte Aufstellung der Internet-Tochter schnelle und dem E-Business angemessene Entscheidungen sowie eine flexiblere Unternehmenskultur. Dennoch scheiterte das Unterfangen. Ein wesentlicher Grund wird allgemein darin gesehen, dass die strikte Trennung der beiden Firmen zu negativen Effekten bei der Internet-Tochter geführt hat. Um die Unabhängigkeit des Online-Handels zu bewahren, wurde in den Buchläden nicht auf den neuen Vertriebskanal hingewiesen. Ebenfalls wurde es vermieden – sehr zum Ärger der Kunden des Online-Barnes & Noble-Shops –, dass Kundenreklamationen bei Internet-Bestellungen in den stationären Läden weiterverfolgt wurden.

Als weitgehender Fehlschlag erwies sich auch der Versuch der KarstadtQuelle AG, mit myworld.de eine eigenständige Online-Marke zu etablieren. Der bereits 1995 gestartete Internet-Shop erlebte mehrere grundlegende Relaunches, bevor er im Frühjahr 2000 endgültig geschlossen wurde. Heute ist der Waren- und Versandhauskonzern mit seinen eingeführten Namen und den Portalen karstadt.de, quelle.de, neckermann.de oder wom.de im World Wide Web vertreten und will damit bis zum Ende des Jahres 2002 einen Online-Umsatz von zwei Milliarden Mark erreichen. Im Rahmen von karstadt.de befinden sich vertikale Auftritte etwa für die Bereiche Sport, Wein, Reisen, Bücher, Elektronik und Multimedia, die als eigenständige Sub-Brands in ihrem jeweiligen Markt agieren. Jedes Vertical (z.B. karstadt-wein.de) hat das Ziel, zu den Top-Anbietern innerhalb des Marktes zu gehören. Als strategischer Wettbewerbsvorteil wird die verstärkte Verbindung zwischen Offline- und Online-Diensten angesehen. Spezielle E-Services – zum Beispiel die Umtauschmöglichkeit von online gekauften Produkten in den Warenhäusern des Konzerns – sollen dazu beitragen, die Kunden an die Marke Karstadt und damit auch an karstadt.de zu binden. Längerfristig ist auch an eine Regionalisierung des Portals bis auf die einzelne Filiale gedacht. Die Lehre aus dem gescheiterten Myworld-Experiment ist: Die Kunden wollen im Internet nicht nur das Gesamtangebot eines Warenhauses, sondern auf jeweils spezifische Interessen ausgerichtete kombinierte E-Commerce- und Content-Angebote.

Ein weiteres Beispiel zeigt ebenfalls, dass ein ungekoppeltes Nebeneinander dem Online-Auftritt nicht automatisch nutzt: Der Automobilclub ADAC hat einen umfangreichen Web-Auftritt, der heute den Mitgliedern bereits fast alles ermöglicht, was sie auch in einer Filiale abfordern können. So beispielsweise die Zusammenstellung von „Tourenpaketen", den Abschluss von Versicherungen oder das Buchen von Reisen. Dennoch hat der ADAC lediglich ca. 700.000 Logins pro Monat auf seinen Web-Seiten. Im Vergleich zu den mehr als 13 Millionen Mitgliedern ist diese Zahl jedoch eher wenig. Der derzeitige Marktführer in Deutschland „Focus Online" kommt dagegen im Monat auf 55 Millionen Logins. Der weitgehend ungenutzte Web-Auftritt des Automobilclubs wird in den Präsenzfilialen oder auch in der Mitgliederzeitung kaum oder gar nicht beworben. Lediglich bei expliziten Anfragen erfolgt ein Hinweis auf das Internet-Angebot. Durch den zunehmenden Wettbewerb von Versicherern oder Autoherstellern, die mittlerweile jedem Besucher ihrer Web-Seiten ähnliche Informationen und Leistungen anbieten, wird nun eine Änderung der Strategie erforderlich. Im neuen „Mobilitätsportal" des ADAC, das dann auch Nicht-Mitgliedern offen stehen soll, ist eine engere Verzahnung zwischen den Präsenzfilialen und dem Web-Auftritt vorgesehen. Die Informationen sollen wesentlich individueller angeboten werden. Geplant ist unter anderem eine personalisierte Betreuung, sodass beispielsweise die Anfrage einer Routenplanung nach Italien entsprechende Zusatzinformationen über das Wetter, Hotelangebote, Reisegepäckversicherungen usw. auslöst. In diesem Konzept finden sich auch Elemente der Informationssyndizierung wieder.

Aus diesen Beispielen aber zu schließen, dass eine engere Verknüpfung von Präsenzgeschäft und virtuellem Unternehmen in jedem Fall besser ist, wäre zu vorschnell. Eine genauere Betrachtung im Einzelfall ist notwendig, wie anhand der folgenden Beispiele deutlich wird. Die zentrale Frage lautet immer: Wie viel Integration ist jeweils sinnvoll? Diese Frage aber lässt sich nicht pauschal beantworten, sondern nur im konkreten Fall unter Einbeziehung der Strategie und Position des bestehenden Präsenzgeschäfts und der Strategie des virtuellen Unternehmens entscheiden. Drei Beispiele sollen die Überlegungen dazu verdeutlichen.

Beispiel 1: Vollständige Integration des Online-Geschäfts

Der Otto-Versand in Hamburg ist ein seit Jahrzehnten etablierter Versandhandel. Mit dem Einstieg in das Internet stellte sich auch die Frage, wie stark die Verbindung zwischen dem existierenden Versandhandel und dem Online-Business sein sollte. In diesem Fall entschied man sich für eine weitgehende Integration zwischen den beiden Geschäften. Die Gründe sind nahe liegend:

– Im Versandhandel hat Otto bereits erhebliche Erfahrung, wie man mit Kunden umgeht, die nie in ein Geschäft kommen können. Diese Erfahrung erstreckt sich auch auf das Erstellen von Kundenprofilen und das gezielte Ansprechen, das auf Basis einer Auswertung der Profile möglich wird. Diese Erfahrungen lassen sich in vielen Punkten auch auf das Online-Geschäft anwenden.
– Weiterhin hat der Otto-Versand bereits mit dem Dienstleister Hermes General Service die notwendige Logistik-Infrastruktur für seinen Versandhandel aufgebaut. Die Dienstleistungen umfassen bei Hermes den Internetauftritt, Data Mining, Credit Scoring, Abwicklung, Zustellung und Inkasso. Diese Infrastruktur und Services lassen sich mühelos für die Versendung von online gekaufter Ware nutzen.

Otto hat heute neben seinem traditionellen Katalogversandhandel die Marke im Internet etabliert sowie weitere Online-Ergänzungen mit dem Otto Supermarktservice, der vereinbarten Kooperation mit der Heimwerkermarkt-Kette Obi und dem Joint Venture „Travel Channel" gemeinsam mit dem Verlagshaus Gruner+Jahr. Damit wird die renommierte Marke „Otto" nicht nur auf das eigene Internet-Geschäft übertragen, sondern auch in Kooperationen mit anderen Partnern genutzt. Wichtig bei dieser Strategie ist dem Versandhändler eine klare Zielgruppendefinition, die erst eine effektive Verbindung zwischen Content, Commerce und Community möglich macht.

Über eine solche gemeinsame Nutzung bereits bestehender Infrastruktur hinaus und der Nutzung eines etablierten Branding, können über eine enge Integration noch weitere Vorteile realisiert werden. Bei einem Zusammenschluss zwischen einer Ladenkette und „ihrem" Online-Pendant sollte auf jeden Fall eine gegenseitige Bewerbung stattfinden. Im Internet-Auftritt ist ein Informationsservice denkbar, über den die Online-Kunden abfragen können, ob eine bestimmte Ware in „ihrem" Laden vorrätig ist. Der Internet-Kunde kann dann entscheiden, ob er direkt im Web kauft oder ob er sich die Ware vorher noch ansehen möchte. Diese Alternative verbindet beide Vertriebskanäle miteinander und vermeidet eine Kannibalisierung der Filialen. Umgekehrt sollte aber die Online-Version der Filiale auch beworben werden, da hier die Bestellungen kostengünstiger bearbeitet werden können.

Auch eine Erweiterung für Großkunden ist möglich, wie sie beispielsweise bei der Siemens AG mit dem Büromaterialhändler Kaut Bullinger & Co realisiert ist. Die Bestellungen lassen sich direkt in ein Extranet eingeben und werden sofort im Warenwirtschaftssystem des Handelsunternehmens erfasst. Zugleich stehen der Siemens AG immer die aktuellen Konditionen zur Verfügung. Für Großkunden lassen sich auch noch weitere Ergänzungen denken. Auch bei einer telefonisch abgegebenen Bestellung sollte beispielsweise der eigentliche Katalog aus dem Internet im Call Center verwendet werden. Zum einen braucht dann nur dieser eine Katalog gepflegt zu werden und die Bestellung gelangt auf demselben Weg in das Order- und Warenwirtschaftssystem wie bei einer „echten" Online-Bestellung. Zum anderen können in diesem Fall auch Serviceleistungen wie Alternativen, Informationen über Neuerungen oder das Cross-Selling durchgeführt werden.

Beispiel 2: Partnerschaft für den Online-Auftritt

Ein weiteres Beispiel kommt aus dem Spielwaren-Bereich von der Firma KB Toys, die in den USA eine Ladenkette betreibt. Hier entschieden sich die Verantwortlichen bewusst dafür, keinen integrierten Online-Auftritt zu etablieren, sondern eine Partnerschaft mit dem bereits existierenden Internet-Händler für Kinderwaren, BrainPlay.com, einzugehen. Die Gründe waren:

Spielwaren sind Güter, bei denen der Käufer sehr preissensitiv ist. Ein Online-Auftritt wäre in diesem Fall lediglich ein Konkurrent zu den physischen Läden. In dieser Kombination sind die Läden die Basis für die Größe, der Online-Store die Basis für das Wachstum. Kannibalisierungseffekte sind kaum zu beobachten, da in den Läden im Wesentlichen ein spontaner Einkauf stattfindet, während über die Website meistens ein spezifisches Spielzeug gesucht wird.Es wurde daher ein gemeinsames Joint Venture gegründet – Kbkids.com. Die Anteilsmehrheit liegt bei KB Toys, der Partner BrainPlay.com bringt seine Erfahrung und sein E-Commerce-Know-how mit ein. Die Internet-Firma Kbkids.com wird separat von KB Toys von einem aus BrainPlay.com kommenden Management-Team geführt. Dadurch wird die Kultur und Arbeitsweise eines im Internet bereits erfahrenen Unternehmens auf das Joint Venture übertragen. In dieser Konstellation können dennoch einige Vorteile einer Integration genutzt werden, da konsequenterweise Kbkids.com in den Geschäften von KB Toys beworben wird.
- Integration beim Kundenservice: Alles, was online gekauft wird, kann in den Geschäften von KB Toys umgetauscht werden.
- Neben Branding und Kundenservice wird die Einkaufsmacht von KB Toys genutzt, die auf Kbkids.com ausgeweitet wird.

KB Toys hat bis jetzt wenig Kannibalisierungseffekte in seinen Geschäften festgestellt, weil die Läden ohnehin eher klein sind. Generell werden jedoch umso größere Probleme mit einem Online-Shop auftreten, je umfangreicher die realen

Geschäfte und Lager sind. In diesen Fällen bereitet ein zusätzlicher Internet-Laden auch größere Kanalkonflikte.

Beispiel 3: Vollständige Trennung von Online- und Präsenzgeschäft

Die Metro AG ist stark mit ihren Präsenzmärkten vertreten, zu denen Marken wie C&C-Markt, Kaufhof, MediaMarkt, Saturn, Praktiker sowie die Lebensmittelketten Real und Extra gehören. Die Online-Präsenz nutzt jedoch nicht die Markennamen, sondern tritt mit den „Primus Online Shops" getrennt auf. Die Gründe dafür sind:

- schnellere und fokussiertere Entscheidungen bei den Online-Shops;
- Zielgruppe sind Online-Shopper, die andere Anforderungen, ein anderes Kundenprofil und ein anderes Einkaufsverhalten haben.
- Der Handel funktioniert weitgehend über Produkt- und Preiswerbung. Daher gibt es z.B. in den MediaMärkten regional unterschiedliche Preise, die von der lokalen Konkurrenzsituation abhängen. Im Internet wären die Preise überall gleich.

Neben den verschiedenen Primus-Shops (z.B. Primus Tronix für Verbrauchselektronik, Primus Media für Musik, Video, Buch, Primus Toys, Primus Powershopping und Primus Auktion) gibt es auch einen auf Großkunden gerichteten Metro24 Service, bei dem über das Internet Büro- und Technikprodukte bestellt werden können. Die Betreuung und Koordination der Online-Shops wird in einer eigenen Metro Online GmbH zusammengefasst.

Diese Beispiele zeigen, dass die Unternehmen durch genaues Abwägen, welche Prozesse integriert oder separat gehalten werden sollen, das Design und die Strategie für das Online- und das Präsenzgeschäft genau nach ihren Markt- und Wettbewerbssituationen gestalten können. Für die Abschätzung sollten dabei vier Dimensionen betrachtet werden (Abb. 7).

		Integration	Trennung
Branding	➲ Kann das Branding einfach auf das Internet übertragen werden?	Ja	Nein
	➲ Wird im Vergleich zum Präsenzgeschäft eine unterschiedliche Zielgruppe angesprochen oder ein unterschiedlicher Angebotsmix verkauft?	Nein	Ja
	➲ Ist eine unterschiedliche Preisgestaltung im Internet vorgesehen?	Nein	Ja
Management	➲ Hat das Management die notwendigen Erfahrungen für das Internet-Geschäft?	Ja	Nein
	➲ Besteht der Wille, das Internet-Geschäft nach anderen Kriterien zu bewerten?	Ja	Nein
	➲ Wird es voraussichtlich größere Kanalkonflikte geben?	Nein	Ja
	➲ Gefährdet das Internet das Geschäftsmodell des Präsenzgeschäfts?	Nein	Ja
Prozesse	➲ Funktionieren die Logistikprozesse auch mit dem Internet-Geschäft gut?	Ja	Nein
	➲ Stellt das bestehende Informationssystem genügend und passende Daten für das Internet-Geschäft zur Verfügung?	Ja	Nein
	➲ Bieten diese Systeme einen Wettbewerbsvorteil?	Ja	Nein
Beteiligung	➲ Gibt es Schwierigkeiten, ein entsprechend geeignetes Management für das Internet-Geschäft zu halten oder zu werben?	Nein	Ja
	➲ Wird externes Kapital benötigt, um das Internet-Geschäft zu finanzieren?	Nein	Ja
	➲ Gibt es einen entscheidenden Partner (Zulieferer, Verteiler, etc.), damit das Internet-Geschäft funktioniert?	Nein	Ja

Abb. 7. Vier Dimensionen in der strategischen Planung

1. Vertrauen (Integration) und Flexibilität (separat) sind zwei Aspekte, die beim **Branding** abgewogen werden müssen. Die Ausweitung auf das Online-Business gibt der Site sofort eine bestimmte Glaubwürdigkeit und sorgt für eine gewisse Grundlast. Jedoch wird dafür die Flexibilität eingeschränkt, weil die Kunden von der Website dieselben Konditionen (Produkte und Preise) erwarten wie im Präsenzgeschäft. Jedoch wird die Öffnung für neue Kunden durch die Übertragung der Marke tendenziell erschwert.
2. Beim **Management** sind folgende Aspekte zu beachten: Eine Integration erleichtert die gemeinsame strategische Ausrichtung, die Ausnutzung von Synergien und das Teilen von Wissen. Getrennte Teams haben die Freiheit, wesentlich schärfer zu fokussieren, schneller Innovationen durchzusetzen und die beiden Geschäftsmodelle (Online- und Präsenzgeschäft) nicht zu verwässern. Die Firmen können aber auch bestimmte Funktionen kombinieren und andere auseinander halten.
3. Bei den **Geschäftsprozessen** sind folgende Aspekte zu beachten: Hier stehen die jeweiligen Stärken der Firmen im Vordergrund – zum Beispiel Logistik, Informationssysteme sowie deren Übertragbarkeit auf das Internet. Eine Trennung erleichtert den Aufbau von State-of-the-Art-Systemen und ermöglicht die entsprechenden Verteilungsprozesse.
4. Der vierte Aspekt betrifft die gegenseitigen **Beteiligungsmodelle:** Die Integration erlaubt der Muttergesellschaft den vollen Wert des Internet-Geschäfts zu behalten. Eine Trennung ermöglicht es, die erfahrenen Manager bzw. Mitarbeiter zu halten sowie Zugang zu Venture Capital zu bekommen. Ebenso wird durch eine Trennung eine größere Flexibilität bei Partnerschaften erreicht.

Neue Geschäftsmodelle durch Rekombination

Einige neue Geschäftsmodelle werden im E-Business dadurch „erzeugt", dass Teile von bekannten und etablierten Geschäftsmodellen rekombiniert werden. Zwei Beispiele verdeutlichen dies.

Beispiel 1: Interactive System Integrators

Die gestiegene Nachfrage nach Umsetzungskompetenz für Geschäftsmodelle im Internet hat eine neue Spezies von IT-Dienstleistern hervorgebracht. Im Konzept der Interactive System Integrators (ISI) werden drei ursprünglich vollkommen getrennte Dienstleistungen unter einem Dach zusammengefasst:

- E-Business-**Strategieberatung:** Die Kunden wissen meistens, dass sie eine neue E-Business-Strategie benötigen oder dass sie ihre „alte" überarbeiten müssen. Diese Form der Beratung konzentriert sich daher auf den Aspekt, was im E-Business notwendig ist, welche Aspekte eine Rolle spielen und wie sie umgesetzt werden können.
- **Creative Web-Design:** Diese Stufe der Dienstleistung ist aus dem traditionellen Werbeagenturgeschäft entstanden. Hier finden sich Menschen wieder, die kreativ mit dem neuen Medium Internet umgehen können und die wissen, wie eine Internet-Seite unter Design- und kognitiven Gesichtspunkten aufgebaut sein sollte. Hier werden die Konzepte am Front-End umgesetzt.
- **Integratoren:** Diese dritte Stufe hat sich als wichtige Ergänzung zu den beiden erstgenannten aus dem traditionellen Systemintegrationsgeschäft entwickelt. Der wesentliche Unterschied liegt in der Integrationstiefe, die von den ISI in der Regel geleistet wird. Da die Projekte eher kurz sind, wird klar auf eine Integration im Sinne eines Adapterprinzips gesetzt. In dem Moment, wo tiefer in bestehende Back-Office-Systeme (zum Beispiel SAP R/3 oder Kernbankenanwendungen) eingegriffen werden muss, endet allerdings die strategische Ausrichtung der ISI (Abb. 8).

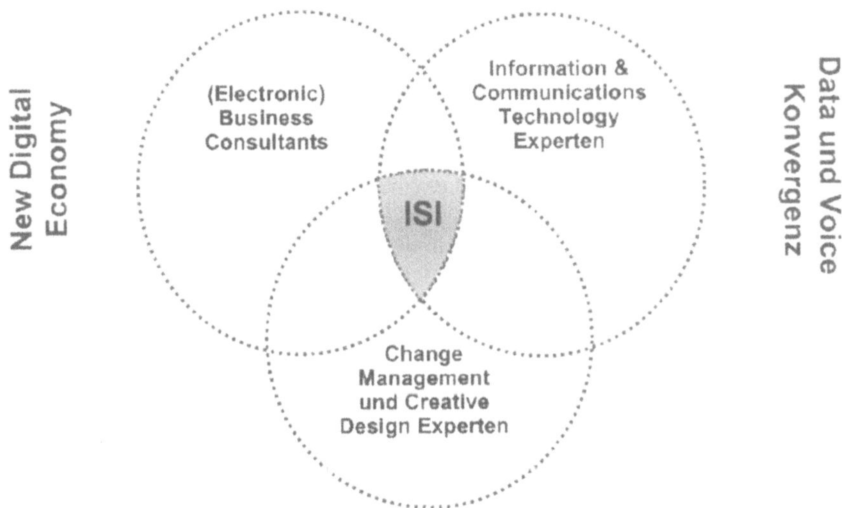

Abb. 8. Interactive System Integration als neue Form der Dienstleistung

Der Nutzen für die Kunden besteht darin, dass sie das Beste aus den drei Kompetenzen aus einer Hand bekommen mit dem klaren Fokus auf die besonderen Anforderungen des E-Business.

Beispiel 2: E-Logistik-Unternehmen

Ein vom Prinzip ähnlicher Ansatz ist die Kombination von Logistik- und Beratungsunternehmen. Ein jüngstes Beispiel ist die Gründung eines Joint Ventures (E-Chain Logistik) zwischen der Spedition Dachser und dem Beratungsunternehmen CSC Ploenzke. Das Portfolio setzt sich hierbei aus der Planung, dem Aufbau und Betrieb von Logistik-Systemen zusammen. Diese Kompetenzen werden dann anderen Unternehmen angeboten.

Denn der Verkauf von Waren per Internet fordert von den Anbietern im elektronischen Handel weit mehr Liefertreue und Geschwindigkeit als beim herkömmlichen Versandhandel. Fast alle großen Transportfirmen, von der Deutschen Post und UPS bis hin zu neuen Herausforderern wie D.Logistics und Thiel Logistik, versuchen derzeit IT- und Logistik-Kompetenz miteinander zu verbinden.

Die Zeit der Ad-hoc-Experimente ist vorbei

Electronic Business ist – trotz aller Unkenrufe in der letzten Zeit – mit Sicherheit kein Auslaufmodell. Im Gegenteil: In den nächsten Jahren wird es in immer stärkerem Maße das Business-to-Business-Geschäft bestimmen. Über die noch ungenutzten Möglichkeiten des „Mobile Business" wird gleichzeitig auch der Business-to-Consumer-Bereich in den nächsten Jahren seinen Ruf als „schlafender Riese" immer mehr ablegen.

Was jedoch vorbei ist, ist die Zeit der Ad-hoc-Experimente. Die großen etablierten Unternehmen sind inzwischen auf den Zug aufgesprungen und bestimmen immer mehr die Richtung. Es wird daher – neben der zwar nach wie vor wichtigen Experimentierfreude und Innovationsbereitschaft der Start-ups – immer mehr auch die klassische Tugend gefragt sein, aus einer Geschäftsidee ein funktionierendes Geschäftsmodell zu zimmern und mit einer Strategie zu unterlegen. In diesem Kapitel haben wir versucht, einige Aspekte und Grundtypen von Geschäftsmodellen zusammenzustellen, die unserer Meinung nach die Besonderheit des E-Business ausmachen. Sie sollten bei der Strategieentwicklung in jedem Unternehmen – ob gerade gegründet oder schon seit Jahrzehnten auf dem Markt etabliert – beachtet werden.

Die erfolgreiche und effiziente Umsetzung der neuen Strategien und Geschäftsmodelle im Unternehmen wird jedoch vorrangig von der Fähigkeit und dem Willen des Unternehmens, d.h. seiner Führungskräfte und Mitarbeiter, zu Veränderungen abhängen.

E-Business-Strategien bedürfen einer entsprechend flexiblen, kreativen und offenen Unternehmenskultur. Diese muss ebenso weiterentwickelt und angepasst werden wie die Prozesse und die zu Grunde gelegte IT-Technologie.

Literatur

Andersen Consulting, Outlook, No. 1, 1999

Andersen Consulting, Outlook, No. 2, 2000

Booz Allen & Hamilton, 10 Erfolgsfaktoren im e-Business. F.A.Z.-Institut, Frankfurt a.M., 2000

P. Cunningham, F. Fröschl, Electronic Business Revolution. Springer-Verlag, Heidelberg, 1999

P. Evans, T. S. Wurster, Harvard Business Review, Vol. 77, No. 6, 1999

J. Gausemeier, A. Fink, O.Schlake, Szenario Management. 2. Auflage, C. Hanser Verlag, München, 1996

J. Gausemeier, A. Fink, Führung im Wandel. C. Hanser Verlag, München, 1999

W. F. v. Große-Oetringhaus, Strategische Identität. Springer-Verlag, Heidelberg, 1996

R. Gulati, J. Garino, Harvard Business Review, Vol. 77, No.3, 2000

K. Haasis, A. Zerfaß (Hrsg.), Digitale Wertschöpfung. dpunkt.Verlag, Heidelberg, 1999

M. Hammer, S. Stanton, Harvard Business Review, Vol. 77, No.6, 1999

A. Hermanns, M. Sauter, Management Handbuch e-commerce. Verlag Vahlen, München, 1999

IBM Consulting Group, Das e-Business Prinzip. F.A.Z.-Institut, Frankfurt a.M., 1999

J. Kilimann, H. v. Schlenk, E. -Ch. Tiems (Hrsg.), Efficient Consumer Response. Schäffer Poeschel Verlag, Stuttgart, 1998

S. Kaplan, M. Sawhney, Harvard Business Review, Vol. 77, No.3, 2000

W. Köhler-Frost (Hrsg.), Outsourcing. Erich Schmidt Verlag, Berlin, 4.Auflage, 2000

M. Merz, e-Commerce. dpunkt.Verlag, Heidelberg, 1999

M. E. Porter, Competitive Advantage. The Free Press, 1985

M. E. Porter, Competitive Strategy. The Free Press, 1980

W. A. Sahlmann, Harvard Business Review, Vol. 77, No.6, 1999

K. Werbach, Harvard Business Review, Vol. 78, No.3, 2000

H. Wolters, R. Landmann, W. Bernhart, H. Karsten, Arthur D. Little International (Hrsg.), Die Zukunft der Automobilindustrie. Gabler Verlag, Wiesbaden, 1999

„Value Innovation" als strategisches Werkzeug für Unternehmen auf dem Weg zum virtuellen Unternehmen

Franz Trimborn
Siemens Business Services, München, Global Business Manager E-Business

Die Veränderungen der Wettbewerbslandschaft hat immer mehr die Auflösung der traditionellen Unternehmensgrenzen zur Folge. Dabei sind folgende Entwicklungen[1] festzustellen:

- Eine stärkere Konzentration auf Kernkompetenzen führt zum Aufbau von gemeinsam genutzten Dienstleistungen („Shared Services") innerhalb großer Unternehmen und zum Outsourcing an externe Dienstleister.
- Der Überfluss von Venture Capital und die dadurch steigende Vielzahl von jungen Unternehmen führt zwangsläufig zu netzwerkartigen Strukturen, da die neu entstehenden Start-ups sich auf Grund von Erfolgsdruck (Zeit zum Börsengang, Geschwindigkeit bei der Besetzung von Marktsegmenten, ...) stark auf ih re ursprüngliche Geschäftsidee konzentrieren müssen. Die Wertschöpfung in anderen Funktionen wird in diesen Dot.coms wesentlich schneller von Dienstleistern wahrgenommen als von den etablierten Unternehmen.
- Die Merge & Acquisition-Welle hat eine steigende Nachfrage nach einer Integration von Managementsystemen, Geschäftsprozessen und Informationssystemen zur Folge.
- Mit dem starken Wachstum des Verkaufs und der Services über das Internet (E-Sales und E-Services) sowie der Etablierung von elektronischen Marktplätzen und Portalen kommt es auf der einen Seite zur Integration der Lieferanten entlang der Wertschöpfungskette, auf der anderen Seite zu einer wachsenden Einkaufsmacht der Verbraucher-Interessengemeinschaften (Buyer-Communities).
- Veränderte Händlerstrukturen führen zu einer höheren Preistransparenz, zum Entstehen von „Multi Brand"-Distributoren und zu einer „Distributorenbereinigung".
- Die zunehmende Transparenz in der Lieferkette hat durch den gegenseitigen Zugriff auf die ERP-Systeme (Enterprise Resource Planning) gravierende Veränderungen in der Logistikkette zur Folge.
- Mit reduzierten Eintrittsbarrieren im E-Business und zunehmendem Wettbewerb wächst die Bedeutung der Kundenbindung.

---

[1] Vgl. Business Networking in the Internet Age; SAP®, IMG St. Gallen, IWI St. Gallen; 1999

Unternehmen müssen sich stärker öffnen

Es gelten aber auch neue Erfolgsspielregeln: Nicht mehr inkrementelle Verbesserungen oder Benchmarking führen zu Spitzenleistungen. Vielmehr brechen erfolgreiche Unternehmen aus ihren gewohnten Brachenmustern und -grenzen heraus und kreieren neue Märkte. Dieser Prozess ist entscheidend für den Erfolg – nicht nur für Jungunternehmen, sondern auch für das Gedeihen und Überleben der weltweit größten Firmen. Denn in vielen Bereichen werden die Wettbewerber von morgen aus ganz unterschiedlichen Branchen kommen.

Die so genannte „Externalisierung" wird nach einer Prognose der Meta Group[2] das Business im 21. Jahrhundert revolutionieren. Unter diesem Begriff verstehen die Analysten die Dezentralisierung, Globalisierung und Kollaboration mit externen Partnern und Kunden, die zu einem verstärkten Fokus der Unternehmen nach außen führen. Sinkende Gewinnmargen und Mitarbeiterzahlen, immer schwächere Kundenloyalität und eine weniger starke Produktorientierung forcieren das „Öffnen" eines Unternehmens für Kunden, Lieferanten und Geschäftspartner. Allerdings werden nur die Firmen und Institutionen im 21. Jahrhundert mit dieser Strategie erfolgreich sein, die ihre Geschäfts- und IT-Ziele integriert haben – sowohl innerhalb ihrer Organisationen als auch mit ihren Kunden und Lieferanten.

Durch Electronic Business kommt es in den nächsten Jahren mehr und mehr zu einer Überlagerung der normalen Produktwertschöpfungskette durch die Informationswertschöpfungskette. Marktführer werden deshalb laut Meta Group diejenigen Firmen sein, die als Erste die interne Wertschöpfung automatisieren und Informationsregeln und Praktiken für Electronic Business entwickeln sowie eine große Bandbreite an Industriestandards integrieren. Im Zuge der „Externalisierung" entstehen virtuelle Unternehmen, die als eine Kooperationsform rechtlich unabhängiger Firmen, Institutionen und/oder Einzelpersonen eine Leistung auf der Basis eines gemeinsamen Geschäftsverständnisses erbringen. Die kooperierenden Einheiten beteiligen sich an der Zusammenarbeit vorrangig mit ihren Kernkompetenzen und wirken bei der Leistungserstellung gegenüber Dritten wie ein Unternehmen.

Virtuelle Unternehmen

- gehen in ihren Möglichkeiten und Fähigkeiten über das Reale hinaus,
- lösen unternehmensinterne und -externe Grenzen auf,
- realisieren einen hohen Kundennutzen durch eine optimierte Wertschöpfung,
- gehen in der Regel zeitlich befristete netzwerkartige Partnerschaften ein,
- konzentrieren sich bei der eigenen Wertschöpfung konsequent auf ihre Kernkompetenzen,
- basieren auf einer Kultur des gegenseitigen Vertrauens,
- nutzen die Möglichkeiten modernster Informations- und Kommunikationstechnologie,

---

[2] Vgl. Meta Group „Intranet und Extranet im 21. Jahrhundert", 199

– besitzen in der Regel kein gemeinsames juristisches und administratives Dach,
– zeichnen sich durch eine hohe Flexibilität aus.

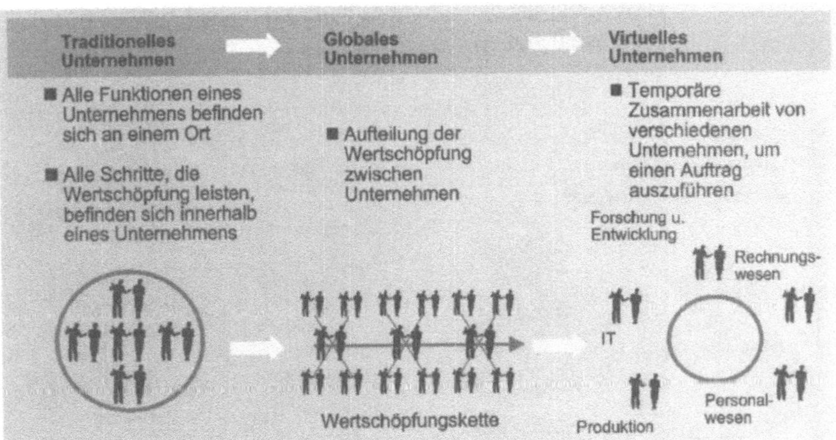

Abb. 1. Ein deutlicher Wandel der Geschäftsstrukturen

Die konkreten Erscheinungsformen eines „virtuellen Unternehmens" sind sehr vielfältig und reichen von langfristigen Lieferanten- und Kundenbeziehungen über Lizenz- und Franchisevereinbarungen bis hin zu Gemeinschaftsfirmen (Joint Ventures). Dabei kann sich die Unternehmungsvernetzung, wie etwa im Fall von Forschungs- und Entwicklungsallianzen, im Kern auf nur einen Aufgabenbereich erstrecken oder mehrere Funktionsbereiche umfassen. Der Virtualisierungsgrad einer konkreten Unternehmung hängt davon ab, inwiefern es – insbesondere aufgrund der informationstechnischen Vernetzung – den kooperierenden Firmen gelingt, ihre Zusammenarbeit gegenüber Dritten (insbesondere gegenüber Kunden) nicht ausdrücklich in Erscheinung treten zu lassen. Die Grundlage der Leistungserstellung liefert die Informations- und Kommunikationstechnik, welche heute eine Vernetzung mit Geschäftspartnern, Lieferanten, Kunden, Marktpartnern und selbst Konkurrenten sicherstellt. Dies erst ermöglicht eine Auflösung der räumlichen und zeitlichen Grenzen.

Vier Entwicklungsstufen auf dem Weg ins 21. Jahrhundert

Der Weg der Unternehmen in das 21. Jahrhundert aus Sicht der Informationstechnologie lässt sich vereinfacht in vier angenommene Entwicklungsstufen aufteilen (Abb. 2):

Stufe 1   Klassische Website-Präsenz,
Stufe 2   E-Commerce (Kauf und Verkauf),

Stufe 3	E-Commerce (Kauf und Verkauf, Information-Sharing, Anbindung von Warenwirtschaftssystemen),
Stufe 4	„Intelligent Electronic Business" mit Marktplätzen, Cross-Industry-Communities und End-to-End-Business-Prozessintegration.

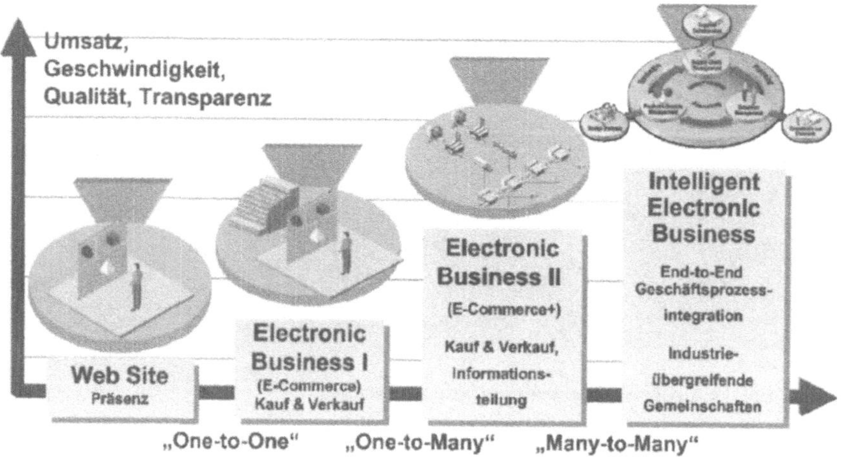

Abb. 2. Vier Stufen der Unternehmen auf dem Weg in das 21. Jahrhundert

Stufe 1 – Klassische Website-Präsenz

Bei der einfachen Präsentation eines Unternehmens im Internet geht es im Wesentlichen um die Information der Kunden, die durch die Darstellung einer Firma mit einer eigenen Homepage im World Wide Web erreicht werden sollen. Neben den zu vermittelnden Inhalten und Funktionen ist als notwendige Voraussetzung ein leistungsfähiges Web-Hosting erforderlich. Die Verfügbarkeit von Internet und Intranet im Unternehmen verbessert und unterstützt durch integrierte E-Mail-Funktionalitäten die Kommunikation der Kunden mit dem Unternehmen und seinen Mitarbeitern.

Stufe 2 – E-Business mit E-Commerce (Buying & Selling)

E-Commerce mit Buying & Selling umfasst den elektronischen Handel zwischen einem Verkäufer/Anbieter und Käufer (z.B. in den Bereichen Business-to-Business, Business-to-Consumer, Consumer-to-Consumer und Consumer-to-Administration). Die komplette Angebotspalette wird in elektronischen Katalogen bereitgestellt, elektronische Geschäftsvorfälle können so vereinfacht abgewickelt werden. Darüber hinaus müssen Voraussetzungen für elektronische Bestellungen und elektronischen Zahlungsverkehr (optional) geschaffen werden. Dazu zählen auch zusätzliche Anforderungen an Verfügbarkeit, Sicherheit und Autorisierung. Betrieb und Hotline sind an sieben Tagen die Woche und 24 Stunden am Tag sicherzustellen.

Stufe 3 – E-Business mit Buying & Selling, Information-Sharing, Anbindung von Warenwirtschaftssystemen

Auf dieser Stufe wird bereits eine sehr hohe Komplexität des E-Business erreicht. Die Business-Szenarien setzen sich aus unternehmensübergreifenden Prozessketten (branchenspezifisch) zusammen. Zusätzlich zu den Voraussetzungen der niedrigeren Stufen wird nun die elektronische Integration der ERP-Systeme von Verkäufern und Käufern erforderlich. Hierzu ist auch die integrative Anpassung der innerbetrieblichen Prozesse, Organisations- und IT-Strukturen notwendig.

Je nach Komplexität der eingesetzten Lösungen und Services werden zusätzlich Call Center oder Customer-Interaction-Center erforderlich. Weitere Möglichkeiten ergeben sich aus der Integration von Telekommunikationssystemen und Applikationen. Marktplätze und ihre Systeme ermöglichen ein Sharing von Kunden sowie Produkt- und Anbieterprofilen. Neben der Auftragsverfolgung des Geschäftsprozesses in allen Phasen verkürzen sich in dieser Stufe auch die Durchlaufzeiten und reduzieren sich Kosten und Fehlerquellen.

Stufe 4 – Intelligent Electronic Business

Die Welt der „Virtual Communities" und der grenzenlosen Vernetzung über elektronische Marktplätze erfordert eine vollkommen neue Form von unternehmens- und branchenübergreifenden Prozessketten. Mit der Entstehung von Cross-Industry-Communities und der Verfügbarkeit von sehr differenzierten Kunden-, Produkt- und Anbieterprofilen ist ein kostengünstigerer und schnellerer Marktzugang möglich. Durch die erhöhte Markttransparenz werden Wettbewerber unmittelbar vergleichbar, sodass ein kontinuierliches Benchmarking durch den Kunden möglich ist. Dies wird wiederum zu stärkerem Wettbewerb und zu einer weiteren Reduzierung der Handelsstufen führen.

Die Anforderungen an Verfügbarkeit, Sicherheit, Autorisierung und Betrieb dieser Systeme sowie an integrierte Call Center werden sich deutlich erhöhen. System- und Anwendungsintegrationen über Unternehmensgrenzen hinweg und das Providing für Application- und Web-Hosting erhalten eine wesentliche strategische Bedeutung bei der Gestaltung und Realisierung von solchen Cross-Industry-Business-Szenarien. In diesem Zusammenhang werden sich vielfältigste Dienstleistungsunternehmen im Electronic-Business-Umfeld etablieren.

Um den neuen Herausforderungen wirkungsvoll entgegnen zu können, geht es nicht ohne Prozessverständnis und einen unternehmensübergreifenden gesamtheitlichen Blickwinkel. Dieses Wissen ist in den meisten Unternehmen bereits vorhanden, da man sich dort in den letzten Jahren vielfach intensiv mit Prozessanalysen und Prozessstrukturen (Business Process Reengineering) beschäftigt und ERP-Systeme als Backbone mit einer neuen IT-Infrastruktur realisiert hat.

Dies führt dazu, dass auch im „Intelligent Electronic Business" nach wie vor prozessorientierte Gestaltungsfelder wie Supply Chain Management, Customer Relationship Management sowie Enterprise Resource Management eine wesentliche Rolle spielen. Sie werden zusätzlich durch das Business Information Management und unterschiedlichste E-Commerce-Komponenten ergänzt.

Strategisches Werkzeug zur Schaffung neuer „Wertkurven"

Die Fähigkeit eines Unternehmens, seine Prozesse mit seinen Partnern zu teilen sowie auf dieser Basis neue Geschäftsmodelle zu etablieren, wird für dessen Erfolg im 21. Jahrhundert entscheidend sein. Denn Business im Internetzeitalter besteht aus einem Netzwerk von Prozessen. Der Weg dorthin wird durch die Auflösung von existierenden Unternehmensgrenzen in unabhängige Prozesse und die Wiederzusammensetzung von Firmen mit neuen Geschäftsmodellen und Lieferketten markiert. Diese tief greifenden Veränderungen erfordern natürlich auch eine Modifikation der bestehenden Architekturpläne von Organisationen.

Die olympischen Disziplinen „schneller, höher, weiter" – also Zeit, Qualität und Kosten – reichen heute für ein wirklich erfolgreiches Unternehmen nicht mehr aus. Sondern es geht darum, wie es für seine Kunden durch veränderte Prozesse eine neue „Wertkurve" schaffen und damit Mehrwert generieren kann. Als strategisches Werkzeug bietet sich hier die von den Professoren E. Chan Kim und Renée Mauborgne vom Insead-Institut in Fontainebleau entwickelte Methodik der „Value Innovation"[3] an, die sich speziell auf neue Prozesse im E-Business und den daraus generierten Mehrwert anwenden lässt.

Das Verfahren der „Wertinnovation" basiert auf einer fast zehnjährigen Untersuchung von Unternehmen, die innovative Angebote hervorbrachten und so einen neuen Wert für die Kunden schafften. Hintergrund ist die Fokussierung auf eine bestimmte Zielgruppe: Diese wird unterschieden nach Nutzer (demjenigen, der mit dem Produkt tagtäglich umgeht bzw. arbeitet), Beeinflusser (demjenigen, der die Kaufentscheidung beeinflusst) und dem Käufer (also demjenigen, der für das Produkt oder den Service bezahlt).

Deutlich wird dies zum Beispiel im Bereich der Informationstechnologie (IT): Käufer ist das Unternehmen, Beeinflusser oft die IT-Abteilung und Nutzer sind viele Mitarbeiter, vor allem im administrativen Bereich. Bislang liefern sich viele Unternehmen ein erbittertes Kopf-an-Kopf-Rennen mit ihren Branchenrivalen, oft mit gleichen Strategien und somit auch nur mäßigem Erfolg. Schaffen es Manager hingegen – so die beiden Wissenschaftler – über Branchengrenzen hinweg zu denken und so ein innovatives Marktangebot zu erzeugen, können sie neuen Marktraum schaffen und neue Kunden gewinnen.

---

[3] Creating New Market Space, Havard Business Review; Prof. Chan Kim, Renée Mauborgne, 1999

Helfen kann hierbei, nicht nur das Produkt, sondern das gesamte Umfeld zu betrachten. Das bedeutet auch, zu analysieren, welche Alternativen den Kunden zur Verfügung stehen, warum sie sich für das eigene oder ein anderes Produkt entscheiden, welche Wege sie zurücklegen, um das eigene Produkt zu erwerben oder die Dienstleistung in Anspruch zu nehmen und vieles mehr. Ein Hilfsmittel ist dabei die so genannte „Wertkurve". Sie gibt bildlich wieder, auf welche Art und Weise eine Firma oder eine ganze Branche ihr Angebot an den Käufer gestaltet. Die „Wertkurve" resultiert daraus, dass die Marktergebnisse eines gegebenen Angebots im Verhältnis zu denen von Angebotsalternativen verzeichnet werden – jeweils bewertet nach den Erfolgsfaktoren, die den Wettbewerb in der betreffenden Branche oder Produktkategorie wesentlich bestimmen.

Am Beispiel der Einführung eines neuen Softwarepakets zur privaten Vermögensverwaltung am PC lässt sich das Prinzip verdeutlichen. Umfragen ergaben, dass bei den Anwendern die hauptsächliche Alternative zu einer Softwarelösung nicht ähnliche und bereits vorhandene Produkte des Wettbewerbs sind, sondern der einfache Rechenstift. Diese beiden alternativen Angebote ergeben zwei Wertkurven, mit denen der vorhandene Wettbewerbsraum grafisch genau festgelegt ist (s. Abb. 3). Die bereits am Markt verfügbare Finanzmanagement-Software bot zwar ein relativ hohes Maß an Geschwindigkeit und Genauigkeit. Aber die Kunden wählten trotzdem häufig den Stift, da er billiger und leichter zu handhaben war. Zudem nutzten laut Umfrage die wenigsten Anwender sämtliche Features der Programme, wodurch diese teuer und kompliziert erschienen.

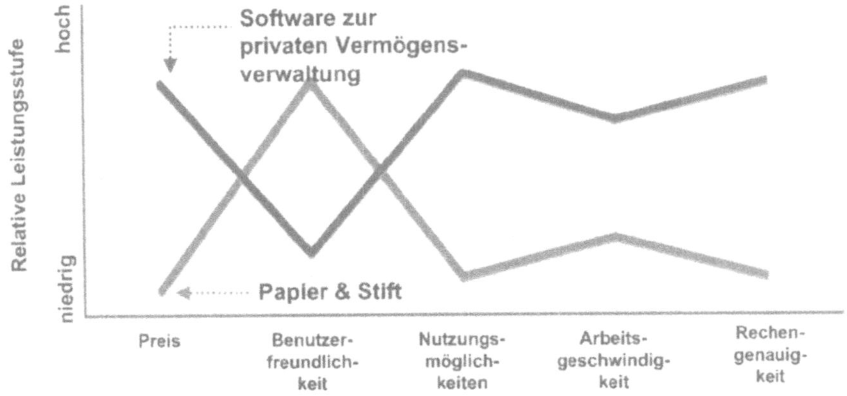

Abb. 3. Wertkurven vor Einführung des neuen Softwareprodukts

Der Schlüssel zur Entdeckung einer neuen „Wertkurve" liegt in der Beantwortung von vier Grundfragen:

- **Kreieren:** Welche Merkmale sollen entwickelt werden, die bislang in der Branche nie geboten wurden?

- **Eliminieren:** Welche Merkmale sollen wegfallen, die in der Branche bislang als unentbehrlich galten?
- **Anheben:** Welche Merkmale sollen geschickt über den Branchenstandard gehoben werden?
- **Reduzieren:** Welche Merkmalsausprägungen sollen geschickt unter die Branchennorm gesenkt werden?

Die Konsequenzen bei dem Softwarehersteller aus dieser Analyse: Sein Programm verbindet die Vorteile des Stifts in Bezug auf Preis und Benutzerfreundlichkeit mit den Vorteilen Arbeitsgeschwindigkeit und Rechengenauigkeit, die bereits die verfügbaren Finanzsoftware-Pakete für den privaten Gebrauch auszeichneten (Abb. 4).

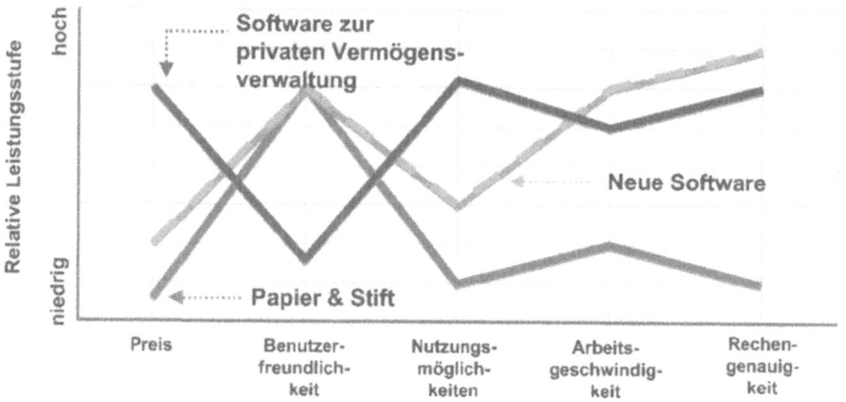

Abb. 4. Die Wertkurve des neuen Produkts

Kern der „Value Innovation"-Strategie ist die Abkehr vom direkten Wettbewerb mit den Branchenrivalen und die Hinwendung zur Erschließung neuer Markträume. Bei der Entwicklung des Electronic Business lassen sich eine Vielzahl von Parallelen zu diesem Konzept erkennen:

Herkömmliche Grenzen des Wettbewerbs	Das Unternehmen im klassischen Kopf-an-Kopf-Wettbewerb	Das Unternehmen, das neue Markträume erschließt	Das E-Business-Unternehmen
Branche	konzentriert sich auf Wettbewerber innerhalb seiner eigenen Branche	richtet den Blick auf Branchen, in die sich eventuell ausweichen lässt	nutzt neue branchenübergreifende Geschäftsmodelle (z.B. Portale, Marktplätze)
Strategische Firmengruppe	strebt nach einer starken Wettbewerbsposition innerhalb der strategischen Gruppe	mustert die verschiedenen strategischen Gruppen innerhalb seiner Branche	legt Hauptgewicht auf die strategisch Beteiligten im gesamten Prozess und dessen Neudefinition
Käufergruppe	konzentriert sich darauf, seinen Service für die Käufer zu verbessern	definiert die Käufergruppe in seiner Branche neu	setzt auch auf die durch E-Business-Angebote (elektronische Marktplätze etc.) entstehenden völlig neuen Käufergruppen
Reichweite der Produkt- und Serviceangebote	konzentriert sich darauf, den Wert seiner Produkt- und Serviceangebote in den Grenzen seiner Branche zu maximieren	sieht sich nach den die normale Produktwertschöpfungskette ergänzenden Produkt- und Serviceangeboten um, die in seiner Branche unüblich sind	ermöglicht einen 24x7-Stunden-pro-Woche-Service, der weltweit zur Verfügung steht; kreiert neue Servicelcistungen durch das Internet
Funktionale/emotiona-le Ausrichtung einer Branche	konzentriert sich darauf, das Preis-Leistungs-Verhältnis in Übereinstimmung mit der branchentypischen zweck- und gefühlsbezogenen Ausrichtung zu verbessern	überdenkt die zweck- und gefühlsbezogene Ausrichtung in seiner Branche neu	stellt nicht die Abbildung und Verbesserung eines existierenden Prozesses in den Mittelpunkt, sondern dessen Neukonzeption zur Schaffung eines neuen Kundennutzens
Zeit	konzentriert sich darauf, sich externen Trends anzupassen, sobald diese auftreten	beteiligt sich aktiv daran, externe Entwicklungen langfristig mitzugestalten	setzt aktiv die wesentlichen Trends und lässt sich dieses Engagement entsprechend honorieren (z.B. durch die Marktkapitalisierung an der Börse)

Fallbeispiel Thomas Cook:
Mit „Value Innovation" erfolgreich ins E-Business

Ein Beispiel für die Anwendung dieser Methode ist der Service „Virtual Trading Desk" des Reise- und Finanzdienstleistungsunternehmens Thomas Cook. Die 1841 gegründete Thomas-Cook-Organisation ist heute mit 3.000 Filialen und Repräsentanzbüros in über 100 Ländern tätig. Zusammen bedienen sie unter dem Motto „Außergewöhnlicher Service von außergewöhnlichen Leuten" in jedem Jahr mehr als 20 Millionen Kunden. Thomas Cook, Gründer des Unternehmens, war einer der großen Pioniere des Tourismus. Er organisierte nicht nur die erste Pauschalreise der Welt, sondern erfand 1874 auch den Vorgänger des heutigen Reiseschecks. Der Bereich „Thomas Cook Worldwide Financial Services" betreibt ein Netzwerk von 1.000 Büros in 26 Ländern, in denen die Kunden Reiseschecks kaufen und einlösen, Geld wechseln oder Überweisungen tätigen können.

Mit seiner Internet-Lösung „Virtual Trading Desk" für das internationale Zahlungsmanagement, die gegenwärtig in den USA, Großbritannien, Kanada, Australien, Neuseeland, Frankreich und Singapur zur Verfügung steht, will das Unternehmen seinen Geschäftskunden ein noch höheres Maß an Service und Bequemlichkeit anbieten. So können sie damit beispielsweise rund um die Uhr Zahlungen an ausländische Geschäftspartner entweder in deren Heimatwährung überweisen oder per telegrafischer Anweisung durchführen. Thomas Cook garantiert dabei höchste Zuverlässigkeit und Sicherheit und schickt innerhalb von einer Stunde per Fax oder E-Mail eine Bestätigung für die erfolgreich durchgeführte Transaktion zurück.

Um an dem Service teilzunehmen, müssen sich die Kunden per Passwort anmelden. Thomas Cook stellt ihnen für häufig durchzuführende Orders so genannte „Templates" zur Verfügung, in denen bereits alle Daten wie Empfänger und Währung eingetragen sind. Um den Auftrag zu erteilen, muss nur noch die entsprechende Summe in das Online-Formular eingetragen werden. Integrierte Plausibilitätskontrollen verhindern fehlerhafte Buchungen. Außerdem können die registrierten Nutzer während der Börsenöffnungszeiten aktuelle Wirtschaftsnachrichten und einen zweimal täglich aktualisierten „Marktkommentar" abrufen, der die Entwicklungen auf den Weltmärkten zusammenfasst. Für Kunden, die sich tagtäglich mit dem internationalen Handel befassen, ist dieser Service eine wichtige Entscheidungsgrundlage.

Zur Gestaltung der Geschäftsprozesse für den neuen Service griffen die Verantwortlichen bei Thomas Cook auf die „Value Innovation"-Strategie zurück. Damit wurden bewusst bestimmte Wertekriterien des Kunden reduziert, eliminiert, über das existierende Niveau gehoben bzw. neu kreiert. Die Einführung dieses Angebots hatte in der Ausführung völlig neue Prozesse zwischen den Beteiligten und innerhalb des Unternehmens zur Folge (Abb. 5).

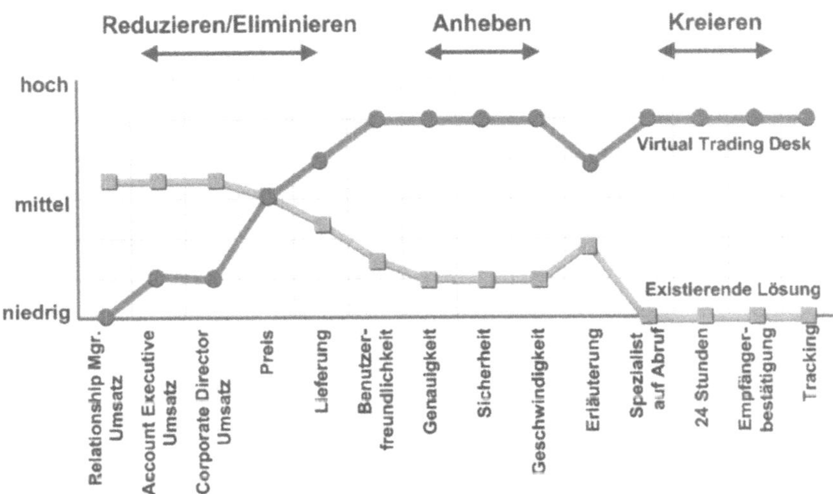

Abb. 5. Die Wertkurve des neuen E-Business-Angebots von Thomas Cook

„Value Innovation" ist eine Methode, mit der die Möglichkeit geschaffen wird, ein einheitliches Bild des generierten Kundennutzens zu schaffen. Dabei steht nicht die Prozessüberarbeitung und -verbesserung an sich im Vordergrund, sondern das Nutzenprofil des Kunden. Sie ermöglicht eine Reihe von neuen Einsichten und führt – wie das Beispiel von Thomas Cook eindrucksvoll zeigt – tatsächlich zu deutlichen Ergebnisverbesserungen: Lag der mit dem „Virtual Trading Desk" generierte Anteil am Gesamtumsatz des Business-Bereichs in den Monaten vor der Einführung der neuen „Wertkurve" im April 1999 mit gewissen Schwankungen jeweils unter fünf Prozent, so ist er bis zum Juni 2000 nahezu kontinuierlich auf 25 Prozent angestiegen.

Praxisbeispiel: Travel Management als Teil des Business Process Reengineering

Mike Bassmann
Siemens Business Services, Frankfurt am Main
Director Business Center Travel Solutions

Angelika Krämer
Siemens Business Services, Frankfurt am Main
Marketing and Communication Manager

An die Abläufe im Travel Management werden heute dieselben Anforderungen hinsichtlich Kosten, Qualität und Zeit gestellt wie an die übrigen Kernprozesse im Unternehmen. Das Intranet-basierte *Siemens Travel Net* im Siemens-Konzern stellt eine revolutionäre Art des Travel Managements dar. Durch den konsequenten Einsatz dieser E-Commerce-Plattform lassen sich alle Prozesselemente, die mit Planung, Organisation und Kontrolle der Geschäftsreisen zu tun haben, erheblich effizienter gestalten. Das *Siemens Travel Net* fungiert dabei in doppelter Weise als Drehscheibe des elektronischen Handels: sowohl Business-to-Business in Richtung der Lieferanten als auch Business-to-Employees in Richtung der Mitarbeiter im Konzern. Bei der Pilotierung der Intranet-Anwendung hat sich gezeigt, dass zur effektiven Nutzung des neuen Mediums ein Reengineering der Geschäftsabläufe über alle Prozessebenen hinweg notwendig ist. Dabei muss auch berücksichtigt werden, dass während der Realisierung einer Geschäftsreise nicht nur dem Unternehmen, sondern auch dem buchenden Reisebüro Kosten entstehen. Die im Siemens-Konzern eingesetzte Komplettlösung reduziert die entstehenden Prozesskosten auf beiden Seiten – im günstigsten Falle um bis zu 50 Prozent.

Positionierung des Travel Managements im Unternehmen

Das Travel Management innerhalb eines Unternehmens leitet seine Arbeitsweise aus dessen Gesamtstrategie ab und sollte keine unabhängigen Ziele verfolgen. Sein Kern ist der zentral gelenkte Einkauf aller benötigten Reiseleistungen. Neben der Erfüllung traditioneller Serviceaufgaben und dem Aspekt der reibungslosen innerbetrieblichen Kommunikation treten im modernen Travel Management heutzutage Kostengesichtspunkte immer stärker in den Vordergrund. Die Erzielung von Kostenvorteilen setzt jedoch eine genaue Kenntnis von Struktur und Volumen der eigenen Ausgaben und des Anbietermarktes voraus. Einsparungen können nur erreicht werden, wenn konsequent eine Bündelung des Reiseaufkommens stattfindet und die Konzentration der Nachfrage auf ausgesuchte Partner erfolgt.

Die Aufgaben des Travel Managers liegen überwiegend in den Bereichen Beschaffung, Management und Controlling, die sich jedoch teilweise überlagern. Im

Zusammenspiel dieser Aufgabenbereiche übernimmt er fundamentale betriebswirtschaftliche Funktionen im Unternehmen. Liegen Travel Management, Controlling und Reisemittelbeschaffung in einer Hand, lässt sich die Steuerung der Reisekosten auf Grund des überlegenen Informationsstandes und der direkten Einflussnahme optimieren. Das Travel Management ist eine vergleichsweise junge Disziplin und deshalb noch nicht in allen Unternehmen und Organisationen institutionalisiert. Umfassendes und konsequentes Travel Management, wie es beispielsweise die Siemens AG seit 1998 betreibt, steckt bei den meisten deutschen Firmen noch in den Kinderschuhen.

Direkte und indirekte Kosten für Geschäftsreisen

Die 500 Top-Unternehmen in Deutschland gaben im Jahr 1998 für Geschäftsreisen rund 45 Milliarden Mark aus. Bezogen auf die gesamte deutsche Wirtschaft schätzt der Verband Deutsches Reisemanagement e.V. die Höhe dieser Aufwendungen auf mehr als 152 Milliarden Mark. Die Ausgaben für Dienst- und Geschäftsreisen sind demnach nach Gehältern und EDV-Kosten in vielen Bereichen der Wirtschaft heute der drittgrößte Kostenblock. Studien führender Beratungsunternehmen weisen aus, dass ungefähr 17 Prozent dieser Ausgaben allein für die Prozesskosten aufgewendet werden müssen. Dieser Anteil liegt nach den Aufwendungen für Flüge (23 Prozent) und Hotelübernachtungen (22 Prozent) an dritter Stelle bei den gesamten Aufwendungen für Geschäftsreisen (Abb. 1).

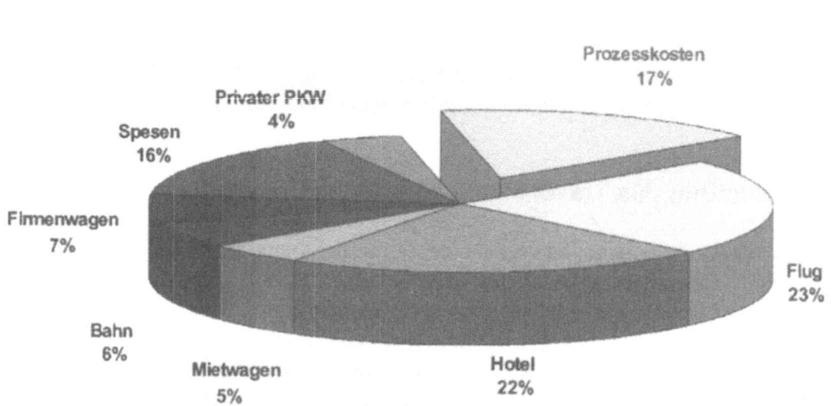

Abb. 1. Reisekosten sind in vielen Unternehmen mittlerweile ein bedeutender Kostenblock.

Mit 250.000 Mitarbeitern, die 1999 mehr als 2,5 Millionen einzelne Reiseleistungen gebucht haben, summieren sich alleine im Siemens-Konzern die Reiseausgaben Jahr für Jahr auf rund zwei Milliarden Mark. Grund genug also, dem

Reiseverhalten und dem Einkauf der entsprechenden Leistungen mehr Aufmerksamkeit zu widmen. Um die Reisekosten spürbar zu senken, werden im zentralen Travel Management bei Siemens konsequent Online-Buchungssysteme eingesetzt und die Bestell- und Abwicklungsverfahren einem permanenten Benchmarking und Reengineering-Prozess unterzogen. Seit der schrittweisen Etablierung des *Siemens Travel Net* haben die Mitarbeiter nun die Möglichkeit, direkt von ihrem Arbeitsplatz aus über das firmeneigene Intranet auf die Informationen von mehr als 800 internationalen Fluggesellschaften, über 43.000 Hotels und alle führenden Mietwagenunternehmen zurückzugreifen, um ihre Reise online über ihren PC zu buchen.

Eine im Hintergrund liegende Datenbank enthält den gültigen Stand der Reiserichtlinien des Unternehmens und liefert aktuelle Informationen über Flugverbindungen, Hotels, Mietwagen und Zugverbindungen. Grundlegende Voraussetzung für das Funktionieren des Online-Buchungssystems war die Realisierung eines direkten Zugangs zu Reservierungssystemen der führenden Mietwagenunternehmen und der Hoteldatenbank Phoenix über verschiedene Netze hinweg sowie Schnittstellen zu den Reservierungssystemen Start Amadeus, Sabre und Galileo. Firewalls und Sicherheitskonzepte schützen personenbezogene Daten vor unbefugtem Zugriff.

Einsparungspotenzial bei den Prozesskosten

Ziel der Einführung von *Siemens Travel Net* war es, Qualität und Kosten der zu beschaffenden Leistungen sowie die Geschwindigkeit des Informationsflusses zwischen den Reisenden und den Travel-Partnern zu optimieren. Dem klassischen Begriff des Business Process Reengineering entsprechend, lassen sich Einsparungen im Bereich der Prozesskosten – also der indirekten Ausgaben – vor allem durch Zeitgewinne und schlankere Organisationsstrukturen erreichen. Während bisher die zur Planung und Buchung einer Reise notwendigen Informationen offline aus verschiedenen – meist gedruckten – Quellen zusammengetragen wurden, stellt nun die Business-to-Business-E-Commerce-Lösung diese Informationen online zur Verfügung. Auf diese Weise bekommt der Geschäftsreisende die zum Zeitpunkt der Anfrage tatsächlich verfügbaren Leistungen angezeigt und kann unmittelbar buchen. Die komplette Reise lässt sich so effizienter – also mit einer deutlich geringeren Anzahl von Prozessschritten und innerhalb kürzerer Zeit – vorbereiten.

Nachdem andere Potenziale der Kostenersparnis in den Unternehmen heute weitgehend ausgeschöpft sind, avancieren die Ausgaben im Bereich Geschäftsreisen zu einem zentralen Thema wirtschaftlicher und strategischer Betriebsführung. Für das Travel Management ist damit eine doppelte Herausforderung verbunden: Auf der einen Seite steigen die erforderlichen Aufwendungen und das Kostenbewusstsein bei den Mitarbeitern ist nur ungenügend ausgeprägt, sodass sich die Transparenz der Prozesse nur langsam erhöht. Auf der anderen Seite verschärfen sich die inneren und äußeren Rahmenbedingungen, denn mit der zunehmenden Globalisierung der Beschaffungs- und Absatzmärkte nimmt auch das Reisegeschehen in den Unternehmen ständig zu.

Treibende Kräfte für Business Process Reengineering im Travel Management

Gravierende wirtschaftliche Entwicklungen gelten als ausschlaggebend, wenn Maßnahmen zur Produktivitätssteigerung ergriffen werden. Globalisierung, Deregulierung, Kundenorientierung und steigende Qualitätsansprüche zählen zu den Faktoren, die allgemein Firmen Reengineering-Aktivitäten in die Wege leiten lassen. Die Welt ist in der vergangenen Dekade größer und zugleich kleiner geworden: Größer, weil durch die moderne Informationstechnologie immer mehr Schranken fallen, und kleiner, weil Fortschritte in der Kommunikationstechnologie die Erde zu einem globalen Marktplatz gemacht haben. Diese Technologien sind der Schlüssel zu den aktuellen Veränderungen und spielen im Geschäftsreisemarkt eine immer wichtigere Rolle – etwa beim Buchen von Flügen, Hotels, Mietwagen. Statistiken belegen, dass ungefähr 60 bis 70 Prozent aller Flugreisen einfache Hin- und Rückflüge sind. In den meisten Fällen dauert die Reise zwei Tage mit Übernachtung und Mietwagen. Diese Standardreisen lassen sich über Online-Buchungssysteme wie dem *Siemens Travel Net* komfortabel und deutlich kostengünstiger abwickeln.

In den meisten Unternehmen müssen die Mitarbeiter vor einer Reise einen Antrag stellen, oft in Papierform mittels eines standardisierten Formulars. Dieser Antrag wird dann per Hauspost oder als Fax abgeschickt. Teilweise findet die Beantragung der Reisen aber auch mündlich oder auf elektronischem Weg – zum Beispiel über E-Mail-Systeme – statt. Für die Genehmigung ist in der Regel der direkte Vorgesetzte, zum Teil aber auch die übergeordnete Hierarchiestufe zuständig. Bei diesem Verfahren kommt es auf Grund der Wege- und Liegezeiten nicht selten vor, dass Geschäftsreisende Ihre Genehmigung erst dann in den Händen halten, wenn sie bereits von ihrer Fahrt zurückgekehrt sind.

Nach der Genehmigung informiert sich der Mitarbeiter durch das Vertragsreisebüro oder die firmeneigene Reisestelle über mögliche Alternativen. Dabei nutzt er verschiedenste Medien: Er wälzt zum Beispiel Flugpläne, konsultiert die Zugauskunft, führt Telefonate mit dem Reisebüro, stellt schriftliche, mündliche oder elektronische Anfragen und erkundigt sich in Hotels nach freien Zimmern. Das Beschaffen der Information fällt in vielen Fällen nicht mit dem Zeitpunkt der Buchung zusammen. Nicht selten kommt es deshalb vor, dass zum Zeitpunkt der Buchung der gewünschte Flug oder das ausgewählte Hotel inzwischen ausgebucht ist. Der mühsame und aufwendige Prozess der Informationsbeschaffung beginnt jetzt von neuem (Abb. 2).

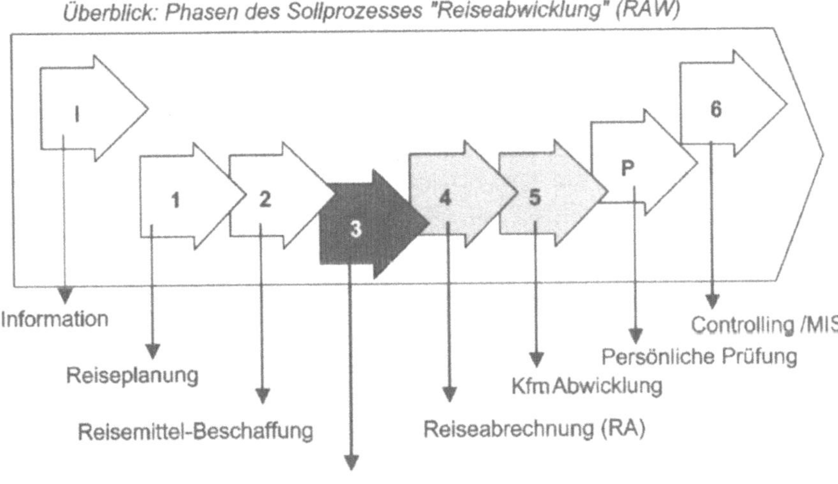

Abb. 2. Großer Aufwand bei der Organisation einer Geschäftsreise

Hinzu kommt, dass der Planungs- und Buchungsprozess von Geschäftsreisen durch den vorherrschenden hohen Grad der Arbeitsteilung sehr komplex ist und viele Schnittstellen außerhalb und innerhalb des Betriebes aufweist. Häufig müssen Reisealternativen mit anderen Personen abgestimmt und in Absprache aller Beteiligten ausgewählt werden. Dies ist beispielsweise dann der Fall, wenn der Reisende die Informationen nicht selbst einholt, sondern das Sekretariat dies für ihn übernimmt. Hier ist der zu leistende Koordinationsaufwand entsprechend hoch, und es werden wertvolle Ressourcen der Mitarbeiter und Arbeitszeit verschwendet.

Diese unproduktiven Transport- und Liegezeiten können bei einer stark funktionalen Arbeitsteilung und Spezialisierung im Vergleich zu den tatsächlichen Bearbeitungszeiten überproportionale Ausmaße annehmen. An dieser Stelle setzt das im *Siemens Travel Net* umgesetzte Process Redesign an. Die Informationen über Verfügbarkeiten der angefragten Leistungen werden dem Reisenden ohne Zeitverzug online dargestellt, wodurch im administrativen Bereich der Abwicklung wesentliche kostenrelevante Zeiteinsparungen erreicht werden.

Steuerung und Transparenz für ein aktives Reisemanagement

Die im Unternehmen geltenden Reiserichtlinien stellen ein wichtiges Element eines funktionierenden Travel-Management-Systems dar und sollten nicht nur Formalitäten, sondern auch Inhalte regeln. Sie sind mit den unternehmenspolitischen Grundsätzen und zwingenden rechtlichen Vorschriften in Einklang zu bringen und mit den Travel-Management-Strategien abzustimmen. Die Firmenpolitik und der hieraus abgeleitete Stellenwert der Personalpolitik bilden die Basis der Vorschriften für die Reiseorganisation. Als „Gesetzestext" für den Reisenden dienen die Reiserichtlinien allen an der Reisemittelbeschaffung und Reisekostenabrechnung beteiligten Mitarbeitern, den Vorgesetzten und der Revision als Richtschnur.

Neben der Berücksichtigung der steuer- und arbeitsrechtlichen Gesetzeslage müssen sie allerdings auch die Möglichkeit eines aktiven Reisemanagements zulassen. Unter der Zielstellung der permanenten Optimierung des Travel Managements darf eine einmal festgelegte Reiserichtlinie deshalb auch nicht als ewige Konstante angesehen werden, sondern ist ständig weiterzuentwickeln und auf neue Prozesse abzustimmen. Nur dann ist es möglich, diese potenzielle Hürde auf dem Weg zur Implementierung neu gestalteter Beschaffungsstrukturen aus dem Weg zu räumen und damit die Umsetzung radikaler Verbesserungsansätze, beispielsweise in Form von Online-Buchungssystemen, zu ermöglichen.

Eine sinnvolle Steuerung des Reisegeschehens im Unternehmen ist wiederum allein durch die konsequente Umsetzung von entsprechenden Richtlinien möglich, denn nur auf diese Weise können ausgehandelte Einkaufsvorteile voll ausgeschöpft werden. Auf Grund mangelnder Markttransparenz verzichten jedoch Unternehmen häufig auf die Optimierung von Einkaufsvorteilen. Diesem Aspekt tragen Online-Buchungstools wie das *Siemens Travel Net* deshalb besonders Rechnung: Die neu gestalteten Abläufe im Vorfeld einer Geschäftsreise reduzieren nicht nur die Prozesskosten, sondern sorgen gleichzeitig für die konsequente Umsetzung der Reiserichtlinien.

Durch die im System für jeden einzelnen Mitarbeiter hinterlegten und automatisch mit dem Log-In aktiven Regeln steuert der Travel Manager das Reiseverhalten der Mitarbeiter. Außerdem gewährt ihm das Travel-Management-System quasi auf Knopfdruck Einblick in die damit verbundenen Abläufe. Er erkennt besser die Anforderungen und Präferenzen der Reisenden im Unternehmen und kann seine Aktivitäten bewusster an den Bedürfnissen seiner Kundenzielgruppe orientieren. Dementsprechend kauft er nun Reiseleistungen ein und stellt dieses maßgeschneiderte und qualitativ verbesserte Angebot seiner Klientel zur Verfügung.

Für das Aushandeln der Einkaufskonditionen bei den Lieferanten des Travel Managers – den Leistungsanbietern – stellt das *Siemens Travel Net* valides Datenmaterial als Argumentationsgrundlage zur Verfügung. Die erreichten Einkaufskonditionen werden sofort nach Vertragsabschluss im System als Regel hinterlegt und – wie die Reiserichtlinie – bei der Buchung von Reisebestandteilen automatisch angewendet. Durch die Bündelung der Nachfragemacht können Großkundenrabatte und weitere Einkaufsvorteile in vollem Umfang ausgeschöpft werden und kommen damit unter dem Kostenaspekt dem Unternehmen zugute.

Veränderungen in der Geschäftsreisebranche

Mit der Neugestaltung der Prozessabläufe im Geschäftsreisebereich durch auf Internet-Technologie basierende Applikationen verändert sich mittelfristig das traditionelle Verhältnis zwischen den Unternehmen und den Reisemittlern. Reisebüros werden höherwertige Beratungsleistungen erbringen müssen, um auf dem hart umkämpften Markt bestehen zu können, da die Reisenden Aufgaben wie Information und Reservierung in Zukunft weitgehend selbst übernehmen können. Mit der Einführung eines Online-Buchungssystems verlagert sich der Schwerpunkt der Reisemittelbestellung weg vom Reisebüro, hin zum Reisenden selbst. Der Reisebüromitarbeiter wird somit vom Buchungsprozess entlastet, was die Prozesskosten im Reisebüro um 25 bis 50 Prozent reduziert. Der Expedient nimmt in Zukunft nur mehr komplizierte Flugbuchungen, Round-Trip-Buchungen und andere nicht online durchführbare Dienstleistungen vor.

Die neuen elektronischen Medien stellen einen eigenen Vertriebskanal dar, der wesentlichen Einfluss auf die Spielregeln in der Geschäftsreisebranche ausübt. Die Unternehmen werden vom Ausbau des Direktvertriebes profitieren, der einfache Produkte, transparente Preise, Online-Buchung und automatisches Ticketing voraussetzt. Zusätzlich erhöht sich die Preistransparenz und die Tarife können wesentlich schneller und marktgerechter angepasst werden. Eine Online-Buchung garantiert außerdem in der Regel per Knopfdruck die kostengünstigste Kaufentscheidung im Sinne des Unternehmens.

Neue Wege beim Buchen von Geschäftsreisen

Das *Siemens Travel Net* basiert auf dem – von Siemens Business Services gemeinsam mit der auf Online-Buchungstools für Geschäftsreisende spezialisierten i:FAO AG in Frankfurt am Main entwickelten – Online-Buchungssystem „Scenic Interactive Travel" (s. Abb. 3). Zuvor erfolgte eine intensive Auswertung zahlreicher interner und externer Studien, um eine möglichst optimale Lösung zu finden. Im Herbst 1997 wurde dann gemeinsam vom zentralen Siemens Travel Management in München und dem Business Center Travel Solutions bei Siemens Business Services das Projekt *Siemens Travel Net* ins Leben gerufen.

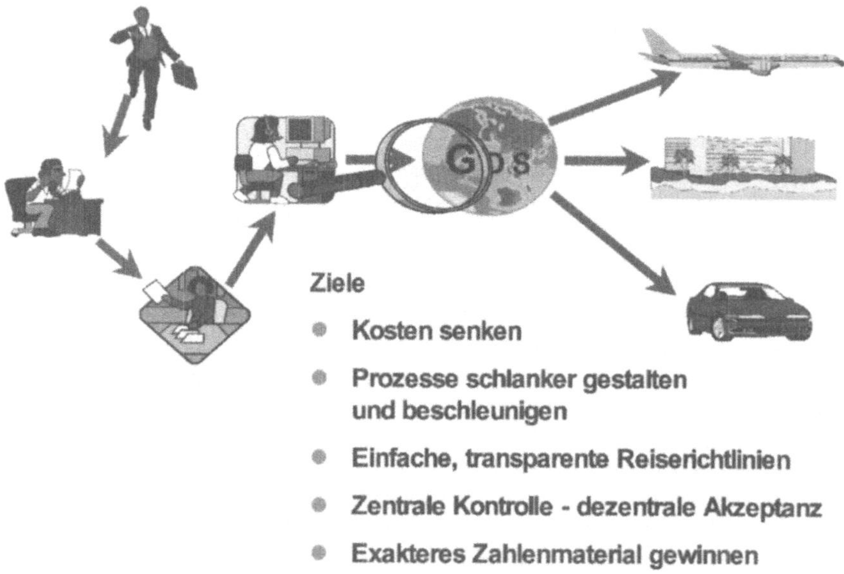

Abb. 3. Neu gestaltete Prozessabläufe im Geschäftsreisebereich

Nach Unterzeichnung einer entsprechenden Betriebsvereinbarung, die mit dem Konzernbetriebsrat der Siemens AG geschlossen wurde, konnte das System im März 1999 von der Pilotphase in den Echtbetrieb bei Siemens Business Services und an einigen ausgewählten Siemens-Standorten in Deutschland übergehen. Mittlerweile wickeln mit diesem Instrument schon Mitarbeiter aus Deutschland, Österreich, Großbritannien, der Schweiz, Frankreich, Italien, Spanien, Portugal, Belgien und Luxemburg ihre Reisen online ab. Bis zum Jahr 2003 will das Siemens Travel Management 60 Prozent aller Landesgesellschaften an das hauseigene Buchungstool angeschlossen haben.

Mehr als 50.000 Siemens-Mitarbeiter waren im Sommer 2000 an dem Online-Buchungssystem im Intranet angemeldet und führten jeden Monat im Durchschnitt mehr als 30.000 Transaktionen durch – mit rasch steigender Tendenz. Beispielsweise wurden bereits zu diesem Zeitpunkt täglich 400 Bahntickets online gebucht und sofort samt der Reservierung des Sitzplatzes am PC ausgedruckt. Die durchschnittlichen Kosten pro Vorgang sinken dabei von 35 auf 15 Mark. Und dies, obwohl noch keine direkte Anbindung an den Reservierungsrechner der Deutsche Bahn AG existiert und die Buchungen nach wie vor im Siemens-Bestellcenter des Deutschen Reisebüros manuell bearbeitet werden müssen. Wenn das technische Handicap bis Mitte 2001 aus dem Weg geräumt ist, ist mit weiteren 50 Prozent Kosteneinsparung zu rechnen.

Synergien durch zahlreiche Partnerschaften

Mit dem Veranstalter Dertour ist das Siemens Travel Management eine Partnerschaft zum gemeinsamen Einkauf von Hotelkontingenten eingegangen. Durch diese Kooperation werden durch die Bündelung des Einkaufsvolumens Synergieeffekte erreicht, die sich in besseren Einkaufskonditionen und damit einer deutlichen Kostenreduktion niederschlagen. Während der Travel Manager bisher keine Transparenz über die Hotelbuchungen besaß, weil die benötigten Zimmer über die unterschiedlichsten Reservierungswege bestellt wurden, erhält er nun durch den vereinheitlichten Buchungsweg einen lückenlosen Überblick und verfügt über aktive Steuerungsmöglichkeiten. Dank der direkten Anbindung des *Siemens Travel Net* an das Reservierungssystem Phoenix von Dertour haben die Siemens-Mitarbeiter exklusiven Zugriff auf die Preise und Daten derjenigen Hotels, mit denen spezielle Konditionen ausgehandelt wurden. Über das Phoenix-System pflegt der Reiseveranstalter auch die Daten, sodass die Umsetzung der ausgehandelten Preise jederzeit sichergestellt ist und das Unternehmen in den Genuss aller Vergünstigungen kommt.

Der Reisende profitiert von Phoenix, weil ihm ausschließlich die tatsächlich vakanten Zimmer angezeigt werden – lästiges und zeitaufwendiges Telefonieren nach einer verfügbaren Unterkunft entfällt. Automatisch nimmt das System eine Priorisierung vor und zeigt primär Hotels an, bei denen Siemens über spezielle Kontingente verfügt. Sind diese Häuser ausgelastet, erscheinen so genannte „Preferred Supplier" auf der Vorschlagsliste. Existieren für ein Reiseziel keine Unternehmenskontingente (mehr), haben die Mitarbeiter kostengünstigen Zugriff auf das sonstige Angebot des Partners Dertour.

Eine der Grundvoraussetzungen für den Erfolg des *Siemens Travel Net* im Siemens-Konzern ist die internationale Ausrichtung des Systems. Als Unternehmen mit Niederlassungen in mehr als 100 Ländern können zusätzliche Synergieeffekte nur dann genutzt werden, wenn eine globale Einsetzbarkeit gewährleistet ist. Ein wesentliches Feature des Konzeptes ist deshalb die Möglichkeit, die weltweit führenden „Globalen Distributionssysteme" (GDS) wie Amadeus, Sabre und Galileo in die Lösung zu integrieren, wodurch eine annähernd hundertprozentige weltweite Abdeckung des Marktes gewährleistet wird.

Kritische Erfolgsfaktoren bei der Einführung

Auf Seiten des Unternehmens müssen zunächst Grundsatzentscheidungen bezüglich der zu definierenden Ziele und entsprechenden Umgestaltungsmaßnahmen herbeigeführt werden. Da die Wirkungskraft eines Online-Buchungstools entscheidend von den Inhalten der Reiserichtlinie geprägt wird, ist deren Anpassung an die festgelegten Unternehmensziele eine nicht zu unterschätzende Voraussetzung für die erfolgreiche Implementierung eines elektronischen Travel-Management-Systems. Außerdem verlangt eine erfolgreiche Umsetzung ein detailliertes Einführungskonzept, das Process Owner und Konzernbetriebsrat gleichermaßen einbezieht wie die externen Travel-Partner, also etwa Reisemittler, Fluggesellschaften, Autovermieter oder Hotelketten. Eine intensive Beobachtung und sofortige Reaktion auf Veränderungen im Reisemarkt stellen eine weitere Bedingung für das Aufbrechen der zeit- und kostenintensiven „alten" Struktur dar. Die Festlegung und Koordination der Beschaffungspolitik, nach der sich die Vertragsgestaltung mit Leistungsträgern und Travel-Partnern ausrichtet, gehen damit einher. Der Blick muss sich also zugleich nach innen und nach außen richten.

Es reicht jedoch nicht aus, ein gutes Online-Buchungssystem im Intranet zu betreiben. Diese Möglichkeit muss den Mitarbeitern auch überzeugend kommuniziert werden. Denn angesichts der Informationsfülle in Großunternehmen kann nicht erwartet werden, dass die potenziellen Nutzer die Online-Buchungswerkzeuge selbst entdecken und automatisch einsetzen. Im Siemens-Konzern wurde deshalb ein ganzes Bündel an Maßnahmen entwickelt, um die Bekanntheit und Akzeptanz des *Siemens Travel Net* zu erhöhen. So wurde zunächst ein einheitlicher Kommunikationsauftritt mit Farbe, Bild und Signet geschaffen. Die kleine Figur „Rockynocchio" symbolisiert seitdem das *Siemens Travel Net* und soll Sympathie wecken.

In mehreren Informationsveranstaltungen („Tag des offenen Netzes") wurde den Reisebüromitarbeitern in den Siemens Travel Centern erklärt, welche Vorteile das Bestell-Tool für sie hat. Die Trainingscenter innerhalb des Konzerns wurden mit Schulungsunterlagen in Form eines Benutzerhandbuchs ausgestattet, in dem die einzelnen Buchungsschritte im Detail erklärt werden. Weiterhin halten regelmäßige redaktionelle Beiträge in der Siemens-Mitarbeiterzeitung das *Siemens Travel Net* bei den Reisenden in Erinnerung. Und jeder Mitarbeiter, der über das System bucht, erhält monatlich einen Online-Newsletter mit Zusatzinformationen. Dieser wird außerdem durch die gedruckten „STN News" ergänzt, die quartalsweise im DIN-A4-Format erscheinen. Ein kleines Heft im Scheck-Kartenformat mit dem Titel „Tipps für unterwegs" enthält Hinweise für den Reisenden im Fall der Fälle sowie auf gebührenfreie Telefonnummern.

Für ein modernes Travel Management – so die Erfahrung – ist auch ein Umdenken der dafür zuständigen Mitarbeiter erforderlich. War früher das Sammeln von Einkaufsmengen die wichtigste Aufgabe eines Travel Managers, müssen die 15 Mitarbeiter im zentralen Siemens Travel Management heute in den Kategorien des E-Business denken. Es geht vor allem darum, zu erkennen, wie Prozesse mit Hilfe von Technik vereinfacht werden können – und das möglichst nahtlos und ohne zusätzlichen Aufwand. Denn ein gutes Travel Management alleine bringt nichts, wenn die Reisedaten nicht kontinuierlich ausgewertet werden.

Das „Multitalent" Kreditkarte als Zahlungsmittel

Als ein zentrales Instrument in der Abwicklung von Geschäftsreisen fungiert die „Corporate Credit Card". Im Siemens-Konzern besitzt jeder Mitarbeiter mindestens eine personenbezogene Kreditkarte, was eine Reorganisation des Genehmigungsverfahrens ermöglicht. Im optimalen Fall entfällt die Genehmigungspflicht komplett; die angetretene und über die Karte bezahlte Reise liegt so lange in der Eigenverantwortung des Mitarbeiters, bis die Unterschrift des Vorgesetzten im Rahmen der Reisekostenabrechnung erfolgt ist. Mit der Kreditkartengesellschaft wurde ein verlängertes Zahlungsziel für die Abrechnung der dienstlich genutzten

Karte vereinbart. Durch das angewendete verzögerte Lastschriftverfahren kann dem Reisenden garantiert werden, dass im Durchschnitt erst nach sechs Wochen die Abbuchung von seinem Konto vorgenommen wird. Innerhalb dieses Zeitraums erfolgt wöchentlich ein Zahlungslauf, sodass der Mitarbeiter nach Abrechnung seiner Reisekosten innerhalb weniger Tage die Kosten auf sein Konto erstattet bekommt und so keinesfalls in Vorleistung treten muss.

Das Unternehmen selbst braucht ebenfalls keine Vorschüsse an die Reisenden auszahlen, was die hiermit zusammenhängenden hohen Verwaltungskosten wegfallen lässt. Die hier erzielte Kostenreduzierung ist erheblich, da im Durchschnitt 70 Mark aufgewendet werden müssen, um einen Vorschuss zu verbuchen. Dieser Einsparungseffekt ist in den oben genannten Größen für die Prozesskostensenkung noch nicht berücksichtigt und zusätzlich zu addieren. Als positiver Nebeneffekt stellt sich ständige Transparenz bezüglich der aktuellen Kosten- und Budgetsituation ein, da die Mitarbeiter in der Regel sofort ihre Reisekosten abrechnen, um in den Genuss sämtlicher Vorteile des Abrechnungs- und Abbuchungsverfahrens zu gelangen.

Konsolidiertes Datenmaterial über weltweit gebuchte Reisemittel liefert die Grundlage für die Vertragsverhandlungen des Travel Managements mit den Leistungsanbietern, war aber bisher nur schwerlich und aufwendig zu beschaffen. Durch die als Management Information System (MIS) eingesetzte Firmenkreditkarte ist dies nun ebenfalls recht einfach zu leisten. Die vom Kreditkarteninstitut zur Verfügung gestellten personenneutralen Daten geben Aufschluss über die Reisekostenstruktur und liefern so die Grundbedingung für eine effektive flexible Einkaufsplanung. Darüber hinaus ist der Einsatz der personenbezogenen Kreditkarte für die Inanspruchnahme moderner Zahlungsverfahren unabdingbar. Da der Reisende bei Zahlung mit der Firmenkreditkarte sofort als Siemens-Mitarbeiter identifiziert wird, kommt er nicht nur automatisch in den Genuss der aktuellen ausgehandelten Nettorate. Der Mitarbeiter nutzt zusätzlich die Vorteile des Verfahrens „Pay as you fly", das – als konsequente Weiterentwicklung des elektronischen Flugscheins Etix – vollkommen papierlos arbeitet und bei den Leistungsträgern Prozesskosten in erheblichem Umfang einspart. Durch ein Vertrauensabkommen zwischen dem Leistungsträger und dem Unternehmen entfallen Umbuchungs- und Stornogebühren im Falle des Nichtantritts der Reise.

Nach einem ähnlichen Prinzip arbeitet die Siemens AG mit der Deutschen Bahn AG (DB) im Rahmen eines Pilotversuches zum ticketlosen Bahnfahren zusammen. Seit April 1999 können Mitarbeiter des Unternehmens Fahrkarten für die Deutsche Bahn über das *Siemens Travel Net* buchen. Nachdem der Reisende über einen direkten Zugang zum DB-Rechner die gewünschte Zugverbindung ausgewählt hat, muss er nur noch auf den Bestellbutton drücken. Der Auftrag wird derzeit noch automatisch per E-Mail an das als „Handling Agent" fungierende Siemens-Bestellcenter weitergeleitet, das im Auftrag der Deutschen Bahn vom Deutschen Reisebüro eingerichtet wurde, und muss dort manuell bearbeitet werden. Dieser Zwischenschritt soll künftig allerdings durch eine direkte Schnittstelle zum Bahnrechner wegfallen. Der Bahnreisende bekommt per E-Mail das im fälschungssicheren Format erstellte elektronische Ticket zugeschickt, das er zusammen mit seiner Corporate Credit Card beim Zugbegleiter vorzeigt. „Pay as you rail" gewährt dem Siemens-Reisenden ein hohes Maß an Flexibilität und macht das Bahnfahren somit bequemer und attraktiver. Auch in der Zusammenarbeit mit Mietwagenverleihern ist die Firmenkreditkarte alleiniges Zahlungs- und Abwicklungsinstrument und erfreut sich als komfortables Reisezahlungsmittel hoher Akzeptanz bei den Mitarbeitern.

Technische Voraussetzungen und einfache Benutzung

Für die Umgestaltung von Geschäftsprozessen im Travel Management müssen technische Mindestvoraussetzungen erfüllt sein. Dem Reifegrad der zur Verfügung stehenden Informationstechnologie kommt dabei eine besondere Bedeutung zu, denn diese bildet die Voraussetzung für erfolgreiches Business Process Reengineering. Im Siemens-Konzern bildet das weltweit von nahezu allen Mitarbeitern erreichbare Intranet die technische Plattform, auf welcher das *Siemens Travel Net* überhaupt erst realisiert werden konnte. Es läuft auf einem Siemens Primergy-Serversystem mit dem Microsoft-Betriebssystem NT 4.0 und MS-Visual FoxPro als Datenbank. Die auf Web-Technologie basierte Anwendung wurde in den Siemens Corporate IP-Backbone integriert und steht damit an beinahe allen Standorten weltweit zur Verfügung. Durch diese Nutzung der im Unternehmen vorhandenen Infrastruktur waren lediglich geringe Zusatzinvestitionen notwendig.

Auch ungeübte Anwender finden sich im *Siemens Travel Net* sehr schnell zurecht, weil sie komfortabel über selbsterklärende Masken durch den Buchungsprozess geführt werden. Die Voreinstellungen des Benutzers und die für seine Benutzergruppe gültigen Reiserichtlinien sind mit dem Log-In automatisch aktiv. Nach der Anmeldung erhält der Mitarbeiter eine Auswahlmaske für die einzelnen Reiseleistungen Flug, Hotel, Mietwagen und Bahnfahrten (Abb. 4).

Abb. 4. Der Einstieg ins Siemens Travel Net

Den aktuellen Stand der Reiserichtlinien und weitere Informationen zu Firmen-Kreditkarten, bevorzugte Partner wie Fluggesellschaften, Hotels oder Mietwagenanbieter kann der Mitarbeiter jederzeit über den Menüpunkt „Travel Management informiert" abrufen. Der Hauptvorteil für das Unternehmen liegt dabei darin, dass die Reiserichtlinien online als Steuerungselemente vom zentralen Travel Management hinterlegt sind. Sondervereinbarungen – beispielsweise mit Fluggesellschaften auf bestimmten Strecken – kann der Travel Manager über das TMS (Travel Management System) mit wenigen Mausklicks einstellen. Diese Einstellungen lassen sich dann direkt in die Reiserichtlinie aufnehmen: Eine Einkaufsvereinbarung wird so automatisch zur Regel. Derzeit sind mehr als 800 unterschiedliche Parameter, die das Einkaufsverhalten der Reisenden beeinflussen, über das TMS einstellbar. Das gesamte System kann man sich wie ein großes Warenhaus vorstellen: Der Reisende bekommt nur Waren – also Flüge, Hotels und Mietwagen – angeboten, die vom Einkauf durch das Travel Management freigegeben sind. Die Effizienz dieser Vorgehensweise ist unschlagbar, weil neue Preis- und Leistungsvereinbarungen unmittelbar das Einkaufsverhalten der Geschäftsreisenden beeinflussen bzw. steuern.

Mit vier Mausklicks um die Welt

Der Reisende möchte einen Flug buchen und gelangt über den Menüpunkt „Flug" zur „Quickreservierung", über die er alle Standard-Flugreisen schnell und bequem buchen kann (Abb. 5). Beispiel: Flug am 15. Februar von Frankfurt nach London und am 17. Februar zurück nach Frankfurt. In der Eingabemaske wählt der Reisende Start- und Zielort sowie gewünschte Abflug- und Ankunftszeit und bekommt aus einer Vielzahl von Flugmöglichkeiten nur diejenigen angeboten, die vom Travel Management als „Preferred Supplier" freigegeben sind und innerhalb des ausgewählten Zeitfensters liegen. Nach dem Ampelprinzip (Grün, Rot) wird das Einkaufsverhalten der Reisenden auch optisch gesteuert: „Grün" heißt: „Übereinstimmung mit der Reiserichtlinie", „Rot" bedeutet: „entspricht nicht den Richtlinien, nur buchbar mit schriftlicher Begründung".

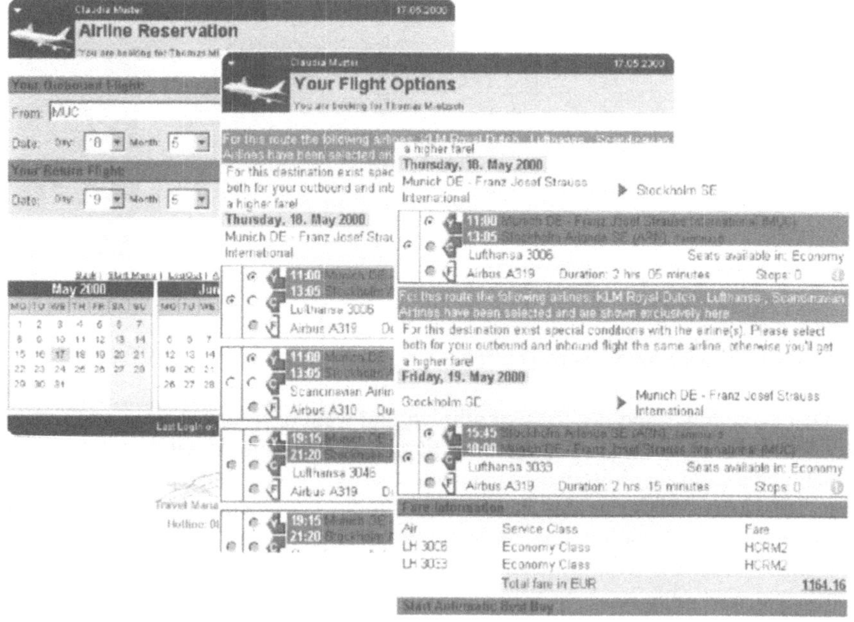

Abb. 5. Online-Buchung Flug

Mit dem zweiten Mausklick wählt der Reisende aus den angezeigten Flugmöglichkeiten den Hinflug aus. Mit dem dritten Mausklick bestimmt er seinen Rückflug. In der nächsten Maske zeigt das System die beiden ausgewählten Flüge sowie die gewählte Beförderungsklasse (Economy oder Business Class) und den Preis. Um diese Flüge online zu buchen, ist jetzt nur noch ein weiterer Mausklick erforderlich. Anhand der hinterlegten persönlichen Präferenzen des Reisenden wird automatisch der bestmögliche verfügbare Sitzplatz belegt. Bei Buchungen in der Business Class kann der Reisende durch Anklicken des angezeigten Symbols

„Sitzplatzwahl" jederzeit den gebuchten Platz ändern. Darüber hinaus lässt sich die Flugbuchung um die Reisebestandteile Hotel und Mietwagen ergänzen (Abb. 6).

Die abschließende Maske bestätigt die Buchung – identisch mit einer Buchungsbestätigung durch das Reisebüro. Die Buchung ist jetzt über das globale Reservierungssystem Amadeus erfolgt und wird automatisch an das für den Reisenden zuständige Siemens Travel Center elektronisch weitergeleitet. Nachträgliche Änderungen oder Ergänzungen sind jederzeit durch dessen Mitarbeiter möglich. Dieses virtuelle Reisebüro, das 24 Stunden rund um die Uhr „geöffnet" hat, kann jeder Mitarbeiter im Siemens-Konzern von seinem Arbeitsplatz-PC oder Notebook aus bequem nutzen.

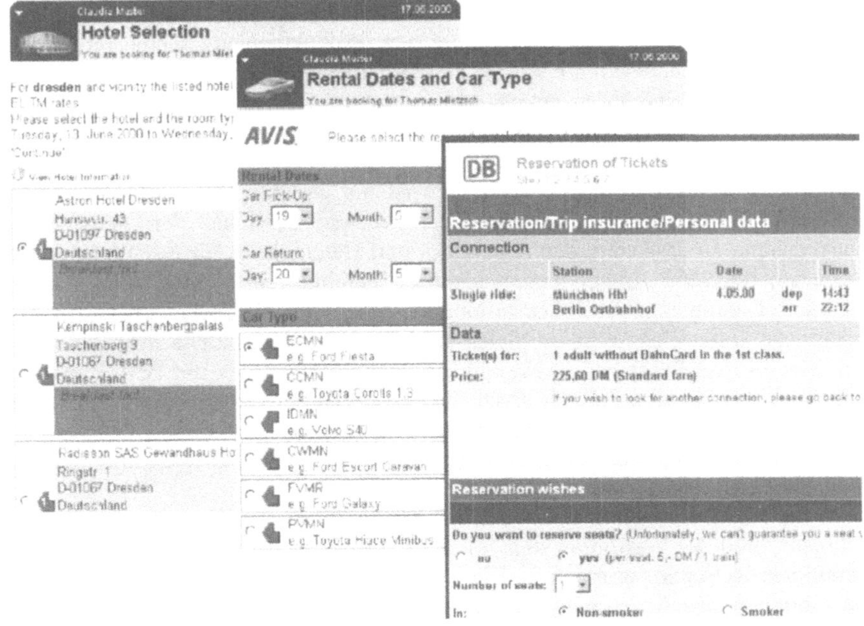

Abb. 6. Online-Buchung Hotel, Mietwagen, Bahn

Erweiterung um mobile Services

Doch was geschieht, wenn der Manager, Außendienstmitarbeiter oder Servicetechniker bereits unterwegs ist und sich während der Reise seine Pläne ändern? Beispielsweise, weil plötzlich ein zusätzlicher Kundenbesuch dazukommt, ein Termin geplatzt ist oder sich der Serviceauftrag schon anderweitig erledigt hat. Dann konnte der Reisende bisher nur seine zuständige Reisestelle anrufen und sie mit der Umbuchung von Flügen, Fahrkarten oder Hotelzimmern beauftragen. Da die Siemens-Mitarbeiter weltweit unterwegs sind, kam es hierbei immer wieder zu

Problemen. Denn die Siemens Travel Center sind nicht rund um die Uhr besetzt. Außerdem ist es sinnvoll, die notwendigen Änderungen möglichst vom Reisenden selbst vornehmen zu lassen, weil dieser auf sofortige Rückantwort angewiesen ist. Mit einem Laptop im Hotelzimmer, sofern dort ein Modem- oder ein ISDN-Anschluss vorhanden ist, ist dies kein Problem.

Doch oft ergeben sich Umbuchungen, Stornierungen oder aktuelle Abfragen spontan – unterwegs im Zug oder auf dem Flughafen. Was geschieht, wenn der Dienstreisende gerade keinen Zugriff auf sein Laptop hat? Diesem Szenario trägt ein Business Case Rechnung, der zum Ziel hat, das *Siemens Travel Net* um die Nutzung über tragbare Endgeräte wie Handies, Organizers oder Palmtops zu erweitern. Die konzipierte Lösung ist voll funktionsfähig, wird aber gegenwärtig im Siemens-Konzern noch nicht eingesetzt, da die dahinter liegenden Prozesse noch an die mobile Nutzung angepasst werden müssen. Siemens Business Services vermarktet die Technologie jedoch unter dem Produktnamen „Scenic Interactive Travel" an Kunden, denen die mobile Funktion bereits voll zur Verfügung steht.

Um den mobilen Service nutzen zu können, müssen die Endgeräte den WAP-Standard (Wireless Application Protocol) verstehen, der eine Reihe von Protokollen und Datenstrukturen für den Datenaustausch zwischen Netzwerkservern und mobilen Endgeräten definiert. Außerdem ist die gesamte Infrastruktur einer E-Business-Lösung wie dem *Siemens Travel Net* und der Inhalt der Datenbanken entsprechend zu ergänzen, damit Services und Dateninhalte für das World Wide Web und für WAP-Anwendungen identisch bereitgestellt werden können. Hinsichtlich Datenmenge und Darstellung bestehen bei WAP-Anwendungen beträchtliche Unterschiede im Vergleich zur bisherigen Anwendung über das Internet oder Firmen-Intranets. Aufwendig gestaltete Homepages mit bewegten Animationen und farbigen Bildern lassen sich auf Grund der begrenzten Bandbreiten heute noch nicht über die mobile Infrastruktur in einer vertretbaren Zeit übertragen. Die Minidisplays der mobilen Endgeräte mit WAP-Browser erfordern außerdem eine stark reduzierte Darstellung.

In der ersten Ausbaustufe von „Mobile Scenic Interactive Travel", die seit dem Frühjahr 2000 zur Verfügung steht, ist zunächst der Abruf von Informationen der beteiligten Reisepartner möglich. Eine Stornierung der gesamten Reise ist ebenfalls möglich. Die Anzeige von Wetterinformationen für den jeweiligen Zielort ist unproblematisch. Die zweite Stufe des Projekts wird Neu- und Umbuchungen von Reisen ermöglichen. Diese Funktionalitäten sind deshalb erheblich aufwendiger, weil hierbei der Zugriff auf die umfangreichen Daten elektronischer Fahr- und Flugpläne bzw. die Datenbanken der Reservierungs- und Buchungssysteme realisiert werden muss.

Touristikbranche ist Vorreiter im Mobile Business

Die Touristikbranche ist nach Einschätzung des US-Marktforschungsunternehmens Forrester Research einer der Pioniere des Mobile Business. Dies gilt insbesondere für Services für die mobilen Geschäftsreisenden, die zu den ersten Anwendern von mobilen Informationsangeboten gehören. Diese Zielgruppe ist auf die Vorteile derartiger mobiler Dienste in einem besonders hohen Maße angewiesen. Informationen über Verspätungen, ein Hotelreservierungsdienst, ein Restaurantführer für den jeweiligen Stadtteil oder ein elektronischer Wegweiser – all dies sind sinnvolle Services, für die Nutzer bei Inanspruchnahme auch bezahlen werden. Die Anwender – so die Forrester-Studie „The Dawn of Mobile e-Commerce" – erwarten einfache Mobilanwendungen, die aktionsorientiert, personalisiert und für den jeweiligen Standort relevant sind.

Internet und drahtlose Kommunikation führen zu massiven Änderungen im Reisemarkt. Die heutige Kette – bestehend aus Geschäftsreisendem, Reisestelle im Unternehmen, Reisebüro, Reservierungssystembetreiber und Leistungsanbieter – wird durch ein neues Paradigma abgelöst: Der Reisende steht über verschiedene Kanäle wie Internet oder mobile Geräte in ständiger Verbindung mit einem „Broker" oder einem „Content Packager", der ihm eine beidseitige Kommunikation ermöglicht. Der Vermittler organisiert dabei die Leistungen der Serviceanbieter je nach Bedarf. Siemens Business Services hat unter dem Namen „nahtlose mobile Reise-Assistenz" bereits ein solches Zukunftsszenario entworfen. Die Lösung besteht aus einem „Personal Travel Assistant" in Form eines Handys oder eines Palmtops, der aus Sicherheitsgründen mit einer intelligenten Chipkarte ausgestattet ist. Damit lassen sich jederzeit Informationen abrufen, im Vorfeld der Reise Reservierungen und Buchungen vornehmen, während des Trips Check-in-, Boarding-, oder Grenzkontroll-Vorgänge durchführen und auch noch nach Ende der Reise bestimmte Aufgaben erledigen.

Bereits heute ermöglichen es viele Airlines ihren Kunden, online ein Ticket zu buchen und weisen dabei gleich einen Sitzplatz in der entsprechenden Maschine zu. Sprach- oder WAP-Servers sind in der Lage, diese Funktionalität um so genannte „pro-aktive Services" zu ergänzen – etwa um eine automatische Benachrichtigung bei Verspätung oder Ausfall einer Maschine bei einem gleichzeitigen Angebot zum Umbuchen auf einen anderen Flug – oder um ein einfaches WAP-Formular, das an den Passagier geschickt wird, damit er seinen Rückflug bestätigen kann. Der unbefriedigende Zustand, dass ein Fluggast erst zum Flughafen kommen muss, um dort von einer mehrstündigen Verspätung seines Abfluges zu erfahren, gehört mit solchen mobilen Services endgültig der Vergangenheit an. Vor allem besteht die Möglichkeit, ohne Zeitverzögerung auf diese Information zu reagieren – etwa durch Umbuchen des Fluges oder die Wahl eines anderen Verkehrsmittels.

Das Thema „mobile Services" beschränkt sich jedoch nicht nur auf tragbare Mobiltelefone. M-Services bedeutet auch, dass Mitarbeiter mittels ihrer Smart-Card über jeden PC Zugriff auf ihren Buchungsaccount haben, oder dass der PC-Terminplaner automatische Reisevorschläge passend zum Termin macht. Denkbar ist auch, dass eine Rund-um-die-Uhr-Betreuung durch ein Call Center angeboten wird.

Derartige Dienste dürfen jedoch keinesfalls die Bedürfnisse der Reisenden aus den Augen verlieren: Ein Überangebot von Informationen und Aufgaben konterkariert jeglichen entstehenden Vorteil. Eine „Dienst-Leistung" wird nur dann ihrer buchstäblichen Wortbedeutung gerecht, wenn die Informationstechnologie für ihren Anwender eine intelligente Selektionsleistung übernimmt. So haben sich M-Services der Herausforderung zu stellen, die für die jeweilige Lebenslage relevanten Informationen überschaubar aufbereitet zum richtigen Zeitpunkt zu liefern.

Change Management bei der Einführung von E-Business

Uwe Geiger
Siemens Business Services, München, Leiter Business Development

Wolfgang Karrlein
Siemens Business Services, München, Leiter Strategisches Marketing

In den vorangegangenen Kapiteln wurden die unterschiedlichsten Aspekte des E-Business dargestellt: von strategischen Überlegungen über Anforderungen an die Abläufe bis hin zu konkreten Umsetzungsbeispielen. Spätestens bei den Ausführungen zum Thema Outsourcing wurde deutlich, dass in dieser äußersten Form des Komplexitäts- und Risikomanagements nicht mehr nur rein technische Themen zu bewältigen sind. Der Faktor Mitarbeiter tritt hier unvermeidlich in das Blickfeld. Aber auch wenn E-Business-Abläufe nicht im Outsourcing betrieben werden, erfordern die gravierenden Änderungen im Zuge einer Umstellung der gewohnten Vorgänge in Richtung einer elektronischen Abwicklung das „Mitspielen" aller.

Die Ansprüche der Stakeholder eines Unternehmens – vom Anteilseigner bis zum Kunden – steigen, da mit der Einführung von E-Business signifikante Verbesserungen hinsichtlich Qualität, Zeit und Kosten erreichbar sind. Wenn sich aber mit den neuen Prozessen auch die Aufgabengebiete ganzer Bereiche eines Unternehmens ändern, ist das gleichzeitige Change Management kein Luxus, sondern pure Notwendigkeit. So würde auch niemand einen guten Ertrag erwarten, wenn er die Aussaat nur vor sich hin wachsen ließe – sie bedarf im Gegenteil ständiger Pflege. Zwei Beispiele über die notwendigen Veränderungen im Bewusstsein der beteiligten Menschen sollen das unterstreichen.

Notwendigkeit für Change Management durch ECR

Neue Strategien im Einzelhandel wie das Efficient-Consumer-Response-Konzept (ECR) werden mit neuen Informations- und Kommunikationstechnologien erst möglich gemacht. Die Erfahrungen zeigen jedoch, dass im Zuge von ECR-Projekten andere Qualifikationen und Verhaltensweisen der Mitarbeiter erforderlich sind und dass sich klassische Berufsbilder zunehmend verändern. ECR-Konzepte erfordern zwingend eine enge und intensive Kommunikation zwischen einem Lieferanten – zum Beispiel dem Produzenten – und einem Kunden, etwa dem Handel. In dieser Kommunikation ist ein relativ hohes Maß an Offenheit erforderlich, da beide Seiten Teile ihrer Daten und Systeme voreinander offen legen müssen. Ein erster Erfolg kann schnell erreicht werden, da bei der auf gleicher Ebene stattfindenden Kommunikation Ineffizienz schnell erkannt und sichtbar wird. Die Revolution findet dabei in den Köpfen der Beteiligten statt, weil es bei diesen Diskussionen nicht um das Ausführen eines Auftrages des Top-Managements geht, sondern um die eigene Arbeit. Dass die Einkäufer mit den Lieferanten nicht mehr nur um die Preise verhandeln, sondern gemeinsam über Verbesserungen diskutieren, ist bei weitem nicht selbstverständlich und kann nicht per Dekret verordnet werden.

Im Zuge der weiteren Einführung von echten ECR-Konzepten und -Prozessen verändert sich die Rollenverteilung weiter. Der Einkäufer, der sich früher um Preise und Konditionen Gedanken machen musste, wird zum Leiter eines Teams aus Logistikern, DV-Kollegen und Marketing-Spezialisten. Ähnlich ergeht es dem Disponenten: Durch den direkten Zugang zu Lager- oder Abverkaufsdaten hat der Produzent einen Einblick in die Veränderungen der Lagerbestände und kann somit seine Produktion besser planen und den eigentlichen Bestellvorgang ausführen. Der Disponent wird in seiner alten Rolle durch den Produzenten ersetzt oder muss sogar die Seiten wechseln.

Notwendigkeit für Change Management durch Electronic Data Capture

In der klinischen Forschung wird mit Hochdruck an verschiedenen Nutzungsmöglichkeiten des Internets gearbeitet. Ein Arbeitsfeld, das auf den ersten Blick für den Einsatz neuer Technologien besonders geeignet erscheint, ist der Bereich der klinischen Studien. Bislang mussten Kliniker und Praktiker unter der Anleitung von Monitoren umfangreiche Erfassungsbögen ausfüllen, damit die Daten anschließend – oftmals von studentischen Hilfskräften – eingegeben werden konnten. Erst dann fand eine Auswertung statt. Nun soll die Erfassung bereits an der Quelle erfolgen. Die entsprechenden Versuche laufen unter dem Schlagwort „Electronic Data Capture".

Die ersten Erfahrungen mit dieser Vorgehensweise zeigen, dass bereits bei der Erstellung der elektronischen Formulare ein anderer Ansatz als bisher notwendig ist. Die Anforderungen an die Fragen und Datenerhebungen kommen zwar nach wie vor von der klinischen Forschung, doch wirken jetzt in wesentlich stärkerem Maße die Monitore, Statistiker und die Programmierer der elektronischen Bögen mit. Daher müssen auch wesentlich früher der Aufbau, die Fragen und das „Design" – das heißt die Anordnung und Benutzerführung – festgelegt werden. Hier ist gleich zu Beginn eine enge Zusammenarbeit von vorher getrennt arbeitenden Bereichen und Spezialisten erforderlich. Die Eigenschaften der neuen Technologie zwingen sie dazu. Aber auch bei der eigentlichen klinischen Studie ist eine Änderung des Berufsbildes des Clinical Research Associate (CRA) festzustellen. Zu seinem zukünftigen Berufsbild werden bestimmte Elemente von Schulungen gehören, die ihn beispielsweise befähigen, in Krankenhäusern und Praxen die neuen elektronischen Bögen auszufüllen.

Generell zeigen diese zwei Beispiele, dass durch die neuen Technologien und deren Möglichkeiten ein positives Umdenken bei der Unternehmenskultur und im Verhalten stattfinden muss: Das Abteilungsdenken, das wir alle vielfach in den letzten Jahrzehnten kultiviert und teilweise auch in Incentive-Systeme gegossen haben, hat zunehmend ausgedient. So, wie auf Unternehmensebene heute Konkurrenten begrenzte Kooperationen eingehen müssen, gilt das auch zwischen den Bereichen eines Unternehmens. Kommunikation und Handeln wird oft erst bei Eintritt eines Ereignisses möglich. Diesen Luxus können sich Firmen aber kaum mehr leisten, die E-Business einführen und auch erfolgreich zum Leben erwecken wollen. Sie müssen hin zu einer offenen und proaktiven Unternehmenskultur.

Was hat erfolgreicher Wandel mit dem Aktienkurs zu tun?

Die Informations- und Kommunikationstechnologie eröffnet neue Möglichkeiten, Leistungen schneller, höherwertiger und preiswerter zu erbringen. Diese Veränderungen basieren auf Prozessen und damit auf dem Zusammenspiel verschiedener Bereiche in einem Unternehmen und über die Firmengrenzen hinweg. Je höher die Arbeitsteilung ist, desto höher sind jedoch auch die möglichen Schlupfverluste. Die neuen Technologien ermöglichen es uns, diese Verluste zu reduzieren. Sie müssen aber von allen Mitarbeitern eines Unternehmens im Zusammenspiel genutzt werden.

Mit dieser besseren Abstimmung steigt die Qualität der Güter oder Dienstleistungen, sinken die Kosten und erhöhen sich die Margen. Das steigert letztlich auch den Unternehmenswert. Diese Größe – wie auch immer sie im Einzelfall genannt wird – ist ein eminent wichtiger Gradmesser für die Einschätzung des Wertes eines Unternehmens. Ist die Entwicklung des Geschäftswertes positiv, wird das Unternehmen auch positiv bewertet, was wiederum zu einer besseren Versorgung mit Krediten, einer besseren Ausstattung mit der Akquisitionswährung „Aktie" führt.

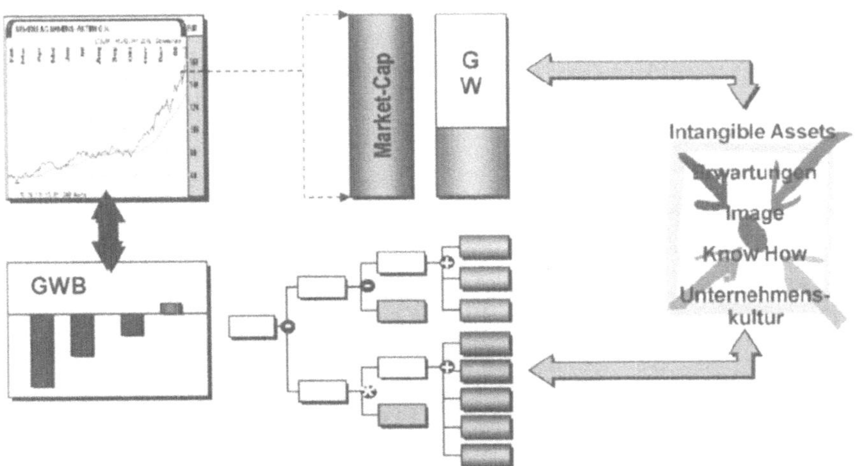

Abb. 1. Nicht rechenbare Größen wie Unternehmenswerte und Kultur haben eine Rückwirkung auf ganz reale wirtschaftliche Kennzahlen.

In diesem Zusammenhang wird die durchaus messbare Bedeutung von „intangible assets" wie Werten, Kultur oder Zusammenarbeit klar (Abb. 1). Diese

Wechselbeziehung ist vor allem dort wichtig, wo das Wirtschaftsgut schlechthin „nur" aus Daten, Informationen und Wissen der Mitarbeiter besteht. Was ist nun erforderlich, um einen echten Kulturwandel im Unternehmen zu schaffen?

Ein Change-Prozess hat das Ziel, die Mitarbeiter zu überzeugen, bestimmte erforderliche Veränderungen nicht als Bedrohung aufzufassen oder sich gar dagegen zu sträuben. Vielmehr sollen sie die Ziele der Veränderung akzeptieren und die Notwendigkeit begreifen, sich aktiv darauf einzulassen und damit letztlich zum gemeinsamen Erfolg beizutragen. Dieser Prozess muss vom Top-Management angetrieben und vor allem vorgelebt werden. Alles andere ist unglaubwürdig. Wer sich nicht selbst an die eingeforderten Regeln hält, verspielt jedes Recht, dies von anderen zu fordern. Ein echter Change-Prozess muss eine ganze Reihe von Aspekten gleichzeitig beachten und dafür Antworten erarbeiten (Abb. 2).

Wahrer Wandel wird durch eine Kette von Einzelprozessen vorangetrieben. Der Ausfall eines Gliedes in dieser Kette führt schnell zu unerwünschten Reaktionen: Wird nicht genug Zeit und Mühe in die Erarbeitung einer Vision im Sinne eines Werte-Rahmens, eines Leitbildes und einer Strategie gesteckt, fehlt die Begründung, das Handlungsgerüst und die Richtung für den Veränderungsprozess. Das Resultat ist dann meist Verwirrung. Wird die Kommunikation über die Vision nicht oder nur unzureichend betrieben, resultieren Unverständnis, Unkenntnis über die Zusammenhänge und somit Ablehnung daraus. Es ist wichtig, zu bedenken, dass eine Kommunikation „von oben" nach „unten" oftmals scheitert, wenn die Boten nicht genügend in den Prozess integriert sind. Entweder, weil sie ihn selbst ablehnen, oder – und das dürfte oft der Fall sein –, weil sie ihre Ziele für das laufende Geschäftsjahr erreichen müssen. Die Kommunikation über das, was „nächstes Jahr" kommt, wird nach hinten geschoben. Das Ereignis, das zum Handeln animiert, ist eben nicht so klar vorhanden – nur lässt sich ein Veränderungsprozess nicht nach Geschäftsjahren planen.

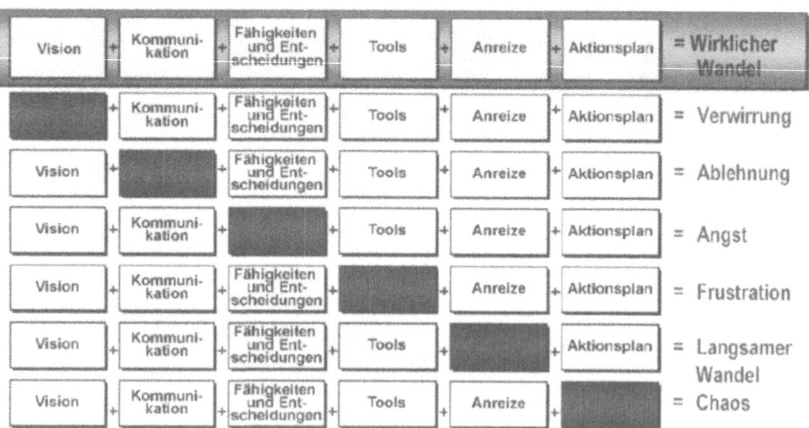

Abb. 2. Bei einem erfolgreichen Change-Prozess kommt es auf eine ganze Reihe von Aspekten gleichzeitig an.

Mangelnde Fähigkeit zu eigenverantwortlichen Entscheidungen oder auch fehlende und verzögerte Entscheidungen vom Management führen in einem solchen Change-Prozess oft zu Ängsten. Der echte Wille zur Veränderung wird in solchen Situationen nicht erkennbar und es ist letztlich nicht klar, ob Aktionen im Sinne des angestrebten Wandels auch honoriert werden. Einer der schwierigsten Punkte in einem Veränderungsprozess kommt hier zum Tragen.

Was tun mit erfolgreichen Mitarbeitern, die die Veränderungen nicht mittragen wollen? Jack Welch von General Electric empfiehlt hier konsequentes Handeln: Solche Führungskräfte müssen schnell von ihrer Position entfernt werden – trotz ihres Erfolges im Geschäft. Keine leichte Aufgabe; jedoch ist es manchmal sinnvoller, eine „negative" Leitfigur auszuschließen, als eine notwendige Veränderung an einzelnen Personen scheitern zu lassen.

Fehlen allerdings die entsprechenden Tools oder die Infrastruktur, kommt es bei den Mitarbeitern zu Frustration, da sie dann durch den Veränderungsvorgang übermäßig stark beansprucht werden. Schließlich ist auch das Tagesgeschäft in hoher Qualität weiterzuführen. Die Einführung der notwendigen Werkzeuge und Verfahren muss also parallel laufen.

Wenn Ziele nicht mit entsprechenden Incentive-Maßnahmen unterstützt werden, gewinnt oft der natürliche Egoismus des Einzelnen die Oberhand. Die Wirkung ist entsprechend: Die Veränderung wird nicht wirklich gewollt. Fehlt ein entsprechender Anreiz, wird also der Wandel sehr langsam ablaufen. Anreizsysteme sind zur Unterstützung von geschäftlichen Zielen – wie Umsatz und Ergebnis – notwendig. Es kann aber auch extrem kontraproduktiv wirken. Für eigentliche Selbstverständlichkeiten, wie zum Beispiel die Einführung eines neuen Verfahrens, sollte deshalb nur in sehr begrenztem Umfang – so zum Beispiel in der Einführungsphase, wo erhöhter Aufwand anfällt – ein Anreiz gegeben werden. Die Anwendung muss dann aber auch gleichzeitig durch das Management gefordert und Nicht-Anwendung eventuell sogar sanktioniert werden.

Ist kein Aktionsplan oder Projektplan vorhanden, aus dem die Mitarbeiter das „große Bild" entnehmen können und aus dem auch immer wieder hervorgeht, wo man im Umsetzungsprozess steht, führt das zu Chaos. Es werden sich dann in verschiedenen Bereichen unterschiedliche Geschwindigkeiten der Veränderung einstellen. Auch besteht die Gefahr, dass sich verschiedene „Dialekte" – etwa unterschiedliche Tools – herausbilden, die im Zweifelsfall später nicht mehr zusammenpassen.

Diese Aspekte sind bei einem Veränderungsprozess, wie er durch die Einführung von E-Business oft verlangt wird, gleichzeitig zu bedenken. An einem Beispiel von Siemens Business Services (SBS) soll nun eine konkrete Umsetzung dieser Aktionspunkte in einem Change-Prozess verdeutlicht werden.

Das Transformationsprogramm bei Siemens Business Services Deutschland

SBS bietet als E-Business-Dienstleister innerhalb des Arbeitsgebietes Information and Communications (I+C) der Siemens AG die Serviceleistungen Consulting, Design, Build, Operate, Maintenance und Outsourcing am Markt an. Beim Start des Transformationsprogramms in Deutschland, dem größten Einzelmarkt von Siemens Business Services, gab es einen deutlichen Schwerpunkt bei den Themen Systemintegration und Outsourcing. Die anderen Wertschöpfungsstufen befanden sich noch im Aufbau. Zudem wurden die Leistungen im Bereich Maintenance in der separaten Siemens-Tocher „IT Service" angesiedelt. Wirtschaftlich waren die Ergebnisse von SBS in Deutschland zufrieden stellend bis gut. Das Geschäftsmodell sieht branchenorientierte Einheiten vor, deren Aufgabe hauptsächlich das Kundenbeziehungsmanagement und der Vertrieb sind. Die eigentlichen Kompetenzen sollten künftig in so genannten „Service Lines" gebündelt werden, die sich nach den Hauptthemen des E-Business – also Management- und Prozess-Consulting, E-Commerce, Customer Relationship Management, Enterprise Resource Management, Supply Chain Management und Business Information Management (darunter werden vorrangig Themen wie Product Data Management, Document Management und Knowledge Management zusammengefasst) sowie Application Service Providing (ASP) – aufstellen.

In der Vergangenheit hatten die Branchenvertriebseinheiten eine eigenständige und relativ unabhängige Profit-und-Loss-Verantwortung. Daher hatten sie eigenständige Competence Center, die von der Systematik her gesehen eigentlich in die „Service Lines" gehörten. In diesen waren wiederum Mitarbeiter beschäftigt, die vorrangig eine Vertriebsrolle innehatten. Es kam dadurch des Öfteren zu Suboptimierung, weil die Vertriebseinheiten zunächst – auch durch das Incentive-System unterstützt – ihre eigenen Delivery-Ressourcen auslasteten. Hatten diese nicht ausreichendes Know-how oder nicht den richtigen Skill, fand oft ein Rückgriff auf externe Partner statt, die in eigener unternehmerischer Verantwortung als Sublieferanten auch Festpreisangebote abgaben. Als Alternative wurden auch die „Service Lines" in Betracht gezogen. Die Folge war eine manchmal latente, mitunter auch offene Unterauslastung der „Service Line"-Ressourcen.

Umgekehrt haben die „Service Lines" versucht, ihre Auslastung zu gewährleisten, indem sie sich über ihre vertrieblich orientierten Mitarbeiter und Partner außerhalb des Unternehmens entsprechende Projekte akquirierten. Damit war potenziell eine Konkurrenzsituation gegeben, weil seitens SBS die Branchenvertriebe und die „Service Lines" unter Umständen getrennte Angebote abgaben, was beim Kunden Befremden auslöste, aber vor allem regelmäßig für interne Spannungen sorgte. So war in der internen Zusammenarbeit, was die Fähigkeiten der Mitarbeiter in den „Service Lines" und die Transparenz und Bereitschaft zur offenen Kommunikation seitens der Brancheneinheiten anging, oft ein gewisses Misstrauen enthalten. Die gegenseitige Einbindung in Ausschreibungen und Projekte gestaltete sich eher suboptimal. Die Incentive-Systeme und die Prozesse, wie zum Beispiel das Kundenmanagement, waren nicht bestmöglich aufeinander abgestimmt und teilweise recht heterogen. Durch die Anforderungen des Marktes und durch die Vorgaben des geforderten Ergebnisses und des Geschäftswertbeitrages wurde mit der Zeit immer klarer, dass bei SBS konsequente Schritte unternommen werden mussten, um diese erkannten Schwachstellen zu beseitigen. Dies war der Start des Transformationsprogramms.

Den Anfang machte ein Szenario-Workshop

Das Programm wurde von der SBS-Geschäftsleitung in Deutschland initiiert, die dann die Verantwortung für die Konzeption und das Vorantreiben der Umsetzung auf die neu gegründeten Bereiche „Strategisches Marketing" und „Business Development" übertrug. Der eigentliche Startschuss fiel auf einem Szenario-Workshop, an dem das gesamte First-Line-Management-Team und alle wesentlichen Supportfunktionen wie z.B. Controlling und Marketing der SBS Deutschland teilnahmen. Ziel dieses Szenario-Workshops war es, in diesem Kreis Visionen für das Unternehmen zu erarbeiten, die auf einer gemeinsam erarbeiteten zukunftsfähigen Einschätzung der Marktlage in den nächsten fünf Jahren beruhten. Diese Visionen sollten als Grundlage für ein Leitbild und für die daraus abgeleiteten Maßnahmen dienen. Es bildet zusammen mit dem Wertegerüst eine Basis, auf die sich jeder Mitarbeiter beziehen kann, egal in welchem Bereich er tätig ist und wie sich die organisatorische Aufstellung des Unternehmens ändern wird.

Das wichtigste Element in einem Change-Prozess ist die aktive Einbindung der Führungskräfte in die Erarbeitung des Unternehmensleitbildes. Damit wird bereits gleich zu Anfang eine Identifikation mit dem Projekt erzeugt, weil jeder Teilnehmer seine Meinung einbringen kann. Die bei SBS eingesetzte Methodik sieht unter anderem mehrere Plausibilitätschecks vor, sodass die Einzelmeinungen in den Diskussionen auf ihre gegenseitige „Verträglichkeit" überprüft werden. Dabei ist es wichtig, dass keine „Wahrscheinlichkeiten" benutzt werden. Das Ergebnis des Workshops spiegelt sich in folgendem Leitbild wider:

- Innovationen aus der Konvergenz von Informations- und Kommunikationstechnologie werden gravierende Veränderungen in der Geschäftsstrategie und in den Prozessabläufen aller Unternehmen und Lebensbereiche erzwingen.
- SBS Deutschland ist heute ein umsetzungsstarkes und das marktführende Dienstleistungsunternehmen.
- Auf dieser exzellenten Grundlage gestalten wir zukünftig die Innovationen gemeinsam mit unseren Kunden. Gestalten heißt, Nutzenpotenziale für unsere Kunden zu ergründen und darauf aufbauend, neue Geschäftsmodelle zu entwerfen.
- Wir fokussieren uns auf ausgewählte, strategisch relevante E-Business-Themen. Für diese Themen bieten wir branchenorientierte, kundenspezifische Dienstleistungen als Full-Service-Provider an. Das gilt vom Design der Geschäftsmodelle über die Realisierung und Implementierung bis zum Betrieb und Management der erarbeiteten Lösungen.
- Eine intensive Marktbeobachtung sowie ein strukturiertes Wissensmanagement sind die Grundpfeiler für das frühzeitige Erkennen neuer Markttrends. Diese Wissensbasis, gepaart mit der Erfahrung unserer Mitarbeiter und dem technologischen Know-how unserer Partner ermöglichen es uns, Marktinnovationen in nutzbare Lösungen für unsere Kunden umzusetzen.
- Die entsprechende Positionierung erfordert von allen Mitarbeitern bei SBS ein hohes Maß an Eigenverantwortung, Weiterbildungs- und Änderungsbereit-

schaft innerhalb eines stabilen Wertesystems und flexibler Projektorganisationen.
– Die Umsetzung dieser Strategie und ein klar kommunizierter Marktauftritt als kundennutzenorientierter E-Business-Partner garantieren die Akzeptanz als innovatives Beratungs- und Dienstleistungsunternehmen.

Die wesentlichen Elemente daraus werden im Rahmen der Kommunikationsmaßnahmen in Form einer Folie verwendet. Gemeinsam mit den verbindlichen Werten bildet das Leitbild die Grundlage der Unternehmenskultur (Abb. 3). Daraus leiten sich als Erstes die Vision, der Geschäftsauftrag (Mission Statement) und das Werteversprechen (Value Proposition) ab.

Abb. 3. Im Mittelpunkt steht der Geschäftserfolg.

Aktionen in der ersten Phase des Transformationsprozesses

An den Szenario-Workshop anschließend wurden konkrete Maßnahmen initiiert, die verschiedene Aspekte der Unternehmenskultur und der Zusammenarbeit erfassten. Es war klar, dass nicht alle erkannten und zu verändernden Punkte sofort angegangen werden konnten. Daher gab es festgelegte Prioritäten. Der Projektplan für diese erste Phase des Transformationsprozesses erstreckte sich über circa neun Monate und umfasste unter anderem folgende Schwerpunkte:

– Koordinierte und systematische Markt- und Wettbewerberbeobachtung,
– Neuer einheitlicher Prozess für das Innovationsmanagement und eine Überleitung in ein stringentes Opportunity Management,
– Einführung eines einheitlichen Prozesses für das Kundenbeziehungsmanagement,
– Einheitliches Projektmanagement „Laufbahn und Rollen",

- Schulung aller Mitarbeiter in der zentralen Steuergröße des Unternehmens, dem Geschäftswertbeitrag,
- Neue Beurteilungskriterien für Führungskräfte und Mitarbeiter für das Zusammenleben in virtuellen Organisationen.

Diese Aktionen wurden als Erstes entwickelt und in einem gemeinsamen Plan dargestellt. Unterstützend fand die Erarbeitung eines internen Kommunikationskonzepts statt, damit die Mitarbeiter auf verschiedenen Ebenen über die Zielsetzung, die Inhalte und die konkreten Projekte informiert werden konnten. Die wichtigsten Eckpfeiler dieses Kommunikationskonzepts waren und sind:

- Regelmäßige Management-Meetings in den Einheiten auf der Ebene von SBS Deutschland circa alle vier Wochen,
- Interne Mitarbeiterzeitung als Informationsinstrument, in dem der gesamte Transformationsprozess sowie die Teilprojekte und der jeweils aktuelle Status dargestellt werden,
- Mitarbeiterforen an wechselnden Standorten, in denen der Veränderungsprozess begründet und dargestellt und über den aktuellen Stand berichtet wird,
- Anschließende Diskussion mit den Mitarbeitern.

Als Beispiel sei noch die Schulung fast aller Beschäftigten zum Thema „zentrale Unternehmenssteuergröße Geschäftswertbeitrag (GWB)" genannt. Diese Maßnahme wurde in Form eines Unternehmensplanspiels durchgeführt, das auf die Verhältnisse des Unternehmens angepasst worden ist. In dieser Simulation von Werteflüssen über mehrere Perioden hinweg lernen die Mitarbeiter die wesentlichen Treibergrößen für den GWB und damit für das Dienstleistungsgeschäft kennen und diskutieren die Einflüsse, die sie in ihrem alltäglichen Geschäft dafür sehen. Durch diesen Wissenstransfer, der in Diskussionsrunden Schritt für Schritt nach den Spielrunden erarbeitet wird, gelingt es, die wesentlichen Stellgrößen eines E-Business-Dienstleistungsgeschäfts und des dahinter liegenden Geschäftsmodells zu erkennen. Mit dieser Methodik konnten über 3000 Menschen in weniger als 4 Monaten geschult und sensibilisiert werden.

Aktionen in der zweiten Phase des Transformationsprozesses

In der ersten Phase wurden schon wesentliche Elemente wie Vision, Kommunikation, Tools und Aktionsplan für einen wirksamen Wandel berücksichtigt. Die Anreizsysteme waren dort allerdings noch auf die Beurteilung von Führungskräften beschränkt und es gab keine finanziellen Anreize für die Mitarbeiter. Auch der Aspekt „Fähigkeit und Entscheidung" wurde damals noch nicht in Form eines festen Projekts berücksichtigt. Hier waren wir der Überzeugung, dass konsequentes Handeln zwar in den verschiedenen Kommunikationsmedien angekündigt werden musste, dass sich aber die Wirkung tatsächlich erst im konkreten Fall zeigen würde.

Nach ungefähr einem halben Jahr wurde im Zuge der jährlichen Planungsrunden die zweite Welle der Transformation vorbereitet – währenddessen kamen die bereits gestarteten Aktionen der ersten Phase bereits gut voran. Dort, wo es bei Projekten Schwierigkeiten gab, wurde im Zuge der zweiten Welle noch mehr Unterstützung geleistet. Als wesentliche Aktionen in der zweiten Phase waren vorgesehen:

- Konsequente Zuordnung der Ressourcen nach dem Geschäftsmodell,
- Konsequentes Anwenden der Tools und Prozesse aus der ersten Phase,
- Etablieren der virtuellen und flexiblen Projektorganisation,
- Umstellung der Incentive-Systeme zur Unterstützung der Zusammenarbeit nach dem Geschäftsmodell.

So wird zum Beispiel keine Besprechung von Vertriebsprojekten mehr akzeptiert, deren Unterlagen nicht aus den definierten Tools für das Kundenmanagementsystem kommen – dies ist ein Beispiel für die entschlossene und konsequente Anwendung der durch das Management gesetzten Regeln. Insgesamt ergibt sich nun ein geschlossenes Bild des gesamten Transformationsprozesses (Abb. 4).

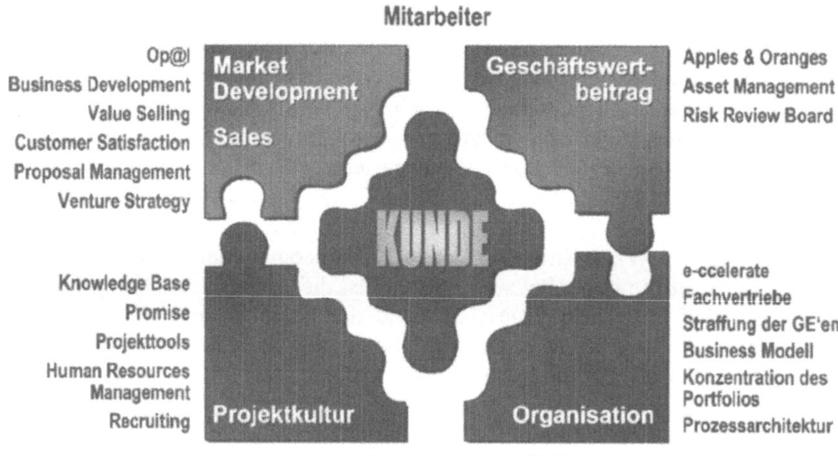

Abb. 4. Ein Transformationsprozess mit vielen Facetten

Die Veränderungen bei Siemens Business Services lohnen sich nicht nur wegen der konsequenten Ausrichtung auf das E-Business und der dazu notwendigen neuen Prozesse und internen Strukturen. Sie entfalten ihre Wirkung auch grundsätzlich bei jeder Organisationsanpassung. Als Beispiel bei SBS möge die nun anstehende Integration der Siemens-Tochter IT Service GmbH gelten. Hierdurch verdoppelt sich nicht nur das Geschäftsvolumen und die Anzahl der Mitarbeiter auf mehr als 10.000, sondern es entstehen auch neue Einheiten mit operativer Verantwortung. Solche gravierenden Veränderungen in der Struktur und Größe eines

Unternehmens können nur mit einem klar kommunizierten und gelebten Wertemanagement, einem Leitbild und klaren einheitlichen und systematischen Abläufen in kurzer Zeit erfolgreich bewältigt werden. Es ist also die von Mitarbeitern, Führungskräften und Top-Management gelebte Unternehmenskultur, die den entscheidenden Vorteil bringt. Selbst bei einem Wechsel von wesentlichen „Mitspielern" in der Organisation können so die Reibungsverluste, die nahezu zwangsläufig bei Umorganisationen dieser Größenordnung und bei Änderungen der Geschäftsmodelle z.B. auf E-Business orientierte Modelle auftreten werden, deutlich verringert werden. Die Unternehmenskultur ist also der wesentliche Differenzfaktor der Zukunft im E-Business.

E-Business in der Hochschule: Wirklichkeit, Vision und Voraussetzungen

Prof. Dr. Jan Knop
Direktor des Universitätsrechenzentrums der
Heinrich-Heine-Universität Düsseldorf

Dipl.-Ing. Wilhelm Haverkamp
Wiss. Mitarbeiter im Universitätsrechenzentrum der
Heinrich-Heine-Universität Düsseldorf

1 Zusammenfassung

In den deutschen Hochschulen tut sich einiges. Niedersachsens Wissenschaftsminister Oppermann fordert die Entstaatlichung der Hochschulen und bezeichnet die Studenten als Kunden[1]. Die Internationalisierung der Forschung, das Vordringen von US-Bildungseinrichtungen[2] auf den deutschen (Bildungs-)Markt, die begrenzten Mittel im Hochschulhaushalt und die Einführung von Wettbewerbselementen bei der staatlichen Förderung erzeugen einen permanenten Druck auf die Verantwortlichen in den Hochschulen, die bisherigen Geschäftsprozesse kritisch zu überdenken, neu zu organisieren und mit Hilfe neuer Verfahren (Softwarelösungen in Client-Server-Architekturen mit webbasierter Oberfläche) und unter Einsatz der vorhandenen lokalen Netze zu optimieren – eben die Umstellung auf E-Business.

Beinahe alle Hochschulen haben Projektgruppen eingesetzt mit dem Ziel der Optimierung von internen und externen Geschäftsprozessen. Sie berichten i.d.R. direkt der Hochschulleitung. Die von diesen Projektgruppen verfolgten Ziele lassen sich beispielhaft an denen der Technischen Universität Chemnitz ablesen: kundenorientierte Optimierung der Verwaltungsabläufe, Gestaltung eines modernen Informationssystems für interne und externe Zielsetzungen, Entwicklung eines entscheidungsrelevanten externen und internen hochschulspezifischen Rechnungswesens[3].

Der nachfolgende Beitrag gibt einen Überblick über wichtige Geschäftsprozesse innerhalb einer Hochschule mit ihren Beziehungen zu den „Kunden" (Studie-

---

[1] Focus, Heft 42, vom 16.10.2000
[2] z.B. Phoenix University in München und Düsseldorf
[3] www.tu-chemnitz.de

rende, ehemalige Absolventen, sog. *Alumni*) und Lieferanten[4]. Er zeigt auf, wie der Stand der Automatisierung ist, und weist auf vorhandene Hindernisse hin.

Ein Haupthindernis ist zweifellos die fehlende Chipkarte, die nach dem derzeitigen Stand der Technik eine Identifizierung/Authentifizierung der Teilnehmer am E-Business überhaupt erst ermöglicht.

Hochschulen könnten – bei Vorhandensein der Chipkarte – schon heute viele E-Business-Verfahren einführen, um die internen Abläufe zu straffen, die Kommunikation nach innen und außen zu verbessern, Entscheidungswege zu verkürzen, Wissen für alle verfügbar zu machen und die verfügbaren Geldmittel effizienter einzusetzen. Dies kann jedoch nur gelingen, wenn das Top-Management der Hochschulen sich für alle Mitglieder der *scientific community* deutlich sichtbar und fördernd vor die E-Business-Aktivitäten stellt und sich insbesondere für die wesentliche Voraussetzung, die Chipkarte, einsetzt.

Im Nachfolgenden wird daher ausführlich auf die Einsatzmöglichkeiten dieser Chipkarte – aber auch auf die Widerstände gegen diese Lösung – in den Hochschulen eingegangen.

2 E-Business und E-Commerce – Definition und Abgrenzung

Die Begriffe E-Business und E-Commerce werden im allgemeinen Sprachgebrauch häufig miteinander vertauscht bzw. verwechselt.

Unter E-Business wird in diesem Beitrag und in Anlehnung an die Literatur[5] jede netzgesteuerte Aktivität zur Abwicklung von (Geschäfts-)*Prozessen* innerhalb einer Hochschule und mit Außenstehenden verstanden.

E-Commerce ist ein Teilbereich von E-Business, der sich mit der Nutzung der Kommunikationstechnologie zur Übermittlung geschäftsrelevanter Informationen und Durchführung geschäftlicher Transaktionen beschäftigt. Die Weitergabe von wissenschaftlichen Web-Inhalten gegen Entgelt oder elektronische Beschaffungsverfahren sind etwa im Hochschulbereich wichtige Komponenten des E-Commerce.

3 E-Business Driver

Educause Quarterly[6] bezeichnet neben dem bereits erwähnten Kostendruck die Faktoren

---

[4] Man kann davon ausgehen, dass eine mittelgroße Universität (ohne etwa angeschlossene medizinische Einrichtungen) mit ca. 25.000 Studierenden jährlich Aufträge im Wert zwischen 20 und 30 Mio. DM (inkl. Sanierung und Reparatur von Gebäuden) an externe Lieferanten vergibt.

[5] Heinz Schick in: *wissenschaftsmanagement 4, juli/august 2000*

[6] Educause Quarterly, Number 2, 2000

– wachsende Popularität des Internets und
– Erwartungen der Hochschulangehörigen (online-basierte *Student Services*)

als sog. E-Business Driver.

An der Heinrich-Heine-Universität Düsseldorf etwa verfügen ungefähr 90% von ca. 25.000 Studierenden über einen Internet-Account. Neuimmatrikulierte beantragen heute zu fast 100% diesen Account. Eine steigende Zahl dieser Neuimmatrikulierten verfügt bereits über Erfahrungen im Handling von E-Mail und Suchmaschinen, haben bereits Online-Transaktionen getätigt (Bücher, CDs, Bahnfahrkarten etc.) und haben von daher zunehmend weniger Verständnis für traditionelle Abläufe, wie sie sich in Warteschlangen oder zumindest Wartezeiten bei alltäglichen Aufgaben auf dem Campus manifestieren, etwa bei der Registrierung für Praktika und Seminare, Rückmeldungen, Mitteilung von Adressänderungen, Antragstellung im Zusammenhang mit dem Bafög etc.

Ganz anders hingegen die bisherigen Erfahrungen der Studierenden: *Amazon.de* erinnert an Buchpräferenzen des Nutzers und macht Vorschläge zu weiteren Büchern des jeweiligen Interessengebiets verbunden mit Kritiken/Empfehlungen anderer Käufer des jeweiligen Buches. Warum soll ein Studierender zukünftig nicht vergleichbare Dienstleistungen von seiner Hochschulbibliothek erwarten können? Bislang jedenfalls hat er nur Zugriff auf den Online-Katalog seiner Hochschule mit Suchmöglichkeiten über Titel, Autor etc. Die Meinung seiner Kommilitonen hingegen zu dem ausgesuchten Buch kann er allenfalls im Seminarraum oder beim abendlichen Bier erfahren.

Weitere E-Business Driver sind zweifellos auch die Mitarbeiter in den Verwaltungen, die – als Beispiel – häufig genug noch Beschaffungs-„Anträge" in Papierform entgegennehmen und mit den Lieferanten per Fax verkehren müssen.[7]

4 Infrastruktur für E-Business im Hochschulbereich

4.1 Lokales Netz

Die technische Infrastruktur als Basis dieser Dienstleistungen ist heute in den Hochschulen vorhanden. Nach einer Veröffentlichung[8] des NRW-Ministeriums für Schule, Weiterbildung und Forschung aus dem Jahre 1997 war ein erheblicher Teil der in Frage kommenden 65.000 Räume in den NRW-Hochschulen verkabelt (10-Mbit/s-Anschlüsse):

---

[7] Ein bemerkenswerter Beitrag zum Projekt Moderne Hochschulverwaltung findet sich unter http://www.tu-chemnitz.de/verwaltung/wd/move/

[8] www.wissenschaft.nrw.de

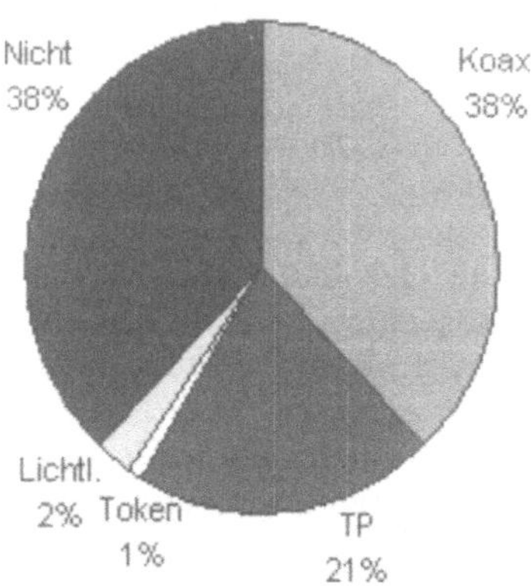

Abb. 1. LAN-Verkabelung in NRW-Hochschulen 1997

Die klassische Koax-Verkabelung im Etagenbereich wurde und wird zunehmend durch eine strukturierte Verkabelung (100-MBit/s-Anschlüsse am Arbeitsplatz) auf Basis von Twisted-Pair-Kabeln – teilweise auch bereits durch LWL-Kabel (fiber to the desk) – ersetzt (Abb. 1).

Sämtliche Hochschulen sind über leistungsfähige Anschlüsse – i.d.R. über den Verein zur Förderung eines Deutschen Forschungsnetzes – an das bisherige Breitband-Wissenschaftsnetz B-WiN bzw. zukünftig an das Gigabit-Wissenschaftsnetz G-WiN angeschlossen, verfügen also über eine leistungsfähige Internet-Anbindung.

4.2 Hardware

Die früher üblichen zentralen Hardwarestrukturen wurden an allen Hochschulen abgelöst durch dezentrale, Unix-basierte Client-Server-Lösungen, die über das Campus-Netz miteinander verbunden sind, gegen unberechtigten Zugriff gesichert durch entsprechende Firewall-Systeme.

4.3 Anwendungssoftware

Die überwiegende Anzahl der deutschen Hochschulverwaltungen verwendet Anwendungssoftware der Fa. HIS Hochschul-Informations-Systeme GmbH[9]. Diese Software dient als Basis E-Business-fähiger Geschäftsprozesse insbesondere aus dem Bereich der Hochschulverwaltung, die mit Komponenten wie HIS-SOS (Studentenoperationssystem), HIS-POS (Prüfungsoperationssystem), HIS-BAU (Ge-

---

[9] Ausnahmen sind niedersächsische und hessische Hochschulen, an denen SAP R/3 eingeführt wird.

bäude-/Hörsaalmanagement), HIS-FSV (Finanz- und Sachmittelverwaltung) etc. arbeitet.

Etwa 13 Hochschulen bundesweit haben für ihre Hochschulverwaltungen das System SAP R/3 eingeführt. Darüber hinaus bietet die SAP AG unter der Bezeichnung „SAP Campus Management" Softwarekomponenten mit zielgerichteten Funktionen rund um den Campus an, mit denen die Bereiche

1. Lehre und Studium:
   Lehrpläne, Veranstaltungen, Studentenverwaltung, Lehre und Prüfungen, Studium
2. Akademische und studentische Dienste:
   Beratung und Studienplanung, Beihilfen, Wohnraumverwaltung, Raum- und Equipmentdienste, Mediendienste
3. Forschung:
   Forschungsverwaltung, Finanzwesen für Drittmittel, Projektsteuerung

abgedeckt werden sollen[10]. Darüber hinaus sollen Anwendungen wie elektronische Kioske, Smart Cards, Self-Service-Anwendungen und Zahlungsmittelfunktionen integriert werden.

Es existieren in den Hochschulen eine Vielzahl selbst entwickelter Softwarekomponenten zur Abwicklung bestimmter Geschäftsprozesse, etwa die Benutzerverwaltungen von Hochschulbibliotheken und Hochschulrechenzentren.

5 Interne und externe Geschäftsprozesse – Übersicht

Die Geschäftsprozesse innerhalb einer Hochschule sind komplex und vielfältig. Eine Übersicht zeigt Abb. 2. Beteiligt sind neben Studierenden, Mitarbeitern, Instituten, zentralen Einrichtungen (Rechenzentrum/Datenverarbeitungszentrale, Medienzentrum, Bibliothek, Verwaltung, Staatshochbauamt) auch externe Partner wie etwa Lieferanten, das zuständige Ministerium, Einrichtungen wie die Deutsche Forschungsgemeinschaft, der Wissenschaftsrat, andere Hochschulen etc., aber auch Absolventen der Hochschule (Alumni).

---

[10] www.sap.de

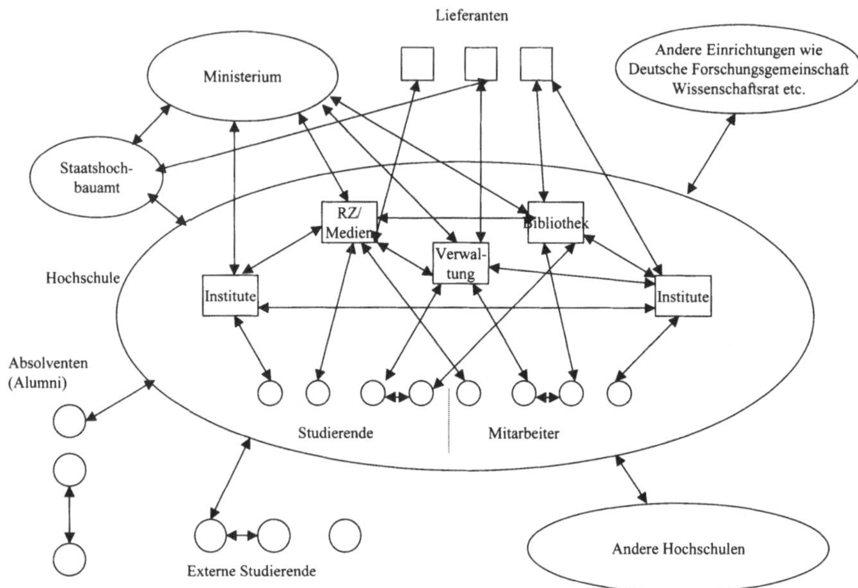

Abb. 2. Wichtige Geschäftsprozesse in Hochschulen

6 Ausgewählte interne Geschäftsprozesse im Hochschulbereich

6.1 Vergleich mit Unternehmen der Wirtschaft

Alles in allem ist die netzgesteuerte Abwicklung von Geschäftsprozessen (E-Business) im Hochschulbereich weit entfernt von den Standards, die man heute bei modern organisierten Betrieben in der Industrie findet (Abb. 3). Die dort üblichen Geschäftsprozesse wurden mittels ERP (Enterprise Resource Planning)-Software weitestgehend automatisiert, Kritiker sprechen sogar manchmal von Taylorismus[11].

---

[11] Taylorismus: Von Charles Taylor gegen Ende des 19. Jahrhunderts erdachtes Konzept zur Rationalisierung hauptsächlich manueller Arbeiten. Es wurde seinerzeit bei der Rationalisierung von Fabrikarbeit angewandt, später wurden seine allgemeinen Prinzipien auch auf andere Tätigkeiten übertragen.

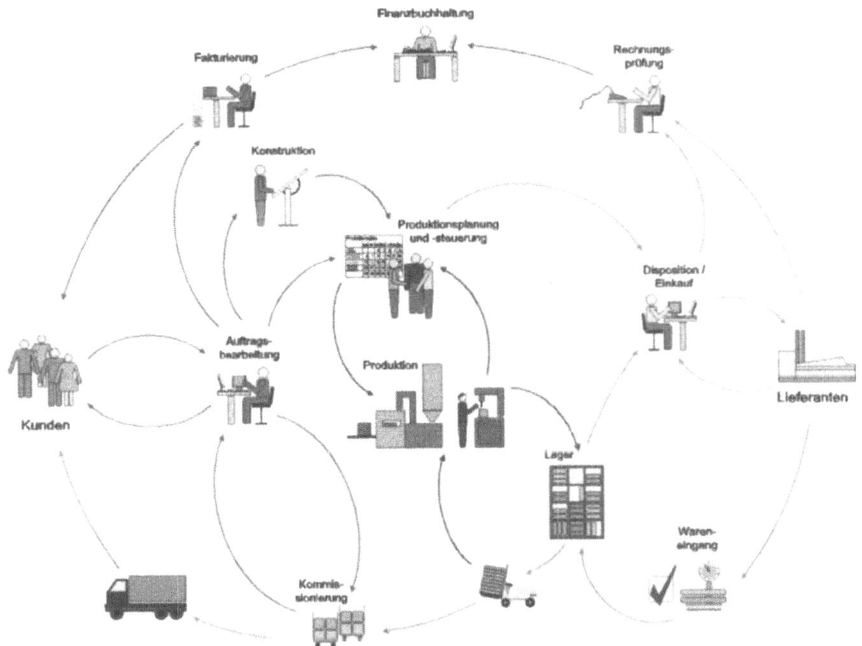

Abb. 3. Geschäftsprozesse in einem produzierenden Unternehmen[12]

6.2 Geschäftsprozesse der Hochschulverwaltungen

Zu den wichtigsten Geschäftsprozessen einer Hochschulverwaltung gehören:

a. Im Verkehr mit den Kunden Studierende:
   Zulassungsverfahren, Studentenverwaltung, Prüfungsverwaltung
b. Im Verkehr mit den Kunden Mitarbeiter:
   Personalverwaltung, Abrechnung von Dienstreisen und Beihilfen[13]
c. Rechnungswesen: insbesondere Buchführung[14] und Auftragsabwicklung,
   neuerdings auch Kostenrechnung
d. Facility Management

---

[12] Quelle: GPS Gesellschaft zur Prüfung von Software mbH

[13] Die Zahlung der Bezüge – Lohn und Gehalt also – wurde überwiegend „outgesourct" und wird etwa in NRW vom Landesamt für Besoldung und Versorgung durchgeführt.

[14] Die Finanzbuchhaltung ist in den einzelnen Bundesländern unterschiedlich geregelt: Während NRW etwa nach wie vor auf der Kameralistik besteht, führen z.B. Hessen und Niedersachsen die kaufmännische Buchführung ein.

Die meisten deutschen Hochschulverwaltungen setzen zur Abwicklung dieser Prozesse Softwaremodule der HIS Hochschul-Informations-Systeme GmbH ein[15] (Abb. 4).

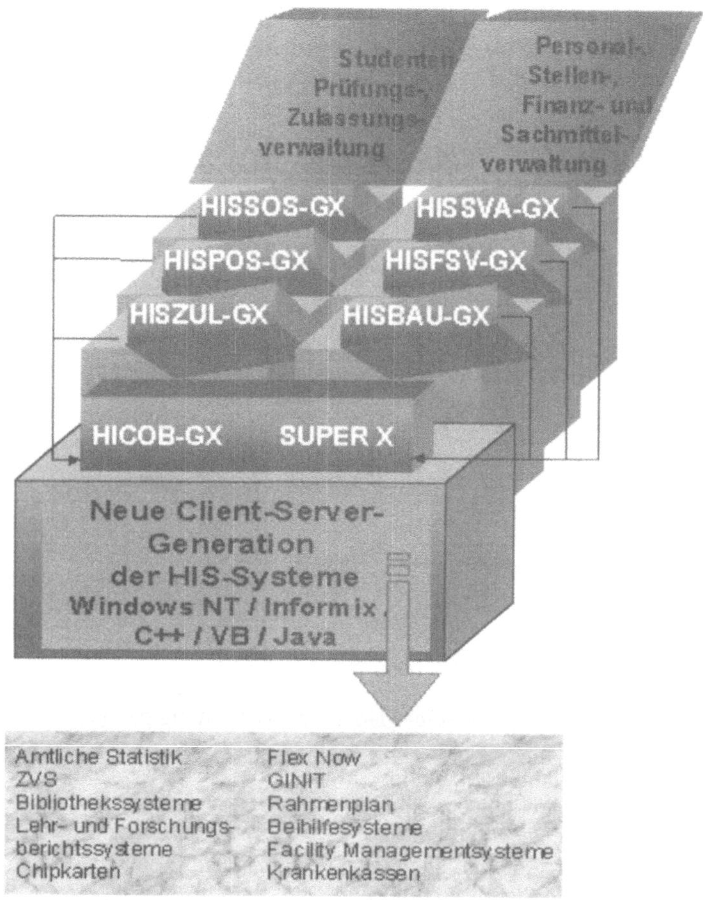

Abb. 4. HIS-Software im Bereich der Hochschulverwaltungen.

Quelle: HIS GmbH
Wichtige Abkürzungen:
SOS = Studentenoperationssystem
FSV = Finanz- und Sachmittelverwaltung
BAU = Facility Management

---

[15] Eine ausführliche Übersicht über die HIS-Module findet man unter www.his.de

HIS erweitert derzeit seine Module um eine webbasierte Client-Oberfläche. Als Softwareerweiterung in der Studenten- und Prüfungsverwaltung sind konkrete Entwicklungen mit Hochschulen vereinbart worden, die es Studierenden und Mitgliedern des Lehrkörpers ermöglichen sollen, über Selbstbedienungsfunktionen Daten aus der Datenbank abzurufen und in Einzelfällen auch zu verändern. Beispielhafte derartige Selbstbedienungsfunktionen sind: der Ausdruck von Bescheinigungen, Adressänderungen, Anmeldung zu Prüfungen, die Eingabe von Prüfungsergebnissen durch die Prüfer und der Abruf von Prüfungsergebnissen durch die Studierenden.

Solche Selbstbedienungsfunktionen sind aus der Sicht der Studierenden als Serviceverbesserungen, aus der Sicht der Verwaltung als Rationalisierungsmaßnahmen zu werten. Die technische Realisierung in der WWW-Technik unter Verwendung der Programmiersprache JAVA erlaubt es, die Selbstbedienungsfunktionen standortunabhängig über die vorhandenen Internetzugänge zu nutzen. Aus Sicherheitsgründen kommen Chipkarten zum Einsatz. Auf die damit verbundene Problematik wird später eingegangen.

Darüber hinaus stellt HIS Schnittstellen zur Verfügung, die es Drittfirmen[16] erlauben, Selbstbedienungsterminals für häufig verwendete Funktionen zu entwikkeln und zu vertreiben.

6.3 Netzbasierte Geschäftsprozesse außerhalb der Hochschulverwaltung

Außerhalb der Hochschulverwaltungen sind E-Business-Anwendungen nicht oder nur in ganz marginalem Umfang realisiert. Zum *state-of-the-art* gehören selbstverständlich E-Mail-basierte Anwendungen, *Newsgroups*, Vorhalten von Formularen auf Webservern – i.d.R. nur zum Ausdrucken geeignet, d.h. ohne interaktive Eingabemöglichkeit – Zugriff auf den *Online-Katalog* der Bibliothek. Mehr oder weniger statische Webseiten – gelegentlich noch ohne ein einheitliches *corporate design* – runden das Bild ab.

Der erwünschte Erfolg ist nicht immer eingetreten, die Gründe hierfür sind vielfältig. Einer davon ist die Fülle der verfügbaren Standardsoftwares, Datenbanken und Mailsysteme. Jeder Hochschulangehörige hat hier seine Lieblingssoftware, die er besonders gut kennt und daher auch gern nutzt.

Ebenfalls schwierig gestaltet sich die Situation im Umfeld des *Workgroup-Computing:* in vielen Büros – und das gilt nicht nur für die Hochschulen, sondern für die meisten Unternehmen in der Wirtschaft ebenso[17], sofern dort nicht per „Vorstandsbeschluss" eine bestimmte Workgroup-Software vorgeschrieben wird.

Institutsübergreifende Groupware-Komponenten sind daher bei kaum einer Hochschule im Einsatz.

---

[16] z.B. www.schomaecker-gmbh.com
[17] Diebold Management Report 1/2000

6.4 Teleteaching

Zweifellos wird das Erstellen und Speichern von Lehr- bzw. Lernmaterialien (Skripten, Foliensammlungen, Übungen und Musterlösungen) zukünftig zu einem der wichtigsten Prozesse im Hochschulumfeld gehören und hat in den letzten Jahren dank preiswerter und bedienungsfreundlicher Tools an Umfang zugenommen. Komplette Lehrveranstaltungen werden jedoch – gemessen an der Zahl der deutschen Hochschulen – nur in wenigen Fällen überörtlich nutzbar gemacht. Eine Vorlesung mit einem Telepräsentationstool direkt am Rechner zu halten und in Echtzeit zu übertragen ist „gewöhnungsbedürftig und führt leicht zu einer sehr statischen Vortragsweise, die die Zuhörer am Ort und erst recht diejenigen an den entfernten Standorten schnell ermüden lässt".[18]

Wesentlich häufiger dagegen haben Hochschulen bereits Materialien – teilweise zu kompletten Ausbildungsgängen – ins Internet gestellt. Eine Übersicht – ohne Anspruch auf Vollständigkeit – findet sich in der nachfolgenden Tabelle:

Tabelle 1. Übersicht über Online-Studienangebote[19]

Hochschule	Studienangebot	Web
Virtus/Ilias der Universität Köln	BWL, VWL	www.virtus.uni-koeln.de
Viror – Virtuelle Hochschule Oberrhein	Informatik, Multimedia	www.viror.de
Winfo-Line der Universitäten Saarbrücken, Göttingen, Leipzig, Kassel	Wirtschaftsinformatik	www.winfoline.de
akademie.de	Online-Kurse und Workshops zur Unternehmensführung	www.akademie.de
TU Chemnitz /VDE	Aufbaustudiengang Informations- und Kommunikationssysteme	www.tu-chemnitz.de
Virtuelle Hochschule Bayern	Ingenieurwissenschaften, Medizin, Informatik, Wirtschaftswissenschaften	www.vhb.org
Tele-Akademie der Fachhochschule Furtwangen	E-Commerce, Technik, Mediengestaltung, Medienproduktion	www.tele-ak.fh-furtwangen.de
Virtuelle Fernuniversität Hagen	Elektrotechnik und weitere Fächer	virtuelle-uni.fernuni-hagen.de

---

[18] Prof. Dr. Thomas Ottmann, Universität Freiburg, auf der Jahrestagung der Gesellschaft für Informatik e.V. (19.–22.9.2000); Fundstelle: Zeitschrift c't

[19] Weitere interessante Hinweise finden sich unter www.studieren-im-netz.de

Die deutschen Anstrengungen sind im Übrigen weit entfernt von den Planungen etwa britischer Universitäten, die sich mit Milliardenaufwand den weltweiten Online-Markt erschließen wollen[20]. Umgerechnet 230 Mio. DM sollen als Anschubfinanzierung bereitstehen, und in den nächsten 5 Jahren will man das Kapital auf 1,2 Mrd. DM aufstocken.

Die englischen Universitäten wollen mit dieser gemeinsamen *E-University* an vorderster Front auf dem Weltmarkt für Online-Bildung mitwirken, deren Volumen Experten auf zukünftig 140 Mrd. DM/Jahr weltweit schätzen.

Die britischen Universitäten, die durch keine kontroverse Diskussion über den Sinn oder Nicht-Sinn von Studiengebühren belastet sind und die derzeit allein an Studiengebühren ausländischer Studierender 1,2 Mrd. DM einnehmen, wollen mit ihrer *E-Initiative* ihren Anteil am Weltmarkt weiter steigern: Bis zum Jahr 2005 soll jeder vierte Student außerhalb Europas an einer englischen Einrichtung studieren, so das Ziel der Regierung Blair.

Ein Grund dafür, dass relativ wenige deutsche Hochschullehrer entsprechende Inhalte „ins Netz" stellen, mag darin liegen, dass keine Erfahrungen mit der Abrechnung kostenpflichtiger Inhalte vorliegen bzw. dass der damit verbundene Verwaltungsaufwand gescheut wird und abschreckt. Dabei gibt es auch in Deutschland bereits Dienstleister, die der *Scientific Community* diese profanen Aufgaben abnehmen[21], wenn auch natürlich nicht kostenlos.

7 Ohne Chipkarte geht vieles nicht

Die wichtigsten Geschäftsprozesse im Hochschulbereich setzen eine sichere Identifizierung/Authentifizierung voraus. Dies lässt sich nach dem heutigen Stand der Technik nur mit einer Chipkarte realisieren, ergänzt ggf. durch die Funktionen einer GeldCard. Beinahe alle deutschen Hochschulen beschäftigen sich mit der Einführung einer Chipkarte, etwa 25–30 Hochschulen haben sie – mit unterschiedlicher Funktionalität – bereits eingeführt.

Aus Kostengründen verzichten viele Hochschulen – z.B. die Universität Hamburg – auf eine Kryptofunktion der Karte und nehmen dadurch in Kauf, dass z.B. Dokumente nicht sicher und rechtlich verbindlich übertragen werden können. Die Möglichkeiten der Karte – der Benutzer identifiziert sich gegenüber dieser Karte mittels PIN – reichen jedoch etwa an der Universität Hamburg aus für Rückmeldung (des Studierenden), Anmeldung zu Seminaren, Ausdruck von Bescheinigungen, Abfrage von Prüfungsergebnissen, Nutzerausweis der Bibliothek oder zum Einlass in Räume mit Zugangsbeschränkungen. Eine Hamburger Besonderheit – die „kontoungebundene" Geldkartenfunktion der Chipkarte – ermöglicht die anonyme Abwicklung von Zahlungsvorgängen.

Andere Hochschulen – etwa die Ruhruniversität Bochum – setzen auf eine zusätzliche Kryptofunktion.

---

[20] DIE WELT vom 11.10.2000
[21] z.B. die Firma Firstgate (www.firstgate.de)

Geschäftsprozesse, für die an den deutschen Hochschulen Chipkarteneinsatz vorgesehen ist, sind nachfolgend dargestellt:

Tabelle 2. Einsatzmöglichkeiten der Chipkarte bei E-Business-Anwendungen im Hochschulbereich

Hochschul-rechenzentren	**Chipkarte als Passwort-Ersatz:** *Rechnerbenutzung, Netzzugang, Antragstellung via Webformular* *Vormerkung von Räumen und Geräten* **Chipkarte als Schlüsselersatz:** *Zugangskontrolle* **Chipkarte als Bargeldersatz:** *Druckkostenabrechnung, Broschüren- und Materialverkauf* **Benutzerausweis mit optischen Erkennungsmerkmalen,** **z.B. Foto, Semesterbescheinigung:** *Berechtigung, Räume oder Arbeitsplätze zu belegen*
Hochschul-bibliothek	**Funktion als Benutzerausweis:** *Ausleihe etc.* **Zahlungsfunktion:** *Verspätungszuschläge*
Hochschul-verwaltung	**Studentensekretariat:** *Rückmeldungen, Adressänderungen etc. via Webformular* **Prüfungsamt:** *Anmeldung zur Prüfung via Webformular* **Beschaffungsstelle:** *gesicherte Abwicklung von Beschaffungsaufträgen der Institute/* *zentralen Einrichtungen* **Liegenschaftenverwaltung:** *Zugang für Reinigungspersonal* *Zugang zu Hörsälen und Seminarräumen* *Parkplatzbewirtschaftung* **Personaldezernat:** *Gleitzeitüberwachung* **Technisches Dezernat:** *Bezahlung privater Telefongespräche* **Sonstiges:** Online-*Wahlen*
Studierende	Anmeldung zu Praktika und Seminaren, Teilnahme an Wahlen Semesterrückmeldung, Prüfungsanmeldung Zahlung von Gebühren, Zugang zu den Labors Bibliotheksbesuch und Ausleihen von Büchern Arbeiten im Rechenzentrum, Nutzung von PC-Pools Nutzung des Copy-Shops u.v.m.
Studentenwerk	Zahlungsmittel für Mensa sowie für Waschmaschinen/Trockner in Wohnheimen Zugangsberechtigung für Wohnheime, Parkplätze

Ein gravierendes Problem beim Chipkarteneinsatz mit Kryptofunktion stellt zweifellos die Bereitstellung der notwendigen PKI (Public Key Infrastructure) dar; neben dem erforderlichen „Hochsicherheitsrechenzentrum" wird darüber hinaus noch ein „24/7"-Service vorausgesetzt, d.h. 24 Stunden an 7 Tagen in der Woche das ganze Jahr über, der schon aus Personalgründen von den meisten Hochschulen nicht gewährleistet werden kann. Infolgedessen wird man zweckmäßigerweise ausweichen auf die bundesweit agierenden TrustCenter der Deutschen Telekom oder der Deutschen Post, wenn man nicht – wie die Universität Münster – ein eigenes TrustCenter als (nicht-Signaturgesetz-konformes) Pilotprojekt betreiben will.

In der Hochschulwelt besteht Einvernehmen darin, dass der große „Push" bei der elektronischen Abwicklung von Geschäftsprozessen gemäß Abb. 2 erst nach Einführung der Chipkarte kommt. Gleichwohl gibt es Bedenken sowohl seitens der Personalräte als auch seitens der Studierendenschaft[22], die den „gläsernen Studenten" fürchtet und in der Befürchtung gipfelt, dass Chipkarten mit Geldfunktion etwa eine „Korrelation zwischen den Prüfungsergebnissen und den Essgewohnheiten eines Studierenden wiedergeben könnten".

Die deutsche Hochschul-Rektoren-Konferenz (HRK) benennt folgende Vorteile eines Chipkarteneinsatzes[23]:

a)   Beschleunigung und Automatisierung sowie Herstellung von Transparenz bei Verwaltungsvorgängen (Prozesse zwischen Studierenden und Verwaltung)

Der Einsatz von Chipkarten macht es möglich, Verwaltungsvorgänge ohne Medienbrüche zeitsparend und mit gleichmäßigerem Arbeitsanfall durchzuführen, da der Zwang zur Anwesenheit innerhalb eng umgrenzter Zeiten und an bestimmten Orten entfällt. Gegenwärtig weisen diejenigen Verwaltungsbereiche einer Hochschule, die unmittelbare Dienstleistungen für Studierende erbringen, noch starke Auslastungsunterschiede auf, z.B. zwischen Immatrikulationszeiträumen und vorlesungsfreien Zeiten.

Ein Teil der Verwaltungsaufgaben in diesen „Stoßzeiten" könnte bereits heute von den Studierenden selbst durchgeführt werden. Mit Hilfe von chipgestützten, kryptographischen Verfahren können beispielsweise auf Hochschulservern gespeicherte Personendaten von den Studierenden eingesehen und ggf. – etwa bei Adressänderungen – aktualisiert werden.

b)   Ausdehnung der Nutzungszeiten von Hochschuleinrichtungen

Die Betreuung und Überwachung von zentralen und sicherheitsrelevanten Serviceeinrichtungen führt außerhalb der üblichen Arbeitszeiten zu einem kostenintensiven Personaleinsatz. Im Zuge von Sparmaßnahmen werden deshalb häufig die Öffnungszeiten von Bibliotheken und Rechenzentren reduziert. Durch den Chipkarteneinsatz kann somit eine gleichmäßigere Auslastung der Raum- und Maschinenkapazitäten erreicht werden.

---

[22] Eine sehr umfangreiche Linksammlung zum Thema findet sich unter http://www.uni-bielefeld.de/stud/unicard/links.html

[23] Empfehlungen des 191. Plenums der HRK vom 3./4. Juli 2000 zum Einsatz von Chipkartensystemen

c)   Wegfall unterschiedlicher Kartentypen

In vielen Hochschulen befinden sich eine Reihe unterschiedlicher Kartentypen parallel im Einsatz (Kopierkarte, Mensakarte, Zugangskarte). Ihre Administration ist personal- und kostenintensiv.

Bei Einsatz der Chipkarte könnten Änderungen der Dateneinträge zentral vorgenommen und damit ein einheitlicher Datenstand (Änderung der PIN-Nummer, Ersatz bei Verlust) gewährleistet werden.

d)   Wegfall des hochschuleigenen Bargeld-Handling und vereinfachte Konrolle
      des Zahlungsverkehrs

Mensa, Bibliothek, Rechenzentren und andere Hochschuleinrichtungen – etwa die Technischen Dezernate bei der Abrechnung privater Telefongespräche – stehen heute vor dem kosten- und personalintensiven Problem der „Bargeld-Entsorgung". Die Reduzierung auf eine Chipkarte mit zusätzlicher Bargeldfunktion könnte zu einer Entlastung der genannten Hochschuleinrichtungen führen.

8   Geschäftsprozesse mit externen Stellen

8.1 E-Procurement

Bereits mittelgroße Hochschulen vergeben Aufträge in der Größenordnung zwischen 20 und 30 Mio. DM in die Region. Es stellt sich daher die Frage nach dem Geschäftsprozess *Electronic Procurement*.

Ein solches Verfahren – und zwar ohne Medienbruch – ist derzeit aus folgenden Gründen an keiner deutschen Hochschule im Einsatz:

- Die Hochschulen der meisten Bundesländer betreiben noch Kameralistiksysteme; Systeme wie SAP R/3 werden derzeit etwa in den hessischen Hochschulen implementiert.
- Die Hunderte von Lieferanten einer Hochschule betreiben i.d.R. eine Vielzahl von Warenwirtschaftssystemen, deren Kopplung mit den in den Beschaffungsabteilungen installierten Softwarepaketen so gut wie unmöglich ist.
- Selbst wenn beide Partner ein einheitliches System wie SAP R/3 betreiben, es gibt auch aus der Wirtschaft genügend Beispiele, dass Lieferant und Kunde – beide mit der gleichen Software ausgestattet – ihren Geschäftsverkehr per Fax betreiben.

Electronic Procurement im umfassenden Sinn und ohne Medienbruch gehört also auf absehbare Zeit nicht zu den netzbasierten Geschäftsprozessen einer Hochschule. Rationalisierungsmöglichkeiten bestehen allenfalls dadurch, dass es den Instituten und zentralen Einrichtungen ermöglicht wird, Kleinmaterial oder wertmäßig relativ geringfügige Beschaffungen über virtuelle Marktplätze (z.B. www.mercateo.com) selbst zu bestellen.

Selbst dann aber stößt die Hochschule auf das bemerkenswerte Phänomen, dass die ABF-Programme der Lieferanten (ABF = Auftragsbearbeitung und Fakturierung) in aller Regel nicht in der Lage sind, die häufig mehr als 100 verschiedenen Lieferadressen in einer Hochschule abzuspeichern und zu verwalten.

8.2 Elektronische Ausschreibungsverfahren

Beschaffungsvorhaben ab 10.000 DM müssen ausgeschrieben werden, ab einem Wert von 200.000 Euro sogar europaweit. Elektronische Ausschreibungsverfahren können also erheblich zur Entlastung der Hochschulverwaltung beitragen, insbesondere aber auch der für die Hochschulen zuständigen Staatlichen Bauämter. Änderungen in den VOB berücksichtigen bereits die durch das Internet gegebenen Möglichkeiten[24].

Als eines der wenigen Anwendungsbeispiele für ein elektronisches Ausschreibungsverfahren sei hier die TU München genannt. Beim Bau des neuen Informatikgebäudes mit 21.000 Quadratmetern Nutzfläche wurden vom Generalunternehmer *Hochtief* die Trockenbauarbeiten elektronisch ausgeschrieben.

8.3 Alumni-Programm

Die Zeiten sind glücklicherweise vorbei, als Hochschulabsolventen vielerorts ihre Diplom-Zeugnisse beim zuständigen Dekanatsekretariat („*Di bis Fr 10–12*") abholen mussten und mit dieser schlichten „Zeremonie" ins Berufsleben entlassen wurden. Angesichts der schon aus finanziellen Gründen erforderlichen Zusammenarbeit der Hochschulen mit der Wirtschaft („Drittmittel-Einwerbung") ist hier das Knüpfen und die Pflege eines entsprechenden Netzwerkes mit den „Ehemaligen" unumgänglich. US-Hochschulen generieren einen Großteil ihrer Drittmittel aus den ständigen Kontakten mit ihren Alumni.

Die bereits erwähnte HIS GmbH hat zu diesem Problem in Deutschland eine Umfrage gemacht, aus der nachstehend zitiert wird[25]:

Neue empirische Befunde der bundesweit repräsentativen Absolventenbefragung von HIS Hochschul-Informations-System zeigen, dass rund vier Fünftel der Absolventinnen und Absolventen in einem mehr oder weniger engen Kontakt zu ihrer Hochschule stehen. Der größere Teil dieser Kontakte ist eher informell (73%) und bezieht sich weitgehend auf ehemalige Kommilitonen, während der andere Teil (36%) direkt mit den Institutionen der Hochschulen verknüpft ist.

Etwa die Hälfte der Absolventinnen und Absolventen wünscht Kontakte zu ihren Professoren, Dozenten und Forschungsgruppen sowie zur Infrastruktur ihrer Hochschule. Absolventenvereinigungen spielen in der Wahrnehmung der Ehemaligen heute noch eine untergeordnete Rolle (Abb. 5).

---

[24] Ein Internet-Bauausschreibungs-System findet sich etwa bei der Fa. Avacomm (www.avacomm.com)

[25] Pressemitteilung der HIS GmbH vom 8. August 2000

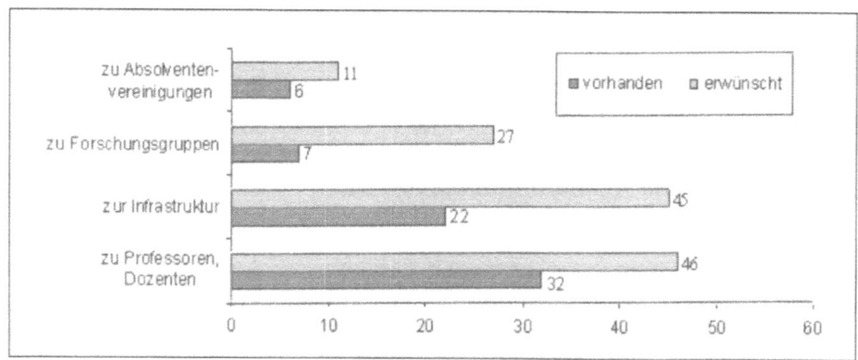

Abb. 5. Vorhandene und von Absolventen gewünschte Kontakte zu Personen und Institutionen der ehemaligen Hochschule (%, Mehrfachnennungen).

Dass die Absolventinnen und Absolventen sich in einem deutlich größeren Umfang die Hochschulen als formelle Kommunikationspartner wünschen, als dies zurzeit noch der Fall ist, zeigt, wie groß die Basis ist, auf die sich die Universitäten und Fachhochschulen stützen können, wenn sie die Ehemaligen (Alumni) als Partner oder Kunden gewinnen möchten.

Neben dem Austausch mit früheren Kommilitonen erwarten sich ca. 50% der Absolventinnen und Absolventen, von Fachhochschulen und Universitäten gleichermaßen, fachlichen Rat und Anschluss an den wissenschaftlichen Fortschritt. Jeder Dritte aller Befragten möchte seiner Hochschule sein Praxiswissen näher bringen und jeder Siebte den Studierenden seine eigenen Studienerfahrungen weitergeben – ein Angebot, das die Hochschulen kaum ausschlagen können, wenn sie sich im Wettbewerb die notwendigen Impulse aus der Praxis zur Verbesserung der Hochschulleistung sichern wollen (Abb. 6).

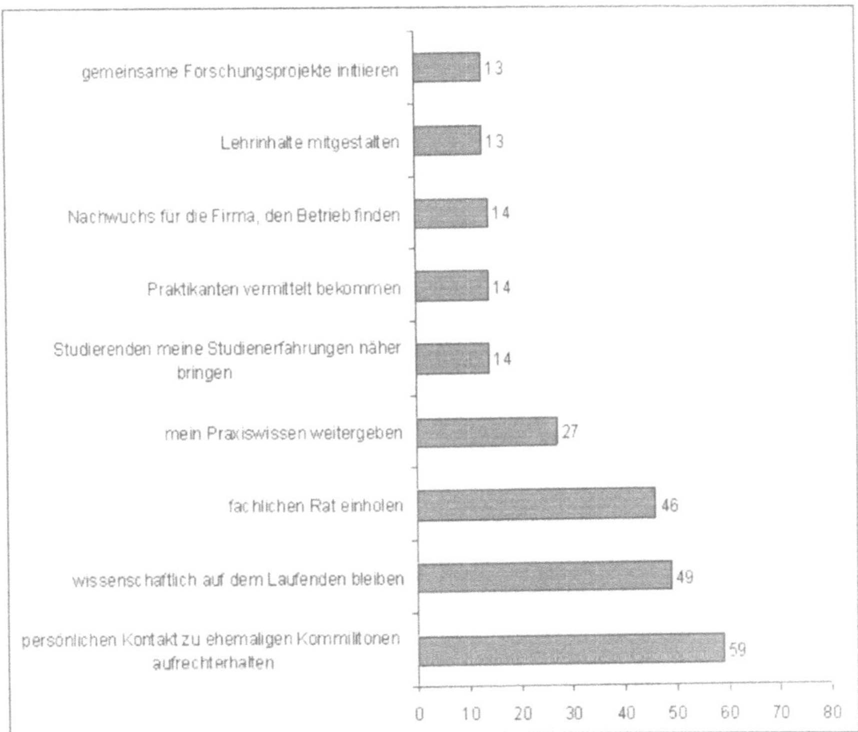

Abb. 6. Mit dem Kontakt zur ehemaligen Hochschule verknüpfte Erwartungen von Absolventen (%, Mehrfachnennungen).

Jeder Dritte aller Befragten möchte an Absolvententreffen teilnehmen oder private Kontakte zu einzelnen Hochschullehrern und Absolventen aufrechterhalten. Auf diesem Weg bieten sich der Hochschule Chancen, auch über informelle Kanäle *Corporate Identity* zu erzeugen und zu stärken.

Auch wenn zurzeit nur jeder siebte Ehemalige Lehr- und sonstige Wissensangebote wahrnimmt, so wünscht sich dies die Hälfte aller Befragten. Angebotslücken zeigen sich auch dort, wo jeder Dritte seinen Wunsch nach *Newsletters* und jeder Vierte nach *Diskussionsforen* und Informationstagen äußert (Abb. 7).

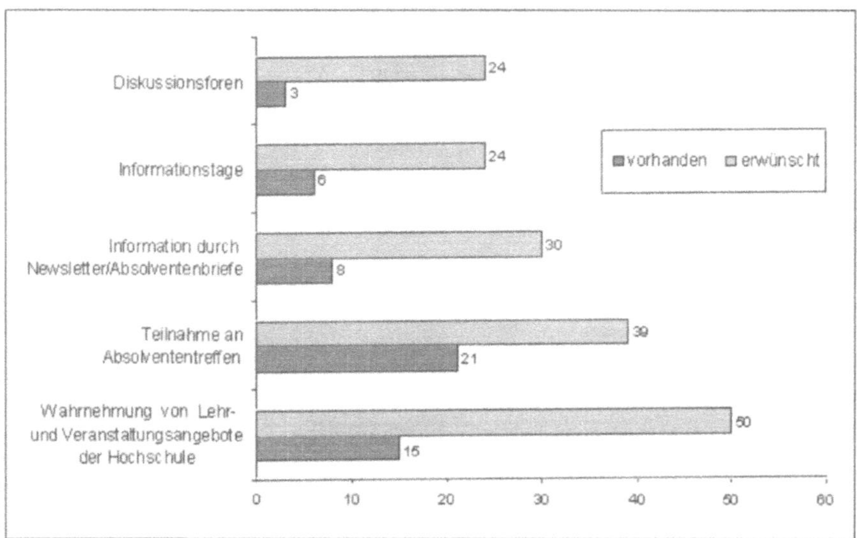

Abb. 7. Vorhandene und von Absolventen gewünschte Kommunikationsformen mit der ehemaligen Hochschule (%, Mehrfachnennungen).

Das Interesse an der Stärkung des Alumni-Wesens dürfte aufgrund dieser Daten auf Gegenseitigkeit beruhen und sollte angesichts des wachsenden internationalen Wettbewerbs zu engeren Kooperationsformen zwischen Alumnis und Hochschulen führen. „Gegenseitigkeit" scheint auf Seiten der Hochschulen allerdings noch nicht sehr ausgeprägt zu sein. So fehlt z.B. beim „Sponsoring" durch Alumni der Gedanke der Gegengabe. Dabei hätte die Hochschule als „Wissensressource" ihren Alumni viel zu bieten. Diese Servicemöglichkeit für Alumni wird in der gegenwärtigen Diskussion noch gar nicht beachtet.

9 Fazit

Wollen die deutschen Hochschulen im härter werdenden Wettbewerb mit in- und ausländischen Hochschulen bestehen, müssen und werden sie in bisher unbekanntem Maße ihre Geschäftsprozesse optimieren und automatisieren. Supply-Chain-Management-Prozesse zwischen Lieferanten, Beschaffungsabteilung und Instituten werden ebenso kommen wie Anwendungen des Customer Relation Management im Verhältnis der Hochschule zu ihren derzeitigen Kunden (Studierende) und ehemaligen Kunden (Alumni).

Teil 2

Sell-Side and Buy-Side E-Commerce

Portale und elektronische Marktplätze

Heike Christ
Siemens Business Services, München
Leitung Practice Management E-Commerce

Der Name ist Programm: Portale sind ein Eingang in das World Wide Web. Eine Vielzahl an Besuchern mit unterschiedlichsten Bedürfnissen kann hier Informationen und Serviceleistungen finden. Ein Portal erleichtert dem Nutzer die Suche im Internet, es bündelt und katalogisiert Informationen. Die virtuelle Pforte ermöglicht auch die Bildung einer Community oder verschafft einer Interessengemeinschaft Zugang zu speziellen Informationen. Anbieter können so eigene zielgruppenspezifische Informationskanäle aufbauen und bei Bedarf auch den Zugang dazu limitieren. In Kapitel 1 dieses Buches wurde bereits in allgemeiner Form über elektronische Marktplätze berichtet. In diesem Kapitel soll nun ins Detail gegangen und zum Beispiel auch näher der Unterschied zwischen elektronischen Marktplätzen und Portalen erläutert werden.

Es gibt verschiedene Arten von Portalen. Zunächst lässt sich zwischen Unternehmens- und Konsumentenportalen unterscheiden. Ziel eines Unternehmensportals kann sein:

- die reine Veröffentlichung von Informationen,
- die Kooperation mit anderen Firmen,
- der Verkauf von Gütern (Verkaufsportal oder Sell-Site),
- der Kauf von Gütern (Supplier-Portal oder Buy-Site).

Zielgruppe der Portale sind dementsprechend die eigene Belegschaft oder ein Teil von ihr, etwa die Entwickler – in diesem Fall handelt es sich um ein Mitarbeiterportal. Zielgruppe können aber auch Partner, Kunden oder Interessenten sein. Handelt es sich um eine klar definierte Gruppe mit Zugangsprüfung, wird auch von einem Extranet-Portal gesprochen.

Orientierung in der Informationsflut

Aus Sicht des Kunden erleichtert ein Portal den Umgang mit einem Überangebot an Informationen, da es diese sortiert und übersichtlich zugänglich macht. Es lässt den Nutzer nicht mit dem unstrukturierten Input allein, sondern führt gezielt zu Informations- und Service-Angeboten. Bei den Kunden entsteht ein Community-Gefühl, das ein wichtiger Faktor für den Erfolg im Cybermarkt ist. Für den Anbieter können Portale neue Absatzmärkte und -kanäle öffnen und gleichzeitig ein positives Image als E-Business-Unternehmen aufbauen. Der Betreiber der Portalsite kann außerdem durch Werbung und Mitgliedschaften zusätzliche Einkünfte erzielen. In der Infrastruktur eines E-Business stellen Portale deshalb eine notwendige Voraussetzung für den Erfolg dar.

Basis-Funktionen eines Portals sind:

- Bereitstellung von Suchfunktionen und Navigationshilfen,
- Strukturierung des Angebots,
- Verlinkung zu weiteren Inhalten und Service-Angeboten,
- Sicherheitskonzept, das den Surfer vor bösen Überraschungen schützt.

In einem weiteren Schritt haben größere Portale weitere Funktionalitäten gewonnen:

- Möglichkeiten zum Content-Management,
- die Webseite lässt sich den Wünschen des Nutzers entsprechend personalisieren,
- es gibt Kommunikationsmöglichkeiten,
- E-Commerce-Funktionen,
- Nutzung über mobile Endgeräte (WAP oder Ähnliches).

Beispiel www.hier.de

Als „regionales Einkaufs- und Dienstleistungsportal für die Region Hannover" bietet die Website **www.hier.de** eine große Auswahl von verschiedenen Geschäften aus der Region, die ihre Waren und Dienstleistungen unter einem gemeinsamen virtuellen Dach anbieten (Abb. 1). Zwar ist jedes Geschäft dort für seine Warenauswahl, Preisgestaltung, Versandkonditionen usw. selbst verantwortlich, jedoch profitiert es von den Vorteilen einer gemeinsamen Handelsplattform wie „Laufkundschaft", Gemeinschaftswerbung und ein attraktives Erlebnisumfeld. Mit unterschiedlichen Shop-Arten wie „hier.Visitenkarte", „hier.kompakt-Shop", „hier.universal-Shop" und „hier.individual-Shop" sowie der Einbindung von bestehenden Homepages bieten die Portalbetreiber ihren Geschäftskunden verschiedene Möglichkeiten an. Die einzelnen Varianten unterscheiden sich dabei durch Design, Umfang, Funktionalitäten und Kosten.

Durch eine regelmäßige Überprüfung achtet die neutrale Angebotsplattform für Waren und Dienstleistungen, die von Siemens Business Services in Paderborn technisch realisiert wurde, auf die Einhaltung von hohen Qualitätsstandards. Dazu zählen:

- Kürzestmögliche Lieferfristen bei den Anbietern,
- Beantwortung von Kundenanfragen durch die Anbieter innerhalb eines Werktages,
- regelmäßige Aktualisierung der Angebote,
- permanente Weiterentwicklung der technischen Plattform durch den Betreiber,

– Angebot der höchstmöglichen Sicherheitsstandards für Transaktionen,
– maximale Service- und Kundenorientierung gegenüber Anbietern und Nutzern.

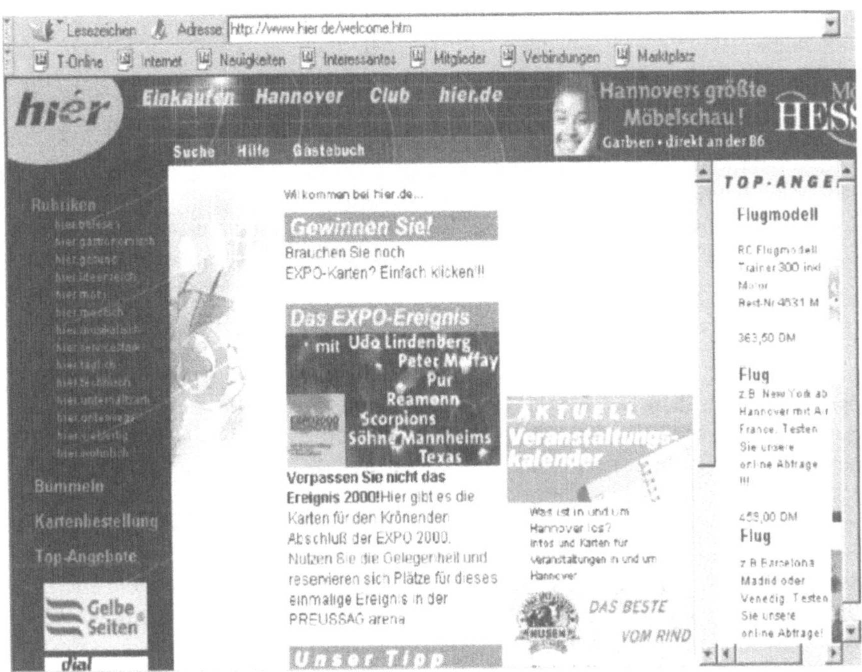

Abb. 1. Bereits auf der Startseite bekommt der Nutzer einen Überblick über das Angebot des Regional-Portals

Im Unterschied zu Millionen Einzeladressen im Internet wird **www.hier.de** nicht nur im Internet beworben, sondern mit Anzeigenkampagnen, Hörfunkspots und diversen Promotionaktionen dort bekannt gemacht, wo der Handelsschwerpunkt dieses Portals liegt – in der Region Hannover. Die Besucher kennen in der Regel die Anbieter, die hinter den virtuellen Geschäften stehen. Das schafft Vertrauen und ermöglicht auch im Online-Handel die Gewährleistung von Qualität, Zuverlässigkeit und Service. Durch eine Gliederung nach Themenschwerpunkten – von Buchhandlung bis Wohnungseinrichtung – findet sich der Besucher sehr schnell zurecht.

Doch **www.hier.de** ist mehr als nur eine gut sortierte Internet-Shopping-Mall, denn in dem Regional-Portal steht neben dem vielfältigen Waren- und Dienstleistungsangebot auch ein breites Spektrum an lokalen Zusatzangeboten zur Verfügung – vom Veranstaltungskalender über Nachrichten, Auktionen, Gewinnspiele, einen Kartenbestellservice und redaktionelle Tipps bis hin zum regionalen Chat. Die angemeldeten Mitglieder des „hier.Club" können auf Wunsch auch eine kostenlose E-Mail-Adresse bekommen, die Chat-Funktionalität nutzen oder kostenlos private Kleinanzeigen aufgeben.

Portale und Marktplätze: Unterschiede und Gemeinsamkeiten

Wie in der reellen Welt treffen auch auf einem Internet-Marktplatz viele Anbieter auf viele Käufer. Kommunikation, Transparenz und Transaktion kennzeichnen einen Marktplatz. Er unterscheidet sich daher in zwei Kriterien von Portalen und anderen Webseiten:

1. Elektronische Marktplätze unterstützen den E-Commerce. Die Seiten bieten deshalb nicht nur Informationen, sondern ermöglichen auch Transaktionen wie Käufe, Auktionen oder Zahlungen.
2. Elektronische Marktplätze stellen ihre Vermittlungstätigkeit vielen Anbietern und vielen Käufern zur Verfügung. Das unterscheidet sie von einem Verkaufsportal mit nur einem Anbieter oder einem Supplier-Portal mit nur einem Abnehmer.

Einen Grenzfall stellen Zusammenschlüsse mehrerer Verkäufer oder Käufer dar. Ob es sich dann um einen Marktplatz oder ein Gemeinschaftsportal handelt, muss von Fall zu Fall entschieden werden. Stehen nur einige Anbieter oder Abnehmer ihren Geschäftspartnern gegenüber, hat sich dann noch kein richtiger Marktplatz gebildet, wenn diese den Handel dominieren und Bedingungen diktieren können. Deshalb spielt die Anzahl der beteiligten Firmen eine Rolle bei der Beurteilung. Sobald mehr als fünf Firmen auf beiden Seiten beteiligt sind, verändert sich das Kräfteverhältnis. Viele Teilnehmer mit unterschiedlichen Interessen und Prioritäten haben ein diffuses Druckpotenzial. Bei einem Zusammenschluss von großen Unternehmen zu einem gemeinschaftlichen Beschaffungs- oder Absatzportal gibt es ein Einspruchsrecht der Kartellbehörden.

Nutzen der Marktplätze

Vorteile von virtuellen Handelsplätzen liegen in der Erschließung neuer Märkte für bisher nicht oder kaum gehandelte Güter. Fragmentierte oder intransparente Märkte können übersichtlich zusammengeführt werden. Die Reichweite des Marktes erhöht sich, wendet sich aber zugleich sehr gezielt an die „richtigen" Kunden. Die Kosten verringern sich, da die Beschaffung von Informationen und Vergleichsangeboten wesentlich erleichtert wird. Waren früher Dutzende von Telefonaten nötig, um zum Teil schlecht vergleichbare Angebote einzuholen, reicht nun ein Klick auf das gewünschte Produkt. Ein Mehrwert der virtuellen Marktplätze besteht auch darin, dass sie die Chance haben, fundiertes Know-how über die jeweilige Branche (bei vertikalen Marktplätzen) oder die dahinter liegenden Prozesse (bei horizontalen Marktplätzen) zu sammeln und zur Verfügung zu stellen (Abb. 2).

Grundsätzlich können Marktplätze nach vier Kriterien unterschieden werden:

1. vertikal oder horizontal
2. Offenheit

3. Nutzer
4. Betreiber

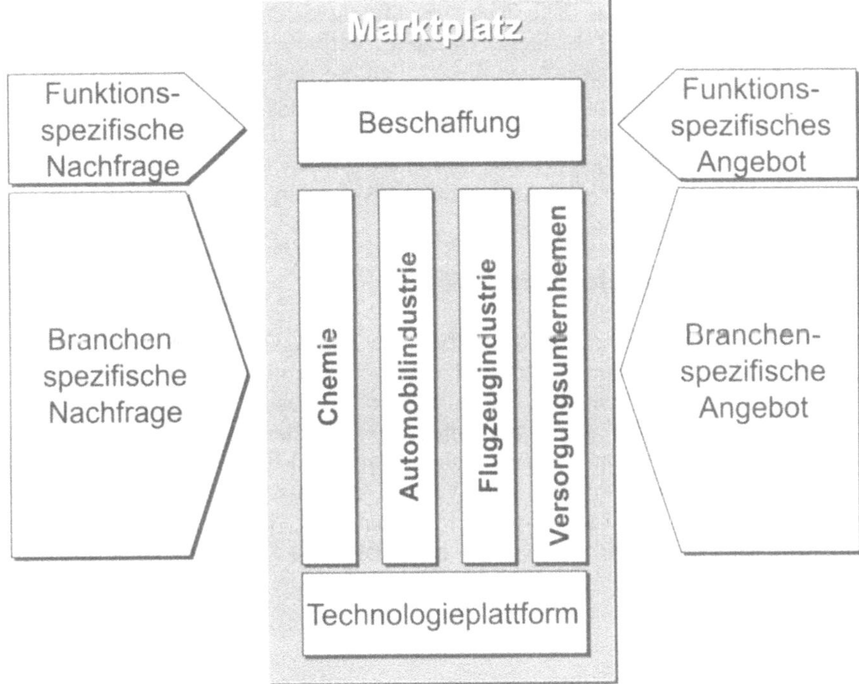

Abb. 2. Ein wichtiges Unterscheidungsmerkmal ist die vertikale oder horizontale Ausrichtung der elektronischen Marktplätze.

Vertikal oder horizontal

Marktplätze können unterschiedliche Branchen und Güter ansprechen. Wenn sich ein Betreiber auf eine bestimmte Produkt- oder Zielgruppe spezialisiert hat, unterhält er einen vertikalen Marktplatz. Hier handeln typischerweise Käufer und Anbieter miteinander, die sehr spezialisiert sind. Ein vertikaler Marktplatz sollte branchentypische Problemstellungen kennen und dafür Lösungsmöglichkeiten anbieten. Bei einem solchen Handelsforum ist die Bildung einer Community besonders einfach, da das gemeinsame Interesse naturgemäß gegeben ist und eine Identifikation leicht fällt. Damit ein Betreiber Erfolg hat, benötigt er allerdings intime Branchenkenntnisse.

Ein Beispiel für einen vertikalen Marktplatz ist die Fruchtbörse „eFoodmanager". Hier können sich Lebensmittelketten und Einzelhändler wie auf einem Großmarkt mit Früchten und Gemüse eindecken und an entsprechenden Auktionen teilnehmen. Interessant ist dieser Marktplatz ausschließlich für die Lebensmittelbranche als Käufer und Fruchtlieferanten als Anbieter.

Horizontale Marktplätze sind dagegen themenorientiert: Sie bieten Dienste an, die in unterschiedlichen Branchen gebraucht werden. Ihr Markt sind bestimmte Funktionen oder Prozesse. Klassisches Betätigungsfeld der horizontalen Marktplätze sind so genannte C-Artikel (Ersatzteile, Verbrauchs- und Büroartikel). Die Betreiber müssen die Prozesse – in diesem Fall die Beschaffung – genau kennen. Ihre Kunden versuchen meist, ihr Supply Chain Management (SCM) zu optimieren, um beispielsweise die Lagerhaltung zu verringern. Daher kommt es teilweise zum fließenden Übergang zwischen den Marktplätzen und den technischen Lösungen ihrer Kaufkunden – Marktplatz und SCM-Lösung sind integiert.

Offene und geschlossene Marktplätze

Die Offenheit eines Marktplatzes betrifft seine Zugangsbeschränkungen. Normalerweise können alle Interessenten sich relativ problemlos bei einem Marktplatz als Nutzer registrieren und dort Handel treiben. In diesem Fall ist es ein offener Marktplatz. Es gibt aber auch Ausnahmen, wo entweder nur bestimmte Anbieter oder ausgewählte Kunden zugelassen sind. Manchmal handelt es sich bei diesen Fällen um festgelegte Verbände oder Vereine, die ausschließlich ihre Mitglieder zum Handel zulassen. Beim Beispiel „eFoodmanager" – einer Mischform – gibt es einen offenen Handel für alle Kunden und bestimmte Handelsregionen für registrierte Nutzer.

B2B oder B2C

Die Unterscheidung nach Nutzern erfolgt nach der klassischen E-Business-Einteilung: B2B (Business to Business), B2C (Business to Consumer) und C2C (Consumer to Consumer). Insbesondere B2B-Marktplätze erlebten im Jahr 2000 einen Boom. Im Schnitt gingen alleine in Deutschland jede Woche zwei neue Marktplätze ins Netz. Die Analysten von Berlecon Research schätzen das Volumen des B2B-Handels im Jahr 2004 auf 685 Milliarden Mark. Das würde bedeuten, dass sich das Handelsvolumen innerhalb von vier Jahren verzehnfacht. In einer im Sommer 2000 veröffentlichten Studie stellt das Wirtschaftsforschungs-Unternehmen eine Sättigung bei den horizontalen Marktplätzen fest. Bedarf gebe es dagegen weiterhin in stark fragmentierten Märkten.

Betreiber von Marktplätzen

Elektronische Marktplätze sind aus unterschiedlichen Gründen entstanden und haben deshalb auch verschiedene Zielsetzungen. Diese hängen meist vom Betreiber der Site ab: Er kann beispielsweise aus den Reihen der Käufer oder der Verkäufer stammen. Die Mehrzahl der horizontalen Marktplätze wird jedoch von unabhängigen Dritten betrieben, die in keinerlei Verbindung zu Anbietern oder Käufern stehen. Der Betreiber möchte mit der Vermittlung von Geschäften Geld verdienen und bemüht sich, passende Geschäftsverbindungen herzustellen. Diese Märkte stehen meist jedem offen, eine Beschränkung ist selten im Interesse des Inhabers.

Vertikale Marktplätze werden manchmal von einem oder mehreren Käufern betrieben. Ursprünglich waren viele von ihnen Supplier-Portale. Deren Service ist oft auch für andere Käufer interessant. Durch die Öffnung des Portals für weitere Abnehmer erhöht sich dessen Umsatz. Es wird zum Marktplatz, der mit seinem größeren Handelsvolumen dann wieder für weitere Verkäufer attraktiv wird.

Beispiel Automobilbranche: Hier haben sich General Motors, DaimlerChrysler, Ford und Renault/Nissan zusammengeschlossen und den elektronischen Branchenmarktplatz Covisint initiiert. Mit seiner Hilfe wollen sie ihren Einkauf und die Geschäftsprozesse optimieren, jährlich soll über Covisint ein Geschäftsvolumen von 240 Milliarden Dollar abgewickelt werden. Pro Fahrzeug – so die Prognosen – kann durch die Einkaufsplattform 1000 Dollar an Kosten eingespart werden. Konkurrenz bekommt Covisint von VW. Das Unternehmen plant mit Unterstützung der IBM einen weiteren Marktplatz, ebenfalls für Automobil-Zulieferer. Ein dritter Marktplatz für die gleiche Zielgruppe wird von einem unabhängigen Betreiber geführt.

Ähnlich funktionieren verkäuferbetriebene Marktplätze: Ein größeres Angebots-Spektrum erhöht die Attraktivität der ursprünglichen Kauf-Portal-Seite. Der Ausbau kann aber auch zu Interessenkonflikten führen; die Konkurrenz in die eigene Webseite mit einzubeziehen, will gut überlegt sein. Möglicherweise wird die Zukunft der Marktplätze auch im Application Service Providing (ASP) liegen. Dieses Modell der „Software aus der Steckdose" funktioniert als Outsourcing von Technologie: Der Application Service Provider stellt dem Kunden sowohl Hard- als auch Software zur Verfügung, und zwar bei sich im Rechenzentrum. Der Zugriff des Kunden erfolgt über Datenleitungen. Der ASP-Kunde muss sich nicht um Wartungs- und Servicedienste wie Updates oder Datensicherung kümmern. Er arbeitet innerhalb eines Netzwerks an einem PC, der mit dem Großrechner im Rechenzentrum verbunden ist. Marktplätze mit ASP-Services könnten beispielsweise Telekommunikationsnetzbetreiber oder andere Unternehmen mit der nötigen Infrastruktur anbieten, da sie über die nötigen Kommunikations- und Technologie-Voraussetzungen verfügen.

Services der Marktplätze entscheiden über den Erfolg

Gute Marktplätze sind wie gute Partnervermittlungen: Sie müssen in der Lage sein, Kunden den richtigen Anbieter zu vermitteln. Dafür brauchen Käufer und Verkäufer die Möglichkeit, ihre Wünsche und Angebote zu artikulieren. Verkaufsangebote können in einem Katalog zusammengefasst werden, Kaufwünsche in einem so genannten „Request for Quote" (RFQ). Auch eine Auktion kann die Partnerfindung erleichtern. Einen Mehrwert schafft der virtuelle Marktplatz durch zusätzliche Angebote außerhalb des eigentlichen Handelsspektrums. Plattformen wie „eFoodmanager" bieten Finanzdienstleistungen oder Versicherungen an, manche arbeiten auch mit Logistik Dienstleistern zusammen. Ein kundenfreundlicher Marktplatz ermöglicht seinen Nutzern, online Verträge abzuschließen und direkt die entsprechenden Zusatzleistungen dazu ordern zu können. Dem Kunden sollten Finanzierungsangebote für den Kauf angeboten werden sowie Transportmöglichkeiten und Transport- und Warenversicherungen (Abb. 3).

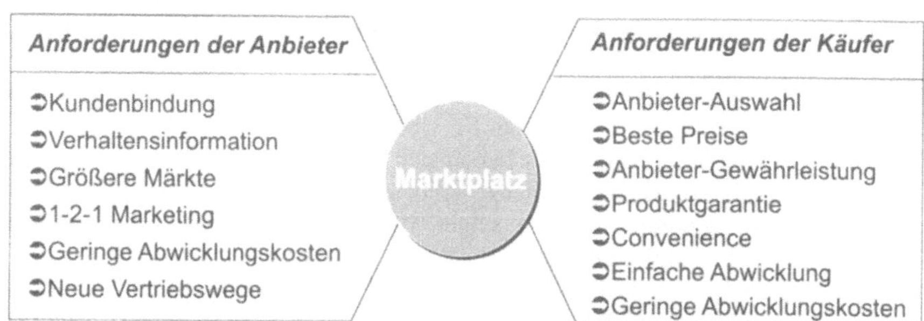

Abb. 3. Unterschiedliche Interessen von Anbietern und Nutzern sind ausgewogen zu berücksichtigen.

Der B2B-Handelsplatz für Waren und Dienstleistungen „econia" arbeitet beispielsweise mit dem Logistiker Kühne & Nagel zusammen. Kommen Vertragsabschlüsse über den Marktplatz zu Stande, entsteht eine automatische Querverbindung zu Kühne & Nagel. Dann können Anbieter vom Handelsplatz aus Online-Anfragen an das Logistikunternehmen senden und Angebote für den Transport ihrer Güter anfordern. Ein anderes Beispiel ist „eFoodmanager". Deckt sich etwa die Lebensmittelkette Tengelmann über diese Plattform mit frischem Obst und Gemüse ein, kann sie gleich unter mehreren Logistik-Partnern wählen. Die englische BTA International, die deutschen Danzas Lebensmittelverkehre GmbH und Nagel Airfright sowie die französische Sotracom International kooperieren mit dem Obst- und Gemüse-Handelsplatz. Auch Finanzdienstleistungen wie Online-Fakturierung und Versicherungen können von der Plattform aus in Anspruch genommen werden.

Bei diesen Komplementärleistungen verzeichnen die meisten B2B-Marktplätze heute noch Defizite. In einer Untersuchung der Unternehmensberatung Mummert + Partner und des Lehrstuhls für Electronic Business an der Universität Frankfurt bekamen sie deshalb im Sommer des Jahres 2000 überwiegend schlechte Noten. Die Studie befasst sich mit 20 globalen – auch für deutsche Unternehmen zugänglichen – B2B-Marktplätzen aus verschiedenen Sektoren und bemängelt, dass beispielsweise nur 15 Prozent der virtuellen Handelsplattformen ihre Besucher in allen Geschäftsphasen ausreichend unterstützen. Vor allem in der Abwicklungsphase offenbaren sich zahlreiche Mängel. So fehlte häufig die äußerst wichtige Verknüpfung externer und interner Informationen und das Angebot von Komplementärleistungen wie Bezahlung, Transport oder Versicherung der bestellten Waren. B2B-Lösungen der zweiten Generation müssen deshalb für verbesserte Informationsflüsse sorgen, aber auch für eine erweiterte Zusammenarbeit und Services, die den Unternehmen neue Wege des Handels gemeinsam mit den sie umgebenden Netzwerken von Zulieferern und Abnehmern ermöglichen.

Beispiel www.smartmission.de

Ein Beispiel aus dem Gesundheitswesen belegt eindrucksvoll den Nutzen von elektronischen Marktplätzen und zeigt gleichzeitig die vielfältigen Funktionen eines Business-to-Business-Portals: Die Münchner Smartmission AG hat für die Einkäufer in den Krankenhäusern und ihre Lieferanten aus den unterschiedlichsten Branchen eine virtuelle Handelsplattform geschaffen, die von täglich aktuellen Branchennews über die Teilnahme an einer Community bis zur direkten Transaktionsabwicklung und Integration in bestehende Warenwirtschaftssysteme zahlreiche Möglichkeiten bietet.

Diese Lösung bringt für die Beteiligten drei wesentliche Vorteile. Zum einen standardisiert und bündelt sie das Angebot an Produkten und Dienstleistungen, bevor es den Einkäufern zur Verfügung gestellt wird. Des Weiteren werden mögliche Lieferanten für die verschiedenen Produktgruppen vorab ermittelt. Bei circa 2.000 Lieferanten pro Krankenhaus zur Deckung der gesamten Nachfrage vom medizinischen Bedarf bis hin zu den Lebensmitteln entfällt auf diese Weise zeitraubendes Suchen in Online- oder Papierkatalogen. Drittens werden zur effizienten Preisfindung Ausschreibungen und Auktionen eingesetzt. Für größere Anschaffungen hat man bei smartmission.de beispielsweise den „Buyer's Club" geschaffen, der es ermöglicht, entsprechend der Vergabeordnung für öffentliche Krankenhäuser europaweit individuell auszuschreiben. Durch die Bündelung von Einkaufsvolumina verschiedener Nachfrager können so Rabatte erzielt werden, die sonst nur Großabnehmern gewährt werden (Abb. 4).

Abb. 4. Von aktuellen Informationen bis zum „Buyer's Club" – das Portal smartmission.de bietet vielfältige Möglichkeiten

Hersteller und Lieferanten für medizinischen Bedarf profitieren ebenfalls von ihrer Teilnahme an dieser Plattform. Zwar verfügen viele Firmen inzwischen über eine eigene Homepage im World Wide Web, doch häufig liegen ihre Kataloge noch nicht in onlinefähiger Form vor. Davon abgesehen ist die Erwartung unrealistisch, dass die Krankenhäuser, um zu bestellen, auf die einzelnen Internetseiten ihrer zweitausend Lieferanten zugreifen und sich auf deren unterschiedlichen Benutzeroberflächen einlassen. Überdies müsste jeder Anbieter jedem Kunden einen eigenen Zugang einrichten, um die Bestellung abwickeln zu können. Die Zusammenarbeit mit Smartmission vereinfacht diese Prozedur, denn der Portalbetreiber konvertiert die Kataloge in einem transaktionsfähigen Content und übernimmt ihre Pflege.

Ein weiteres Feature von **www.smartmission.de** ist die personalisierte Online-Update-Plattform: Hier können Lieferanten ihre spezifischen, mit einem Kunden vereinbarten Preise eingeben. Selbst kundenindividuelle Produktgruppen, wie beispielsweise Operations-Sets für einen bestimmten Arzt, lassen sich dort festlegen. Einmal im System gespeichert, sind sie als Produkt immer wieder abrufbar. Einen besonderen Service bietet auch das „Business Directory", ein nach Kategorien geordnetes Lieferantenverzeichnis aus dem Health-Care-Sektor, das 3.000 Firmen wahlweise alphabetisch, nach Sachgruppen oder Stichworten präsentiert.

Über SAP-R/3- oder andere Schnittstellen zu Standardsoftwarelösungen, die im Krankenhaus vorhanden sind, werden einmal monatlich die Transaktionsdaten in das Buchhaltungssystem der Klinik importiert, um so die Kostenstellenstatistiken im bestehenden Warenwirtschaftssystem zu erstellen. Der durchschnittliche Bedarf an medizinischen und pflegerischen Gebrauchsprodukten beträgt in einem Krankenhaus laut Statistik pro Bett rund 50.000 Mark im Jahr, woraus sich bei einer Klinikgröße von 300 Betten ein Einkaufsvolumen von jährlich mindestens 15 Millionen Mark ergibt. Durch die elektronische Beschaffung – so die Musterrechnung bei Smartmission – lassen sich davon etwa 15 bis 30 Prozent, also rund vier Millionen Mark, einsparen.

Voraussetzung sind universelle Standards

Die Zukunft der elektronischen Marktplätze liegt in ihrer Kommunikation untereinander und mit den Warenwirtschaftssystemen der Anbieter. Optimal ist es dabei, wenn eine Bestellung über einen Handelsplatz sofort in der Warenwirtschaft des Lieferanten verbucht wird. Nach einer Bestandsprüfung erhält der Käufer dann sofort eine Bestätigung mit Liefertermin. Das Lager, die Logistik und die Buchhaltung werden automatisch informiert. Ist die Ware nicht auf Lager, geht der Auftrag weiter an andere Anbieter, die wiederum ihre Bestände prüfen. Zusammengefasst bedeutet dies: Die Online-Transaktionen müssen in die dahinter liegenden Supply Chains, sprich ERP-Systeme (Enterprise Resource Planning), integriert werden.

Damit das jedoch funktionieren kann, müssen universelle Schnittstellen geschaffen werden. Basis-Standards in der universellen Sprache XML (Extendable Markup Language) sind dafür notwendig. Im Herbst 2000 haben sich vier globale Marktplätze unter Beteiligung von vierzig führenden Handels- und Industrieunternehmen und einiger Branchendachverbände auf gemeinsame XML-Standards für die drei wichtigen Nachrichten-Arten „Bestellung", „Lieferavis" und „Rechnung" geeinigt. Damit scheint die Gefahr gebannt, dass jeder große Marktplatz seine eigenen Standard-Schemata kreiert und eine Kommunikation untereinander verhindert wird.

Erfolgsfaktoren für Marktplatzbetreiber

Damit ein Marktplatz zum Erfolg wird, sollten einige wichtige Punkte beachtet werden: So sind die Netzeffekte frühzeitig zu nutzen. Notwendig sind über den reinen Handel hinausgehende Zusatzleistungen in den Bereichen Logistik, Finanzierung und/oder Versicherungen, um einen Mehrwert zu generieren. Der Betreiber muss in eine Aquise-Aktion investieren, damit ein konstantes kritisches Umsatzvolumen von Anfang an gewährleistet ist. Um die Nutzer an sich zu binden, sollte er auf eine komfortable Benutzerführung und eine hohe Prozessintegration Wert legen.

Die Hauptmerkmale für einen Marktplatz, in der reellen wie in der virtuellen Welt, müssen Transparenz und Kommunikation sein. Interaktivität ist eine Grundbedingung, der unbedingt Rechnung getragen werden muss. Je größer ein Marktplatz wird, desto schwieriger sind jedoch diese Bedingungen zu berücksichtigen. Sehr komplexe Branchenmarktplätze erfordern auch ebenso komplexe Abstimmungsprozeduren zwischen der Vielzahl der Beteiligten. Daher sollte unbedingt darauf geachtet werden, dass eine kritische Größe nicht überschritten wird, denn sonst verliert ein Marktplatz seine Handlungsfähigkeit und degeneriert zu einer riesigen Kataloganwendung, die keine Interaktionsleistungen mehr gewährleisten kann.

Die zunehmende Popularität begünstigt die Entwicklung von Standard-Lösungen für Marktplatz-Software. Viele Marktplatzbetreiber gehen noch mit Eigenkreationen auf den Markt, die zum Teil nur die Basisfunktionen erfüllen. Inzwischen haben Software-Häuser wie CommerceOne, Ariba, i2 und SAP, um nur einige zu nennen, den Bedarf erkannt und reagiert. Marktplatz-Software sollte Suchfunktionen, Logistik, Finanzdienstleistungen, Personalisierungs- und Katalogsfunktionen unterstützen und idealerweise in Back-End-Prozesse integriert sein. Es muss möglich sein, Benutzer zu identifizieren und Daten abzugleichen, was entsprechende Schnittstellen erfordert.

Die künftige Entwicklung der Marktplätze

Virtuelle Marktplätze entstehen in einem rasanten Tempo. Ende 1999 gab es in Deutschland 34 elektronische Handelsplätze; im Sommer 2000 waren es bereits 133 – und jede Woche eröffneten im Schnitt zwei neue Plattformen ihre Pforten. Aber: Zur gleichen Zeit entfielen fast 90 Prozent des Handelsvolumens von monatlich 30 Millionen Mark auf nur ein Viertel der beteiligten Anbieter. Berlecon Research erwartet bis zum Jahr 2004 ein Potenzial für bis zu 720 vertikale Marktplätze in Deutschland. Die Unternehmensberatung Mummert + Partner hat gemeinsam mit dem Lehrstuhl für Electronic Business der Johann Wolfgang Goethe-Universität Frankfurt das B2B-Umsatzpotenzial in Europa für 2001 auf 159 Millionen Dollar geschätzt.

Auch die Marktforscher von Forrester Research haben sich mit der Thematik befasst und prognostizieren, dass bis 2005 sechs Prozent des B2B-Handels online abgewickelt werden. Forrester hat auch die Gründe der beteiligten Unternehmen untersucht. Als Motivation für virtuelle Käufe nannten die befragten Unternehmen:

- Reduzierung von Kosten
- Verbesserungen von Prozessen
- Druck des Marktes
- verbesserten Service

Die Gründe der Verkäufer sind:

- Erschließung neuer Märkte
- Reduzierung von Kosten
- Druck des Marktes
- verbesserter Service

Forrester Research erwartet für den Markt der Marktplätze allerdings auch ein Fressen-und-gefressen-Werden. In den nächsten zwei Jahren dürften nach den Prognosen schätzungsweise über 1.000 elektronische Handelsmärkte entstehen – aber nur 50 davon werden auf lange Sicht überleben. Schnelles Wachstum wird ein entscheidendes Kriterium im Kampf ums Überleben sein. Die Anzahl der Besucher und die der Transaktionen entscheiden über den Erfolg. Vertikale Expansion wird nötig sein, um die komplette Wertschöpfungskette ausnutzen zu können. Die Eroberung ausländischer Märkte stellt einen weiteren Erfolgsfaktor dar, um mit grenzübergreifendem Handel das Volumen weiter ausdehnen zu können.

In einer anderen Studie der Marktforscher heißt es, dass fünf Industriezweige im B2B-Handel bis 2003 dominieren werden: Computertechnik und Elektronik (395 Milliarden Dollar), Automobil (213 Milliarden Dollar), Erdöl (178 Milliarden Dollar), Energieversorger (170 Milliarden Dollar) und Papier- und Bürobedarf (65 Milliarden Dollar). Vier dieser Branchen stammen aus der Old Economy, die gerade im Bereich Einkauf – dem beherrschenden Thema der Marktplätze – entscheidende Erfahrungsvorteile aufweisen kann.

Evolution der elektronischen Marktplätze

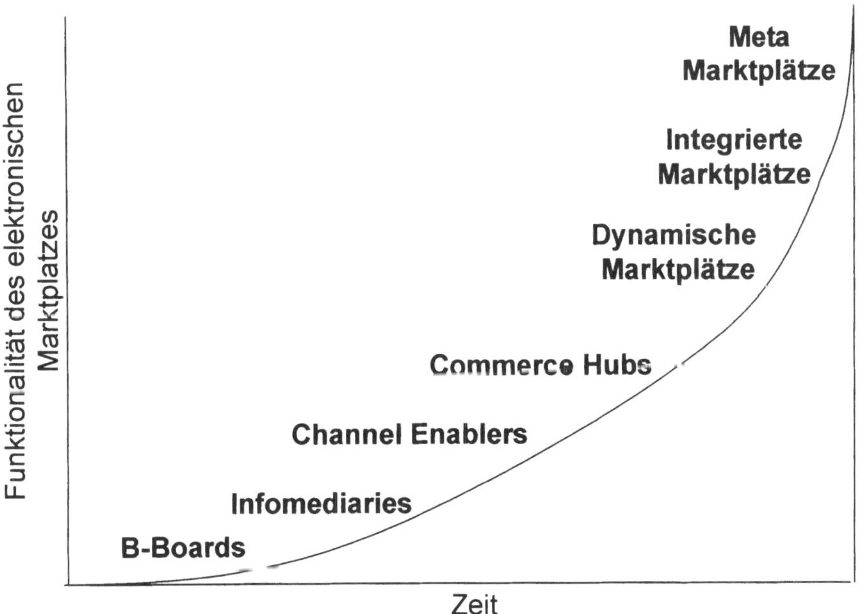

Abb. 5. Die Entwicklung geht zu weltweit miteinander vernetzten elektronischen Marktplätzen.

Die Vernetzung von Marktplätzen, notwendig zur Kommunikation international agierender Unternehmen, unterstützt zukünftig die Globalisierung der Geschäftsprozesse in den beteiligten Firmen (Abb. 5). So findet derzeit im Bereich E-Procurement in vielen Ländern der Aufbau regionaler Marktplätze statt. Horizontale Marktplätze werden bevorzugt in den jeweiligen Regionen durch die Telekommunikationsunternehmen betrieben. Ähnlich wie heute bei den klassischen Kommunikationsdienstleistungen (z.B. Telefon-Services), die weltweit durch Global-Roaming-Abkommen zwischen den Netzbetreibern realisiert werden, ist mittelfristig die Bereitstellung vernetzter Marktplätze in einem globalen Handelsnetz zu erwarten. Dadurch können Lieferanten eines regionalen Marktplatzes mit Hilfe dieser Vernetzung ihre Kataloge und Dienstleistungen weltweit potenziellen Kunden anbieten. Die regionalen Aufgaben – zum Beispiel bezüglich Gesetzgebung, Exportkontrollen, Besteuerung, Zahlungsmodalitäten – werden dabei durch die Marktplatzbetreiber vor Ort übernommen. Auf lange Sicht werden sich allerdings nur die Marktplätze durchsetzen, die durchdachte Strategien verfolgen: Sie müssen konkrete Zielsetzungen haben und die technischen Voraussetzungen für Kommunikation, Transaktion, Integration und Sicherheit erfüllen.

Praxisbeispiel: UP2GATE – Lösungsplattform für den schnellen Aufbau von Internet-Portalen

Thomas Weiser
UP2GATE GmbH, Stuttgart, General Manager, Sales & Business Development

Jürgen Loos
UP2GATE GmbH, München, General Manager, Content

Innerhalb von Siemens Business Services (SBS) ist der Geschäftsbereich Industrie (GB I) für das Marktsegment „Industrie und Handel" zuständig und konnte sich in den Neunzigerjahren als der führende Anbieter von R/3-Dienstleistungen im deutschen Markt durchsetzen. Mitte 1998 sah das Management von GB I die Gefahr, dass sich die Nachfrage nach R/3-Dienstleistungen im Laufe des Jahres 1999 abschwächen würde, um in den darauf folgenden Jahren auf einem niedrigeren Niveau zu stagnieren. Zudem zeichnete sich, aus den USA kommend, ein neuer Trend ab: Electronic Business.

Diese Entwicklung – so die damalige Prognose – würde die Unternehmen über alle Branchen und Industriezweige hinweg vor neue Aufgabenstellungen und Problemsituationen stellen, die nur mit einem veränderten Beratungs- und Lösungsportfolio zu lösen sind. Dieses müsse auch der Situation gerecht werden, dass viele – vor allem mittelständische – Unternehmen mit einer für sie richtigen Einschätzung dieser stürmischen Entwicklung überfordert sind. Welche Auswirkungen E-Business auf die Firmen haben würde, so eine Überlegung, sei am besten dort in Erfahrung zu bringen, wo der neue Trend entstanden ist: in den USA.

Das Management von GB I nutzte das internationale Management-Ausbildungsprogramm „Change Agent", um frühzeitig Informationen, Ideen und Erfahrungen über die Möglichkeiten und Auswirkungen von E-Business auf die Unternehmen zu sammeln und strategische Entscheidungen für das zukünftige Beratungs- und Lösungsgeschäft daraus abzuleiten. Am renommierten Massachusetts Institute of Technology (M.I.T.) in Boston und an der Stanford University wurden deshalb gemeinsam mit Professoren und Studenten Zukunftsszenarien und Visionen entwickelt und auf ihre Umsetzbarkeit im europäischen Markt geprüft. Als ein äußerst interessantes Zukunftsszenario erwies sich dabei „E-Engineer", die Idee eines Internet-Portals, über das Unternehmen Zugriff auf das Dienstleistungs- und Lösungsspektrum der Siemens AG erhalten können.

„E-Engineer" wurde im Juli 1999 als Projekt innerhalb der GB I gestartet. Um zum Ausdruck zu bringen, dass es sich dabei um ein den Geschäftsbereich übergreifendes Vorhaben handelt, wurde dafür im August 1999 dann der Arbeitstitel „IC-Business" gewählt. Unter dem Namen „Online Business Portal" erfolgte schließlich eine Präsentation der ersten Version dieses Portals auf der CeBIT 2000 in Hannover. Im Zuge der Ausgründung aus der Siemens AG in ein eigenständiges Unternehmen entwarf eine Spezialagentur einen eigenen Unternehmensnamen, der die wesentlichen Ziele der neuen Start-up-Firma in sich trägt: Der kreierte Namen UP2GATE hat einen starken Aufforderungscharakter und steht für Aufbruch, Gemeinschaft und versinnbildlicht mit dem Begriff „gate" den Übergang in eine neue Welt – das E-Business.

SBS-Ausgründung UP2GATE mit neuem Geschäftsmodell

Der Beschluss zur Ausgründung von UP2GATE als eine eigenständige GmbH wurde vom Zentralvorstand der Siemens AG im Juli 2000 getroffen. Diese Entscheidung beruhte im Wesentlichen auf folgenden Überlegungen:

- Externe Unternehmen, die durch ihren geschäftlichen Beitrag einen Mehrwert zum Portfolio von UP2GATE liefern und damit weiteres Wachstum ermöglichen, können sich leichter unternehmerisch beteiligen, wenn es sich um eine eigenständige Firma handelt.
- Als selbstständiges Unternehmen ist UP2GATE zudem in der Lage, mit Hilfe flexibler Arbeitszeitmodelle, maßgeschneiderten Kompensationsmodellen und nicht zuletzt durch die Fantasie einer Wachstumsstrategie und eines Börsengangs, leichter kompetente Fachkräfte zu rekrutieren und langfristig zu binden.
- Kurze Entscheidungswege ermöglichen es UP2GATE schnell auf die sich ändernden Anforderungen des Marktes zu reagieren. Durch den möglichen Zugriff auf ergänzende Ressourcen der Muttergesellschaft und eines schnell wachsenden Partnernetzwerkes entsteht ein schlagkräftiger Anbieter im E-Business-Markt.

Von Seiten des Zentralvorstands der Siemens AG wurde festgelegt, dass UP2GATE in der ersten Stufe eine 100%ige Tochtergesellschaft von SBS sein soll und sich in den weiteren Finanzierungsstufen externe Kapitalgeber an UP2GATE beteiligen. Auf längere Sicht strebt die Siemens AG eine Mehrheitsbeteiligung von 51 Prozent an dem Unternehmen an. Zum Zeitpunkt der Ausgründung zählte die UP2GATE GmbH 15 Mitarbeiter, deren Zahl aber rasch steigen soll.

Mit der Benennung in UP2GATE änderte sich nicht alleine der Name des Projektes, sondern dieser bringt auch die Erweiterung des ursprünglichen Konzepts zum Ausdruck. Denn bei dem neuen Unternehmen steht nicht mehr allein das Dienstleistungs- und Lösungsspektrum der Siemens AG im Mittelpunkt, sondern in Weiterentwicklung des Geschäftsmodells geht es nun um die Integration von Best-in-Class-Technologie und -Services, die Einbeziehung von Inhalten Dritter (Content-Providing), dem Angebot vordefinierter Lösungsbausteine sowie ein risiko-/erfolgsorientiertes Vergütungsmodell, dass die Investitionsrisiken der Portal-Partner begrenzt.

Professionelle Internet-Strategie erfordert neue Lösungen

Waren Unternehmen in den vergangenen Jahren schwerpunktmäßig auf die reine Internet-Präsenz und teilweise auf die Implementierung von Shop-Systemen konzentriert, steht nun die nächste Generation von Internet-Auftritten bevor, nämlich der Aufbau von Portalen und virtuellen Marktplätzen. Untersuchungen zeigen, dass die Reduktion von Transaktionskosten, Prozessoptimierungen, Ausweitung der Marktdurchdringung und erhöhte Kundenbindung die wichtigsten Zielsetzungen sind, die hinter diesen Lösungen stehen. Das Verhältnis des Unternehmens zu seinen Kunden soll durch die Internet-Präsenz intensiver und enger gestaltet werden. Dazu ist es notwendig, den Web-Auftritt zu mehr als lediglich der Vorstellung von Produkten oder Dienstleistungen zu nutzen. Die Verbesserung des Service und der Kommunikation mit den Kunden gehören ebenso zu den neuen Zielen einer professionellen Internet-Strategie wie die Abbildung komplexer Bestell-, Rechnungs- und Logistikprozesse.

Diese Veränderungen in den strategischen Anforderungen haben sich auch in der Positionierung von Internet-Portalen niedergeschlagen. So boten die ersten Portale dem Nutzer Suchmöglichkeiten und Navigationshilfen, um Informationen schneller zu finden und zu verarbeiten. Heute sind Portale mehr als nur „Wegweiser" oder „Auskunftsstellen", sie bieten dem Nutzer ein weites Spektrum an Services und Nutzen. Die Kernfunktionalitäten moderner Portale sind Suchfunktionen, Content-Managementsysteme mit komfortablen Redaktionssystemen zum Einpflegen von Informationen und Nachrichten, Kommunikationsmöglichkeiten, die Anbindung von Online-Shops und elektronischer Produktkataloge mit Editoren zur Pflege der Produktdaten über das Internet. Zusätzlich bieten moderne Portale durch die Bereitstellung von Adaptern zur technischen Integration von Enterprise Resource Planing-Systemen (ERP) den Kunden zusätzliche Möglichkeiten zur Erschließung von Einsparpotenzialen und zur Prozessautomatisierung.

Bei dem Angebot von UP2GATE handelt es sich nicht um ein Softwareprodukt, sondern um eine Lösungsplattform, mit der alle gängigen und bisher aufgeführten Funktionen eines Portals bereitgestellt werden können. Eine flexible, mandantenfähige Architektur ermöglicht die kostengünstige, schnelle und freie Gestaltung (eigene URL-Adresse, Mail-Adresse, Corporate Identity) sowie den Betrieb von Portalen und Substrukturen innerhalb eines Hauptportals (Portals-in-Portal-Konzept). Auf der Basis der modularen Lösungsplattform up2gate.com können je nach Unternehmensziel und Zielgruppe maßgeschneiderte Portal-Lösungen entwickelt werden.

Diese Plattform bietet Firmen die Möglichkeit, in einem bereits bestehenden Gesamtportal ein eigenes Portal – als Informations- und Handelsplattform – mit spezifischen Ausprägungen aufzubauen und eigenverantwortlich unternehmerisch zu betreiben. Den Portal-Partnern wird von UP2GATE im Rahmen des Portals-in-Portal-Konzepts für den Aufbau des eigenen Portals ein vorbereitetes und definiertes Rahmenwerk (z.B. Vorlagen und Funktionsbausteine) zur Verfügung gestellt. Die Portal-Partner können sich mit diesem Lösungsangebot auf die Front-End-Prozesse wie Vertrieb und Marketing konzentrieren und gewinnen so an Geschwindigkeit in der Phase der Realisierung. Die Back-End-Prozesse wie technischer Betrieb, Customer Call Center oder die Integration neuer Standardtechnologien übernimmt ebenfalls UP2GATE als Dienstleister.

Portals-in-Portal-Konzept bietet vielfältige Vorteile für alle Beteiligten

Für den Portal-Partner bietet das UP2GATE-Konzept vielfältige Vorteile:

- Schnelligkeit beim Aufbau einer Portallösung
- Reduziertes Investitionsrisiko durch erfolgsorientiertes Gebührenmodell (Revenue Sharing)
- Fokus auf Kernkompetenzen (Vertrieb, Marketing, Content, ...)
- Geringerer Personalbedarf (Entwicklung und Betrieb)
- Zugriff auf bestehendes Partnernetzwerk (Akquisition, Implementierung)
- Geprüftes und bewährtes Konzept
- Nutzung externer Erfahrungen in Technologie, Prozess und Datenmodellierung
- Zugriff auf Funktionen, Templates und Cartridges (Gebührenmodell, Standard-Mitgliedsverträge, ...)
- Zugriff auf ergänzendes Lösungs- und Serviceangebot
- Ausbau von Bekanntheitsgrad/Image durch gemeinsame und abgestimmte Marketingkampagnen

Aber auch für die – wohl überwiegend mittelständischen – Anbieter auf diesen Portal-Seiten ist ein spürbarer Nutzen zu erwarten:

- Reduzierung von Transaktionskosten in Vertrieb und Einkauf
- Umsatzsteigerung
- Direktmarketing, höhere Werbewirkung
- Erhöhte Kundenbindung
- Zielgerichtete Information (Markt, Region, Segment, Kunde)
- Erschließung neuer Märkte
- Kundenzufriedenheit
- Erweiterung und Individualisierung des Serviceangebots
- Ausbau von Bekanntheitsgrad/Image

Schließlich haben auch die Endanwender einen Vorteil von der Nutzung des jeweiligen Portals:

- Prozessoptimierung
- Höhere Transparenz
- Effektive und personalisierte Nutzung von Informationen
- Geringere Datenmengen bei hohem Informationsgehalt
- Verringerter Arbeitsaufwand
- Persönliche Bindung
- Persönliche Arbeitshilfen und Mehrwertfunktionen

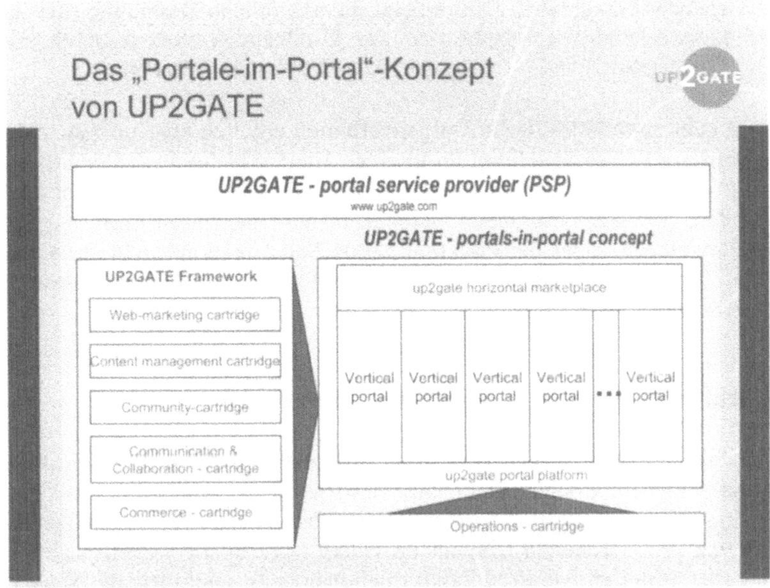

UP2GATE bietet den Portal-Partnern ein mehrstufiges Portalkonzept an, wobei damit zum Ausdruck gebracht werden soll, dass der gesamte Bestellprozess zwischen Lieferant, Großhandel und Handwerker/Industrie über das Portal abgewikkelt wird.

Lieferanten pflegen ihre Produktdaten im zentralen Produktkatalog von up2gate.com. Der Großhandel erhält, gesteuert über das Berechtigungskonzept, eine individuelle Sicht (Preise, Produktsortiment) auf das Warenangebot der Lieferanten. Der Bestellprozess wird im Falle einer Integration in das ERP-System der Lieferanten durch Preisfindung und Verfügbarkeitsprüfungen unterstützt. Parallel zur Bestellung über den zentralen Produktkatalog bietet UP2GATE die Bestellabwicklung über EDI (Electronic Data Interchange). Hierbei sind die Funktionen „Preisfindung" und „Verfügbarkeitsprüfung" ausgeschlossen. Der Status getätigter Bestellungen kann – bei entsprechender Integration der Lieferanten-Systeme – vom Händler überwacht werden. Bei Bedarf bietet UP2GATE den Link zu Internet-Seiten von Logistik-Unternehmen, um so auch den Status von Lieferungen mit Hilfe von Tracking-Systemen zu überwachen.

Großhändlern ermöglicht UP2GATE, ihr eigenes Sortiment in up2gate.com abzubilden. Mit komfortablen Selektionsmechanismen können Großhändler jene Produkte, für die sie eine Berechtigung haben, aus dem zentralen Produktkatalog in ihren eigenen Shop übernehmen. Den Kunden der Großhändler stehen unterschiedliche Suchfunktionalitäten (z.B. Herstellersuche, Volltext, Artikelnummer, Matchcode, ...) zur Verfügung. Nach erfolgter Selektion der gewünschten Produkte werden die Kunden – entsprechend ihrem Berechtigungsprofil – auf die

Seite ihres Großhändlers geführt. Dort erfolgt die eigentliche Bestellung, die im Falle einer entsprechenden Integration in das Großhändler-System durch die Funktionen „Preisfindung" und „Verfügbarkeitsprüfung" unterstützt wird.

Handwerker oder **mittelständische Industriefirmen** erhalten über up2gate.com die Möglichkeit zur Selbstdarstellung im Internet. Hierfür bietet diese Lösung die Funktionalität der „Gelben Seiten", in denen Unternehmen ihren Steckbrief hinterlegen können. Up2gate.com bietet darüber hinaus die Möglichkeit, eigene Shops selbst anzulegen. Über die Funktion „Shop Self Creation" steht ein komfortables Tool zum Aufbau eigener Online-Shops für Handwerker und kleinere Industrieunternehmen zur Verfügung.

Chancen und Risiken werden gemeinsam aufgeteilt

Der E-Commerce-Prozess kann innerhalb von up2gate.com durch die Bereitstellung von redaktionellem Content unterstützt werden, da ein professionelles Content Management System eingebunden wurde. Darüber lassen sich allgemeine Informationen von professionellen Content Providern (z.B. dpa, ...) ebenso an die Portal-Mitglieder verteilen wie Produktinformationen (z.B. multimediale Anwendungstipps, ...) und Brancheninformationen (z.B. Ratschläge Recht, ...). UP2GATE unterstützt die Portal-Partner und Anbieter bei der Nutzung der bereitgestellten Content-Management-Tools und der Gestaltung der hierfür notwendigen Prozesse von der Informationsbeschaffung über die Informationsaufbereitung bis hin zur Publikation der Informationen im Portal.

Wirtschaftliche Aktivitäten erfordern Interaktionen zwischen Unternehmen. UP2GATE fördert diese durch die Bereitstellung von Kommunikationstechnologien (z.B. E-Mail- und SMS-Dienste) und die Infrastruktur zur Bildung von Communities (virtuelle Gemeinschaften). Eingerichtet werden „Communities of Practice" (wie z.B. Projektgemeinschaften), in den betriebswirtschaftliche Prozesse zwischen den Teilnehmern abgebildet werden, und „Communities of Interest", die vor allem den Informationsaustausch zum Inhalt haben.

Die europäische Unternehmen werden nach Ansicht von führenden Analysten bis zum Jahre 2004 mehr als 25 Prozent ihrer Verkaufs- und Beschaffungsumsätze über elektronische Marktplätze und Portale abwickeln. Viele Unternehmen sehen sich deshalb zur Wahrung und Sicherung ihrer Marktposition dazu gezwungen, beim Aufbau von Portalen in ihrer spezifischen Marktnische selbst unternehmerisch aktiv zu werden. Als Folge dieser Entwicklung erwarten Analysten, dass in den nächsten Jahren etwa 10.000 vertikale Portale weltweit aufgebaut und betrieben werden. Das Potenzial für Europa beträgt dabei etwa 1.000 vertikale Portale, über die dann 900 Milliarden Euro Jahresumsätze im Business-to-Business-Bereich fließen sollen. Langfristig erwarten die Experten allerdings eine Konsolidierung im Markt der Portal-Anbieter. Glaubt man deren Prognosen, dann wird die Zukunft durch vertikale, themenspezifische Portale dominiert. Weltweit sollen danach auf der ersten Ebene noch 50 horizontale Mega-Portale existieren. Im Gegensatz hierzu steht die Entwicklung auf der zweiten Ebene – bei den vertikalen Portalen. Hier erwarten die Experten, dass sich in Zukunft etwa 2000 vertikale

Portale halten werden. Dies würde eine „Überlebensrate" von etwa 20 Prozent bedeuten.

Die wirtschaftlichen Aussichten für vertikale Portale sind zumindest für risikofreudige Unternehmer damit durchaus akzeptabel. Was allerdings die Entschlussfreudigkeit hemmt, sind die überaus hohen Einstiegskosten in dieses neue Geschäftsmodell. Für den Aufbau von vertikalen Marktplätzen in ihren eigenen Marktsegmenten veranschlagen mittelständische Unternehmen – so das Ergebnis von Umfragen – Erstellungs- und Personalkosten in Höhe von mindestens 15 bis 20 Millionen DM über einen Zeitraum von zwei bis drei Jahren. Die hohen Einstiegskosten und die damit verbundenen hohen Investitionsrisiken behindern derzeit die Entschlussfreudigkeit von vielen eigentlich hervorragend positionierten Unternehmen: Firmen, die über ein breites Netzwerk von Kunden und hervorragende Partnerschaften zu Lieferanten verfügen und damit eine Grundvoraussetzung für ein erfolgreiches vertikales Portal in Händen halten: ein Netzwerk von wirtschaftlich verbundenen Unternehmen.

Vor diesem Hintergrund hat UP2GATE sein Business Modell entwickelt. Dabei standen folgende Prämissen im Vordergrund:

- Reduzierung des Investitionsrisikos für die Portal-Partner durch ein Vergütungsmodell, das im Kern auf einer Risiko-/Erfolgsteilung beruht
- Reduzierung des Personalbedarfs auf Seiten des Portal-Partners durch Übernahme von Funktionen und Services
- Reduzierung des Kosten- und Zeitaufwands durch konsequente Wiederverwendung von Funktionsbausteinen und Vorlagen
- Die Nutzung eines vorhandenen Frameworks und die arbeitsteilige Zusammenarbeit mit UP2GATE eröffnet dem Portal-Partner einen schnellen und sicheren Weg ins E-Business.

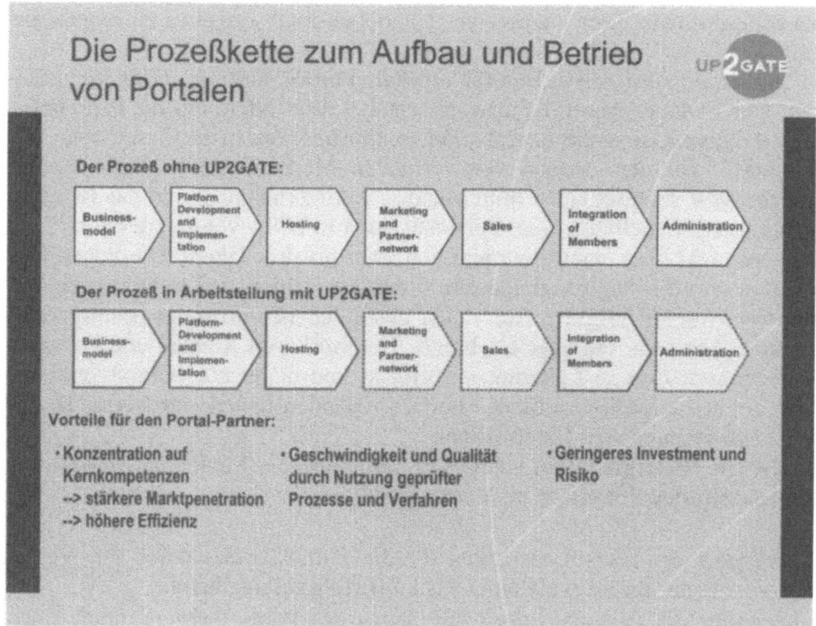

Die Reduzierung des Investitionsrisikos für die Portal-Partner bietet UP2GATE dadurch, dass die wesentlichen Einnahmequellen auf variablen Vergütungsarten (Transaktionsvergütung, Kommunikationsrate, Werbeeinnahmen) beruhen. Je erfolgreicher das Partner-Portal ist, umso höher sind die Erlöse für UP2GATE. Ist die Plattform nicht erfolgreich, so wirkt sich das in geringeren Einnahmen für UP2GATE aus. Da die Einnahmen von UP2GATE gleichzeitig die Kosten des Portal-Partners sind, bietet dieses Vergütungsmodell einen gewissen Risikoausgleich. Durch die Verknüpfung des Risikos und des Erfolgs zwischen UP2GATE und dem Portal-Partner werden die unternehmerischen Zielsetzungen beider Unternehmen aufeinander ausgerichtet und eine Partnerschaft gefördert.

79 Prozent der Kosten beim Aufbau eines Portals sind laut Gartner Group Personalaufwendungen. Um diesen Kostenanteil zu senken, bietet UP2GATE im Rahmen des Vergütungsmodells neben der reinen Lösungsplattform ergänzende Services wie den Betrieb des Portals und Call-Center-Strukturen an. Durch die Wiederverwendung von Funktionsbausteinen aus der Lösungsplattform werden Synergieeffekte an die Portal-Partner weitergegeben. Dies macht sich in deutlich geringeren Kosten und einer höheren Realisierungsgeschwindigkeit bemerkbar. Das Gebührenmodell von UP2GATE ist dabei diversifiziert: Es besteht aus einer Kombination aus fixen Gebühren (Aufschaltgebühren, Mitgliedsgebühren) und variablen Gebühren (Transaktionsgebühren), die UP2GATE den Portal-Partnern und deren Mitgliedern (nutzungsabhängige Gebühren) im Portal berechnet. UP2GATE stellt das eigene Gebührenmodell auch seinen Portal-Partnern für die Verwendung im vertikalen Portal zur Verfügung. So können diese auch hier auf Erfahrungen und ein flexibles Einnahmemodell zurückgreifen.

Praxisbeispiel: Rheinische Post – Verlage steigen in den E-Commerce ein

Hans-Dieter Baumgart
Geschäftsführer und Verlagsdirektor
Rheinisch-Bergische Verlagsgesellschaft mbH, Düsseldorf

Auch die etablierten Zeitungs- und Zeitschriftenverlage haben längst erkannt, dass der Internetboom Risiken wie Chancen für ihr Geschäft bedeutet. Schon frühzeitig haben sie deshalb ihre ersten Websites ins Netz gestellt. Oft nur aus Imagegründen oder zur Kundenbindung. Doch damit ließ und lässt sich bis auf wenige spezialisierte Ausnahmen kein Geschäft machen. Auch die Rheinische Post, größte Tageszeitung in Düsseldorf und Umgebung, hat schon 1996 ihr erstes Angebot mit rein redaktionellem Inhalt präsentiert. Damals noch in dem Glauben, mit Informationen allein gewinnen zu können. Ein Irrtum, wie sich herausgestellt hat. Dennoch: Immer wieder ging es bei den Planungen für die Zukunft eines solchen Traditionsunternehmens auch um die Frage, wie sich neue Räume und Geschäftsfelder besetzen lassen. Weg von der Monokultur der regionalen Zeitung   hin zu einem weiteren elektronischen Standbein, hieß die Devise. Heute, nur vier Jahre später, betreibt die Rheinische Post gemeinsam mit anderen Kooperationspartnern vertikale Webportale für ausgesuchte Branchen. Der klassische Zeitungsverlag hat E-Commerce zum ureigenen Geschäft gemacht.

Mit einer Auflage von 400.000 Exemplaren hat die Rheinische Post in ihrem Einzugsgebiet, Düsseldorf, dem Bergischen Land und dem Niederrhein eine marktbeherrschende Stellung. 30 Lokalausgaben und Beteiligungen an anderen Zeitungen in Deutschland, Tschechien und Polen stehen für eine Erfolgsgeschichte als Printmedium. Dennoch war auch der Weg für ein solch erfolgreiches Unternehmen hin zum elektronischen Business nicht geradlinig. Viele Ideen und Möglichkeiten wurden geprüft. Dazu gehörten klassische Agenturleistungen, wie die Gestaltung von Websites für Unternehmen. Oder das für den Düsseldorfer Raum erfolgreiche Providergeschäft, das immerhin zu Platz zwei hinter T-Online führte. Auch an zwei TV-Anbietern, Hamburg 1 und GIGA TV, besitzt der Verlag gemeinsam mit anderen Medienunternehmen Beteiligungen (Abb. 1). Schließlich kam mit RP-Online ein Online-Dienst für die Region als eigenständiges Unternehmen dazu.

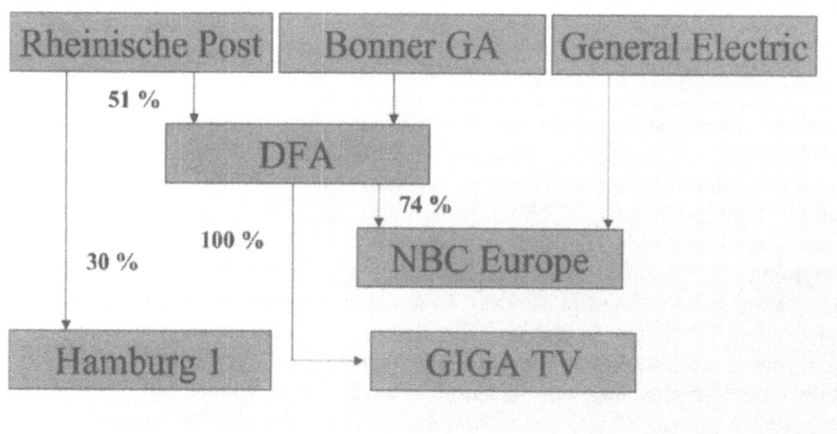

Abb. 1. Die Rheinische Post ist an zwei Fernsehanbietern beteiligt.

Mehr als nur ein elektronisches Pendant zum Printprodukt

RP-Online kann heute auf über acht Millionen Page Impressions monatlich verweisen und rangiert damit auf einem Spitzenplatz unter den Online-Angeboten deutscher Tageszeitungen. Immerhin rund 40 Prozent der Zugriffe kommen sogar von außerhalb des eigentlichen Verbreitungsgebiets der Printausgabe. Dafür sorgt die ständig aktualisierte Berichterstattung nicht nur über Lokales, sondern auch über Weltpolitisches, Finanzen und Sport – hier sogar mit einem Live-Ticker (s. Abb. 2). Ergänzt wird das Angebot mit Themen wie Unterhaltung, Einkaufen und Lifestyle, die eine eigenständige Redaktion, völlig unabhängig vom Print-Produkt, recherchiert und schreibt. Neben RP-Online ist ein zweites Produkt entstanden: Duesseldorf-Today. Hierbei handelt es sich um ein Portal für Düsseldorf und Umgebung, in dem Einheimische, Touristen und Geschäftsleute gleichermaßen ständig aktualisierte Veranstaltungskalender, Restaurantführer und weitere nützliche Informationen über Düsseldorf und seine Umgebung finden. Dieses Portal wird zurzeit auf andere Städte am Niederrhein übertragen.

Der Auftritt von RP-Online und Duesseldorf-Today wird ergänzt von Anzeigen etwa aus dem Kraftfahrzeug- und Immobilienbereich.

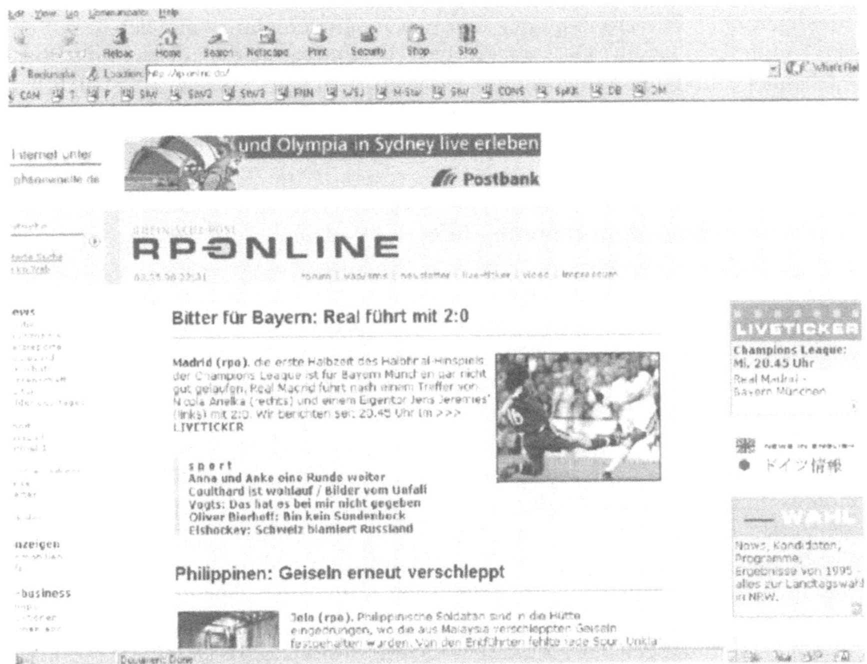

Abb. 2. RP-Online informiert stets aktuell über News aus der ganzen Welt.

Damit hat sich der Verlag an ein besonders schwieriges Geschäft gewagt: rubrizierte Anzeigen. Nirgendwo entwickelt sich durch das Internet für die Zeitungen eine größere Konkurrenz und sind deutlichere Einbrüche zu spüren, als gerade bei den Rubriken. Deshalb hieß die Devise zunächst auch, Teile der Print-Anzeigen ins Netz zu stellen. Hier sorgten Shopping-Malls mit regionalen Anbietern zunächst für das notwendige regionale Umfeld. Ein Versuch, der nur in Maßen erfolgreich war. Doch er hat die richtige Richtung gewiesen. Für den Verlag stellte sich die Frage, ob aus dem anfänglichen Versuch ein ernsthaftes Geschäft werden könnte. Aussteigen oder investieren? Die Rheinische Post hat sich für Investieren entschieden und hat damit einen Paradigmenwechsel vollzogen. Was noch 1995 als „Hobby" begann, hieß 1996 „Zeitung im Netz". 1997 brachten zum ersten Mal elektronische Dienstleistungen Erlöse ein, und 1999 war die „kritische Masse" erreicht. Kosten von fünf Millionen Mark standen Erlöse von vier Millionen Mark gegenüber.

Im Jahr 2000 fiel er dann endlich, der wirkliche Startschuss in den E-Commerce. Das erforderte auch die Definition neuer Erfolgsfaktoren, denn neue Prozesse brauchen ein völlig neues Denken. Nirgendwo gilt der Satz mehr als im Web: „Die Schnellen schlagen die Langsamen." Genauso wie: „Gemeinsam mit starken Partnern lassen sich wichtige Geschäftsvorteile gewinnen." Damit lag der Gedanke an eine horizontale Kooperation sehr nahe.

Zurzeit sehen sich alle Zeitungsverlage vor den gleichen Fragen: Wollen sie einer Entwicklung nachlaufen oder sie mitbestimmen? Wollen sie Marktanteile verteidigen und neue erobern oder sich von Jungunternehmen aus der New Economy verdrängen lassen? Dass ein erfolgreiches Internet-Geschäft nicht innerhalb bestehender Strukturen aufgebaut werden kann, weil neue Prozess- und Qualifikationsanforderungen gestellt werden müssen, ist eine Tatsache und wurde durch die erfolgreiche Auslagerung von RP-Online eindrucksvoll unterstrichen.

Ein starker Verbund und seine Ziele

So gab es über ein Jahr lang intensive Bemühungen, eine andere Struktur für ein erfolgreiches neues Unternehmen zu etablieren. Entstanden ist dabei ein Verbund von 12 deutschen Verlagsgruppen mit insgesamt rund 40 Zeitungen. Zu diesem Verbund, der unter dem Namen InternetServiceMarketing.AG (ISM AG) firmiert und in Düsseldorf angesiedelt ist, gehören neben der Rheinischen Post die Ads & News AG & Ko. KG, der Axel Springer Verlag, die Zeitungsgruppe Ippen, die Medienunion Ludwigshafen, die Kölner Zeitungsgruppe DuMont Schauberg, die Zeitungsgruppe WAZ, die Stuttgarter Zeitung, die Madsack-Gruppe, der Süddeutsche Verlag, die Frankfurter Rundschau und die Holtzbrinck-Gruppe. Alle Regionalzeitungen dieser Verlage werden in Zukunft ihre Rubrikenanzeigen in einem gemeinsamen Internetauftritt veröffentlichen. Um diese Anzeigen herum aber wird ein Umfeld geschaffen, das ein großes Dienstleistungsangebot für bestimmte Kunden enthält und den Weg zu ausgewählten Informationen bietet – Webportale für die Rubrikenmärkte Immobilien, Kraftfahrzeuge und Stellen.

Damit stellt sich dieser Verbund genau jenen Herausforderungen, die der Bereich Media Publishing Industries der Diebold Digital Deutschland GmbH in seiner Studie „Wie sich Verlage auf die Online-Herausforderung strategisch ausrichten müssen" beschreibt. Dort heißt es: „Publishing im Internet wird sich zunehmend in einem Netzwerk aus kooperierenden Verlags- und sonstigen Technologie-, Service-, und Medienunternehmen abspielen. Verlagen kommt dabei eine Schlüsselrolle bei der Inhaltsaggregation und dem Partnermanagement zu."

Fünf strategische Empfehlungen sprechen die Verfasser der Diebold-Studie aus:

1. Verlage müssen die Informations-, Interaktions- und Transaktionsbedürfnisse ihrer Zielgruppen in den entsprechenden Online-Angeboten zusammenführen, um attraktiv zu sein.
2. Verlage müssen ihr bisheriges, primär journalistisches, kulturelles beziehungsweise erzieherisches Selbstverständnis als Broker von Informationen und Dienstleistungen ersetzen.
3. Verlage müssen dem Umstand Rechnung tragen, dass das Internet den Publikationszyklus und somit die Grenzen zwischen den einzelnen (Print)-Medien nivelliert.
4. Verlage müssen, unabhängig von ihrer gegenwärtigen Positionierung im Online-Business, ihre bisherigen Wertschöpfungsketten durch neue substituieren.
5. Verlage müssen sich mit Service-, Technologie- und Medienpartnern vernetzen, um eine Chance auf eine dauerhafte Etablierung im Internet zu haben. Online-Verlagsauftritte ohne Kooperationspartner sind zum Scheitern verurteilt.

Die Zukunft gehört den Web-Portalen

Laut Diebold-Studie werden Verlage im Internet mit vier verschiedenen Business-Modellen aktiv werden. Sie können:

- Inhalte, Datenbanken, Abonnements oder Push-Dienste anbieten,
- Plattformen mit virtuellen Marktplätzen, Messen und Auktionen betreiben,
- Internet-Services wie Homepage-Hosting oder Providing offerieren oder
- Werbeflächen zur Verfügung stellen.

Ein weiteres Modell ist der Bau von vertikalen Portalen, der das Kerngeschäft der ISM AG sein wird. In Planung sind solche Einstiegspunkte ins Netz für die Kfz-Branche und für den Personalbereich. Beide werden in Zusammenarbeit mit externen Kooperationspartnern entstehen. Vorreiter aber wird das soeben fertig gestellte Immobilienportal sein. Auch hier wird Dienstleistung unter anderem durch das Expertenwissen anderer garantiert. Geht es um das Thema Baufinanzierung, sind das zum Beispiel Angebote von Banken. Geht es um das Thema Heimwerken, dann sind Know-how und Angebote von Baumärkten gefragt. Damit eröffnet sich auch für die beteiligten Unternehmen auf lange Sicht die Möglichkeit, über das Web Erlöse zu erzielen (Abb. 3).

Nicht durch reine Anzeigen, wie beim klassischen Printprodukt; denn die eigentlichen Umsätze können nur im Umfeld der Anzeigen als Transaktionserlöse erzielt werden. Ein denkbares Modell wäre zum Beispiel, dass der Werbeträger immer dann profitiert, wenn ein Nutzer durch die bereitgestellten Informationen einen Vertrag abschließt oder etwas kauft. Hier wird ganz klar die Zukunft liegen. Vorerst aber werden die Verlage investieren müssen. Jede der beteiligten Verlagsgruppen wird etwa 10 Millionen Mark für das Projekt ausgeben; insgesamt sind etwa 120 Millionen Mark an Investitions- und Personalkosten vorgesehen.

Dennoch: Der Erfolg dieses Modells wird sich zeigen, denn das Web wird immer unübersichtlicher. Portale erfüllen hier die Funktion eines ganz gezielten Einstiegspunktes, der dem Suchenden das Leben erleichtert. Die von ISM gebauten Portale werden aber nicht nur Informationen zu bestimmten Themen liefern, sondern sie bieten auch dem Nutzer einen ungemein wichtigen Content in Form von Anzeigen. Damit vereinen sie das Know-how des Informationsbrokers, die Kernkompetenz im Anzeigengeschäft und die große Akzeptanz einer regionalen Zeitung mit den Möglichkeiten eines elektronischen Mediums. Und durch den außerordentlichen Umfang dieses Contents, den alle zwölf angeschlossenen Verlage liefern, wird ein Nutzwert geschaffen, der einen großen Wettbewerbsvorteil gegenüber anderen vertikalen Portalen bietet. Der Schritt in den E-Commerce als wirklich neues Geschäftsfeld für die klassischen Zeitungsverlage ist getan. Umsatz wird mit und über das Internet erzielt, ein erster Schritt in die Zukunft. Und die wird durch die Konvergenz der Medien ebenso bestimmt sein wie durch die Integration externer Partner in das eigene Geschäft.

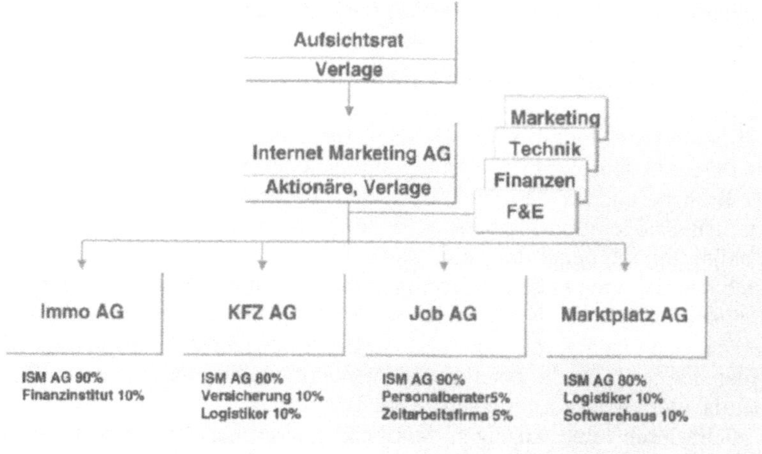

Abb. 3. Die Struktur der ISM AG

Praxisbeispiel: VIP AG – Der virtuelle Einkaufs-Verbund bringt allen Seiten Gewinn

Uwe Enno Minolts
Virtuelle Industrie Partner AG, Ulm, Vorstand

Zwar steckt der Einkauf über das Internet derzeit auch im Business-to-Business-Bereich noch in den Kinderschuhen, doch sollen bereits im Jahr 2005 rund 30 Prozent des gesamten Beschaffungswesens über das World Wide Web abgewikkelt werden. Wurden im Jahr 2000 im Geschäftsfeld E-Business weltweit erst rund 50 Milliarden US-Dollar umgesetzt, wird bis zum Jahr 2003 eine Ausweitung des Umsatzvolumens auf mehr als eine Billion US-Dollar erwartet. Insbesondere die Bereiche E-Procurement, E-Shopping, E-Selling und E-Cooperation haben dabei eine sehr große Logistikrelevanz. Laut Untersuchungen der Technischen Universität Berlin und der Bundesvereinigung Logistik liegt – neben der Reduzierung der Einkaufspreise – der größte monetäre Nutzen von E-Business in der Optimierung der Beschaffungs- und Logistikprozesse sowie in der effizienteren Koordination sämtlicher Abläufe zwischen Verbrauchern und Lieferanten.

Der Einsatz von „Beschaffungsdienstleistern" – wie zum Beispiel die Virtuelle Industrie Partner AG (VIPAG) in Neu-Ulm – wird dabei in Zukunft eine große Rolle spielen. Ziel ist zum einen die deutliche Reduzierung der Beschaffungskosten, zum anderen die Erschließung neuer Märkte und Kunden insbesondere für kleinere Unternehmen. Der Schwerpunkt liegt derzeit primär auf den Branchen Fahrzeug- und Maschinenbau, Elektrotechnik/Elektronik, Land- und Forstwirtschaft sowie Hoch- und Tiefbau, doch ihr Ansatz lässt sich prinzipiell auf alle Branchen übertragen.

Internet-Handelsplattform für kleinere und mittlere Unternehmen

Die E-Commerce-Lösung der VIPAG ist eine Internet-Handelsplattform für kleine und mittelständische Unternehmen. Die beteiligten Firmen können sich darauf zu einem virtuellen Partnernetz zusammenschließen, um Fertig- und Halbfertigprodukte, Dienstleistungen, Kapazitäten sowie Betriebs- und Betriebshilfsstoffe anzubieten und nachzufragen. Darüber hinaus besteht für die Partner die Möglichkeit, ihre eigenen Waren und Dienstleistungen in Form elektronischer Kataloge über das VIPAG-System zum Verkauf anzubieten. Käufer dieser Katalogwaren können sowohl Partner der VIPAG als auch beliebige Endkunden aus dem Geschäfts- und Privatbereich sein.

Für die gehandelten Waren und Dienstleistungen bietet die VIPAG ihren Partnern die Abwicklung der Rechnungsstellung und der Transportaufträge bis hin zur Überwachung des Liefertermins an. Deren Mehrwert besteht darin, dass sich auf der Plattform viele Lieferanten und Käufer zusammenfinden und der Markt so für alle Teilnehmer transparenter wird. Darüber hinaus profitieren die Partner von guten Konditionen für viele Waren, die über Rahmenverträge der VIPAG zentral eingekauft werden können. Im Gegensatz zu vielen anderen Internet-Handelsplattformen für die Industrie setzt sich die VIPAG selbst aktiv dafür ein, dass sich für benötigte Waren auch ein Lieferant findet und der Handel von der Auftragserteilung über die Lieferung bis hin zur Bezahlung der Ware durch den Käufer korrekt abgewickelt wird.

Die beteiligten Unternehmen behalten dabei ihre Selbstständigkeit und können auch frei ihre Produkte und Leistungen individuell gestalten. Der virtuelle Verbund ermöglicht die Konzentration der Kernkompetenzen aller Partner zu einer marktgerechten leistungsfähigen Einheit. Kapazitätsbeschränkungen des Einzelunternehmers werden aufgehoben, höhere Auslastungen erreicht. Der Verbund ist zudem durch die Bündelung der Nachfrage auch wesentlich wettbewerbsfähiger. Die Virtuelle Industrie Partner AG versteht sich dabei als neutraler Vermittler zwischen Endproduktherstellern und Zulieferunternehmen. Ihre Dienstleistungen für die beteiligten Partner umfassen sämtliche Geschäftsprozesse – von der Angebots- und Auftragsabwicklung für Verbraucher und Lieferanten über Terminüberwachung, Disposition und Koordination von Versand und Logistikdienstleistungen bis hin zur Fakturierung.

Zudem bietet die VIPAG ihren Partnern unternehmensübergreifende Kapazitätsausgleiche in Form von Betriebsmitteln und Personal, den zentralen Einkauf von Roh-, Hilfs- und Betriebsstoffen sowie Investitions- und Konsumgütern, eine Börse für Gebrauchtmaschinen und -anlagen sowie Projektberatung, -koordination und -management. Auch die Einstellung von Ausschreibungen und Leistungsverzeichnissen nach VOB ermöglicht das System. Da öffentliche Ausschreibungen nach geltendem Recht europaweit zugänglich sein müssen, stellt das Internet als weltumspannendes Netz ein ideales Medium zur Koordinierung von Angebot und Nachfrage dar.

Chancen zur Eröffnung neuer Märkte und Auslastung von Kapazitäten

Die Virtuelle Industrie Partner AG basiert auf einem geschlossenen Partnerkonzept. Der Verbund ermöglicht den Beteiligten die Eröffnung neuer Märkte und Marktchancen, eine kontinuierliche, höhere Kapazitätsauslastung, Kosten- und Qualitätsvorteile durch schrittweise Konzentration auf Kernkompetenzen und die Anhebung des Organisationsniveaus durch Gestaltung des Geschäftsverkehrs mittels Electronic Business.

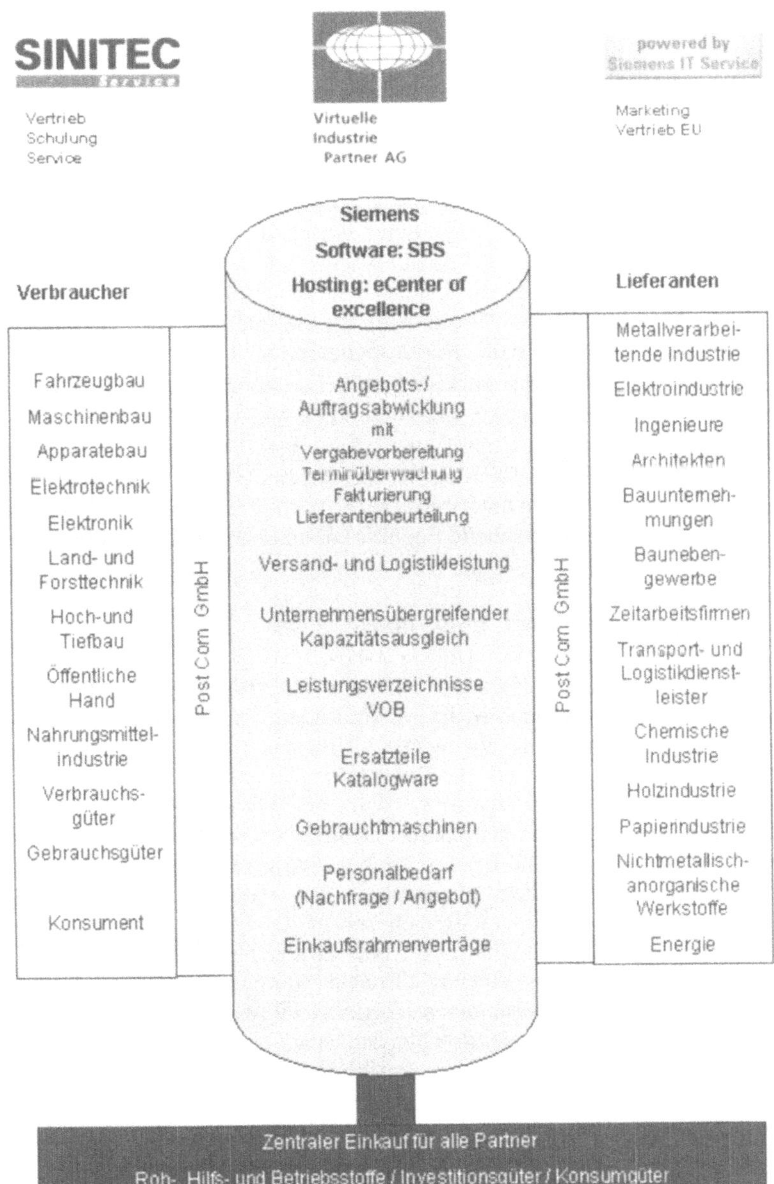

Abb. 1. Die Virtuelle Industrie Partner AG fungiert als neutraler Vermittler.

Das System der Internet-Handelsplattform funktioniert relativ einfach: Die Fertigungsunternehmen stellen ihren Bedarf – einschließlich Teilezeichnung und Spezifikationen – in das VIPAG-Netz ein. Dieser Bedarf kann manuell oder automatisch durch ein Warenwirtschaftssystem erzeugt und per Schnittstelle aus allen EDV-Systemen (z.B. SAP/R3) übernommen werden. In seiner Funktion als Broker filtert das VIPAG-System automatisch die besten Angebote heraus und legt sie dem nachfragenden Unternehmen vor. Wer als Anbieter nicht zum Zuge kommt, wird neutral über die ausgehandelten Konditionen umgehend informiert und kann so seine Kalkulation auf Basis der aktuellen Marktlage überarbeiten. Der gesamte Datenaustausch läuft rein elektronisch, papiergebundene Informationen gehören somit der Vergangenheit an. Die Vermittlung zwischen Angebot und Nachfrage ist jedoch nur ein Teilbereich des VIPAG-Leistungsspektrums. Darin enthalten ist außerdem die Terminverfolgung, die Online-Kontaktvermittlung von Transportkapazitäten, die Übermittlung des Versandauftrags via Internet sowie die automatische Rechnungsstellung, sobald die Waren angeliefert sind.

Nutznießer dieses Konzeptes sind beide Seiten. Es ermöglicht dem **Einkauf** einen erheblich besseren und breiteren Marktüberblick und vermittelt **Lieferanten**, speziell kleineren und mittleren Unternehmen, Kontakte, die sie aus eigener Kraft nie hätten knüpfen können. Sie werden darüber hinaus auch beraten und durch maßgeschneiderte Systempakete unterstützt. Mehr noch: Freie Kapazitäten können proaktiv im Netz angeboten, personelle Engpässe darüber abgefangen werden.

Einkäufer werden unterstützt, aber nicht ersetzt

Die VIPAG legt Wert darauf, dass die Einkäufer unterstützt, nicht aber ersetzt werden. Das Ziel der Industriebörse ist es, Entlastung in den Teilbereichen zu schaffen, die nicht routinemäßig abzuwickeln sind und hohen Administrationsaufwand nach sich ziehen. So stellt die Beschaffung kleiner Stückzahlen, individueller Teile oder die Behebung eigener Kapazitätsengpässe bislang für viele Einkaufsabteilungen einen zeit- und nervenraubenden Faktor dar. Mühsames Herumtelefonieren, Adressensuchen und Briefeschreiben sind gerade bei niedrigeren Bestellvolumina kaum kostendeckend abzuwickeln. Der Verbund bietet jedoch für das Bestellwesen gerade in diesem Bereich enorme Entlastung. Die Bestellung von Katalogteilen der Partnerfirmen via PC oder eine maßgeschneiderte VIPAG-Liste mit den Top-Angeboten zu einer bestimmten Anfrage sparen Zeit und Geld. Durch die von der VIPAG übernommene Terminverfolgung und -überwachung bleibt der Einkauf automatisch ständig über den Stand der Dinge informiert. Lästige und zeitraubende Telefonnachfragen werden auf ein Minimum reduziert.

Das Beschaffungswesen kann sich deshalb voll seiner Kernkompetenz widmen und wird durch überflüssige Nebentätigkeiten nicht länger zusätzlich belastet. Dies ist vor allem bei C-Teilen[1] interessant. Darüber hinaus profitiert das Bestellwesen durch eine Art Qualitätsgarantie, die die VIPAG anhand von Leistungsbeurteilungen der Zulieferer abgibt. Wer auf Dauer nicht den Anforderungen entspricht, wird vom System ausgeschlossen. Ein weiterer Vorteil ist: Durch die Einkaufsrahmenverträge, die die VIPAG speziell für Roh-, Hilfs- und Betriebsstoffe (RHB), aber auch für Investitions- und Konsumgüter aushandelt, profitieren von den erzielten Preisnachlässen besonders die Abnehmer kleinerer Mengen.

---

[1] entsprechend üblicher ABC-Analyse

Doch nicht allein die Kostenvorteile schlagen zu Buche. Durch die Einstellung von Produkt- und Ersatzteilkatalogen ins Internet wird zumindest für A-Komponenten der Weg über das Zentrallager vermieden. Lagerort und Lieferant können direkt verknüpft und somit der gesamte Lieferablauf verkürzt werden. Dies reduziert Verpackungs-, Transport- und Lagerkosten – und kommt gleichzeitig der Umwelt zugute.

Das VIPAG-Konzept bietet den teilnehmenden Partnern im Einzelnen folgende Vorteile:

– **Kapazitätsausgleich**
Mit Hilfe des Kapazitätsausgleichs sollen Partner der Virtuelle Industrie Partner AG die Möglichkeit bekommen, eigene, freie Maschinenkapazitäten besser auszulasten oder bei Engpässen auf andere Anbieter auszuweichen. Ein Benutzer, der im VIPAG-System aktiv Kapazitäten suchen oder anbieten will, wählt einfach die entsprechende Funktion und Kategorie, in die seine Anfrage oder sein Angebot passt. Nach der genauen Definition des Angebotes bzw. des Gesuchs (welche Maschine, welche Maße, freie Stunden etc.) und der anschließenden Bestätigung durch den Benutzer werden die Daten nun auch auf dem Bildschirm „Kategorie" angezeigt. Die ausgewählten Partner können die Bedarfsanforderungen und Angebote einsehen und mit ihren Kapazitäten abgleichen. Wichtig dabei: Diese Liste ist anonym – es wird also nicht angegeben, welcher Partner beispielsweise Kapazitätsengpässe hat. Die Reaktionen auf die unterschiedlichen Anfragen und Angebote werden von der VIPAG gesammelt und dem Anfrager zu einem vereinbarten Stichtag zur Verfügung gestellt. Zur Bedarfsermittlung kommt die eingesetzte Technik zum Tragen. Sie liefert auf der Grundlage der mit dem System gemessenen Warenströme die konkreten Zahlen.

– **Leistungsverzeichnisse**
Die VIPAG stellt in Zukunft in ihrem System auch Ausschreibungen und Leistungsverzeichnisse nach der Verdingungsordnung für Bauleistungen (VOB) zur Verfügung.

– **Katalogware**
Im VIPAG-System soll künftig ebenfalls eine getrennte Katalogwarenplattform zur Verfügung stehen. Im diesem Bereich werden dazu komplette Shops von externen Anbietern hinterlegt. Die Anbieter sind VIPAG-Partner und können auch das gesamte Produktangebot der VIPAG nutzen. Als mögliche Kunden kommen dabei etwa Firmen aus den Branchen Drogerieartikel, CD-Versand oder auch aus dem Verlagswesen in Frage. Regelmäßige Bestellvorgänge für Gemeinkosten- und Produktionsmaterial lassen sich dann sowohl über das Modul „Angebots- und Auftragsabwicklung" als auch über das Modul „Katalogware" abwickeln. Eine Liste aller Katalogwarenangebote (Shops) wird auf der VIPAG-Plattform dargestellt. Der Benutzer springt von dieser Liste aus in die jeweiligen Kataloge. Auf diese Datenbanken haben alle angemeldeten Benutzer Zugriff. Die Aktualisierung der einzelnen Verzeichnisse obliegt dem je-

weiligen Partner. Hierzu stehen ihm Backoffice-Funktionen zur Verfügung, die eine Online-Produktdatenpflege ermöglichen. Für die VIPAG gibt es ein zentrales Backoffice, in dem u.a. neue Partner-Shops angelegt werden.

Verfügbarkeit rund um die Uhr ist garantiert

Die B2B-Plattform der VIPAG bietet den teilnehmenden Firmen eine enorme Leistungsbreite bei direktem Zugriff ohne Zeitverlust. Möglich wird die angestrebte Vereinfachung und Beschleunigung von Disposition und Materialbeschaffung allerdings erst durch eine Durchgängigkeit der Prozesse, die Neutralität der Plattform und die komplette Marktabdeckung. Damit dies auch auf der technischen Seite gewährleistet ist, begleitet Siemens IT Service die VIPAG als Generalunternehmer. Vom technischen Design des Basiskonzepts und der webgestützten Geschäftsprozesse über die Entwicklung der B2B-Plattform bis hin zur Gewährleistung eines kontinuierlichen 24-Stunden-Betriebes an 365 Tagen im Jahr und der erforderlichen Betreuung der Partner verantwortet die Tochter von Siemens Business Services in München die Zuverlässigkeit der Handelsplattform.

Siemens IT Service übernimmt über sein „eCenter of Excellence" in Stuttgart darüber hinaus auch das komplette Web-Hosting auf hochverfügbaren Sun-Servern sowie die Vorhaltung von Mail-Servern für die Kommunikation im Netz. Zum Aufgabenspektrum dieses strategischen Partners zählen zudem die Bereitstellung der erforderlichen Netzbandbreiten, um selbst komplexe Daten online transportieren zu können, sowie Helpdesk-Interaktionen über das „Customer Interaction Center" in Stuttgart. Das Communication Center dient sowohl als Anlaufstelle bei technischen Problemstellungen als auch für Anfragen jeglicher Art aus den Partnerunternehmen.

Die Installation der Systeme bei den Partnern und auch die Schulung kann von der Unternehmensgruppe Sinitec, einer hundertprozentigen Tochter von Siemens IT Service, übernommen werden. Mit 1800 Mitarbeitern an 40 Standorten in Deutschland, die in fünf regionalen GmbHs organisiert sind, ist die Sinitec heute ein führender IT-Service-Provider. Vor allem für kleinere VIPAG-Kunden hat Sinitec unterschiedlich große Systempakete für die Internet-Anbindung geschnürt und hilft bei deren Installation sowie dem laufenden Betrieb. Um die notwendige Übertragungssicherheit der Daten zu gewährleisten, wurde mit der PostCom GmbH ein weiterer Partner mit ins Boot genommen. Die Verbraucher und Lieferanten erhalten bei Eintritt in den Einkaufsverbund ein Zugangspaket, das aus einem Kartenleser sowie einer personenbezogenen Chipkarte besteht. Ein Trust Center stellt zudem individuelle Schlüssel zur Chiffrierung und Dechiffrierung der Nachrichten und digitalen Signaturen zur Verfügung.

Will ein Partner eine Anfrage ins VIPAG-System stellen, chiffriert er die Nachricht mit dem erhaltenen Schlüssel. Beim Versand wird die E-Mail automatisch über den eKurier-Server der Deutschen Post geleitet, wo sie registriert und zeitgestempelt wird. Von diesem Moment an kann der Status der Nachricht über die eKurier-Seite im Internet jederzeit verfolgt werden. Landet die Nachricht schließlich im elektronischen Postfach des Empfängers, wird automatisch eine Empfangsbestätigung erstellt, die wiederum vom Adressat signiert und retour geschickt wird. Erst dann kann er die erhaltene Mail öffnen und anhand seiner – vom Trust Center erhaltenen – Schlüssel auf Authentizität prüfen. Missbrauch und Verfälschung der Daten sind damit so gut wie völlig ausgeschlossen.

Erhebliche Potenziale zur Kostensenkung

Die durchgängige und sichere elektronische Abwicklung der Beschaffungsprozesse ermöglicht den Partnerunternehmen eine transparente Gestaltung der Geschäfte. Die optimale Auslastung sämtlicher Kapazitäten durch den Virtuellen Industriepartner-Verbund birgt zusätzliches Optimierungspotenzial. Last but not least bilden auch die möglichen Kostenreduzierungen, die durch die elektronische Abwicklung der Geschäftsprozesse erreicht werden können, ein weiteres, wichtiges Argument für die Nutzung der VIPAG-Plattform. Schließlich wird für das Jahr 2001 allein in den Branchen Metall, Elektro und Fahrzeugbau in Deutschland ein Umsatzvolumen von über 900 Milliarden Mark prognostiziert. Wenn man davon ausgeht, dass das Einkaufsvolumen der Kleinbetriebe 20 Prozent, das der mittleren Betriebe 33 Prozent und das der Großbetriebe sogar 53 Prozent des Gesamtumsatzes beträgt, lässt sich das mögliche Einsparpotenzial leicht errechnen.

Denn schon kleine Einsparungen bei der Anschaffung von indirekten Gütern und Services ermöglichen unverhältnismäßig hohe Steigerungen beim Gewinn. Wenn ein Unternehmen – so eine Musterrechnung von Microsoft-Chef Bill Gates – beispielsweise 60 Prozent des Umsatzes für Einkäufe aufwendet, davon 25 Prozent für direkte und 35 Prozent für indirekte Güter, so ergibt schon eine fünfprozentige Senkung der indirekten Anschaffungskosten einen Umsatzbeitrag von fast zwei Prozent. Im Durchschnitt machen in deutschen Unternehmen 80 Prozent der eingekauften Artikel nur 15 Prozent des Einkaufsvolumens aus, erfordern aber einen ebenso hohen Bestellaufwand wie der Ankauf der strategisch wichtigen direkten Güter. So gibt hier zu Lande ein Betrieb im Durchschnitt mehr als 200 Mark für jede Bestellung aus – auch für Güter wie Druckerpatronen oder Glühbirnen, die oft weniger als 10 Prozent dieser Summe kosten. Durch die elektronische Beschaffung lassen sich Materialien und Dienstleistungen nach Expertenmeinungen zwischen 5 und 40 Prozent billiger einkaufen und bei den Transaktionskosten bis zu 60 Prozent sparen.

Praxisbeispiel: Stadt Köln – E-Government, ein neues Verwaltungsparadigma

Willy Landsberg
Stadt Köln, leitender Stadtverwaltungsdirektor, Vorsitzender des Arbeitskreises
„Digitale Signatur/Chipkarten" des Deutschen Städtetages und Leiter des Projekts
„Köln-Card"

Das Internet ist als Kommunikationsplattform nicht nur für Unternehmen und Privatleute interessant. Auch die öffentliche Verwaltung und die Bürger können davon profitieren. Dazu müssen die Behörden neue Kommunikationsformen und -methoden entwickeln, die kundenorientiert und sicher sind. Außerdem sind die Verwaltungsprozesse entsprechend anzupassen:

- Kommunikationsstrukturen und -methoden entsprechen den neuen Voraussetzungen – elektronische Dokumente ersetzen das Papier,
- die Hoheitsverwaltung verändert sich zur Kundenorientierung hin,
- das reale und das virtuelle Rathaus wird neu definiert,
- das reale Rathaus positioniert sich auf dem virtuellen Marktplatz,
- es erfolgt ein Paradigmenwechsel, da der Bürger über die Anwendung der Technologie entscheidet und die Verwaltung darauf reagieren muss.

Technisch betrachtet ist mit der Konstruktion von Chipkarten, -lesegeräten sowie Kommunikations- und Verschlüsselungssoftware der Weg frei in die virtuelle Verwaltung. Die organisatorische Diskussion hält aber nicht in gleichem Maße mit dieser Entwicklung mit. Technische Fragen wie die „Digitale Signatur" werden außerhalb des Verwaltungsbereiches geklärt und stellen diesen somit unter Handlungszwang. Die Zukunft gehört dem virtuellen 24-Stunden-Rathaus, das derzeit geplant werden muss.

Die Verwaltung tritt künftig aus ihrer Binnenorientierung auf sich selbst und die eigenen Bürger hinaus. Sie steht nicht mehr wie bisher allein unter der Beobachtung ihrer eigenen Gemeinde und der lokalen Medien, sondern im offenen Internet-Wettbewerb. Das World Wide Web macht die Behörden auf vielfältige Art zu Konkurrenten. Zudem muss sich die Verwaltungsautomation nach außen öffnen, um Bürger und Institutionen an den Geschäftsprozessen zu beteiligen. Ein mögliches Beispiel ist hier das Genehmigungsverfahren: Bei einer geplanten Firmenansiedlung können sich künftig Interessenten schnell und komfortabel im Netz informieren, ohne mit der Gemeinde selbst und ihren Vertretern in Kontakt zu treten.

Es besteht heute prinzipiell die Gefahr, dass das Instrument Internet schneller zur Verfügung steht, als die Gemeinden darauf eingestellt sind. Zurzeit noch vorhandene technische Mängel sollten deshalb nicht von organisatorisch notwendigen

Maßnahmen abhalten. Pilotprojekte im begrenzten Umfang können schon heute neue Methoden testen. Die Verwaltung sollte sich intern bereits stabilisiert und automatisiert haben, bevor die Bevölkerung selbst in die Online-Prozesse mit einbezogen wird.

Zehn mögliche Handlungsfelder für die Kommunen

Um den Umbau einer Verwaltung zu vereinfachen, bietet sich aus verwaltungspolitischer Sicht eine Aufteilung in zehn Handlungsfelder an. Diese umfassen:

- Bürger-Online-Services anbieten,
- Zentrale Steuerung,
- Eigengestaltung der Lösung,
- Öffentliche Geschäftsprozesse neu positionieren,
- Digitale Signatur und Annahmepflichten regeln,
- Ein Stadt-Portal im Internet positionieren,
- Finanz- und Personalressourcen planen,
- Konsens suchen,
- Neue Kommunikationsstrukturen aufbauen,
- Kooperation mit einem Trust Center.

Viele technische Restriktionen, die bisher die Online-Kommunikation zwischen Verwaltung und Bürger verhindert haben, sind überwunden. Im Prinzip können die neuen Methoden und Wege sofort genutzt werden. Die Verwaltungen kommen nicht daran vorbei, sich wie der private Sektor aufzustellen und sollten die Initiative ergreifen. Bei den Bürgern besteht eine große Erwartungshaltung der Kommune gegenüber, denn sie sind inzwischen vom Homebanking oder dem elektronischen Bestellwesen hohe Standards gewohnt und erwarten diese auch von ihrer Stadtverwaltung.

Permanente Erfolgskontrolle durch den Bürger

Die Verwaltung muss daher heute darüber entscheiden, welche Prozesse der Bürger künftig aktiv mitgestalten soll? Das bedeutet auch, dass sie prüfen muss, welche Geschäftsprozesse vom Bürger selbstständig wahrgenommen werden können? Die bisherigen Anwendungen sind fast alle für geschulte Experten entwickelt worden und erfordern deren Routine. Jetzt sind dagegen Lösungen gefragt, die auch von Laien und einem untrainierten Publikum bedient werden können. Denn für den Bürger wird jeder Verwaltungsprozess ein persönlicher Einzelfall bleiben, für den er keine Routine entwickelt.

Die elektronische Kommunikation mit dem Bürger wirft nicht nur Fragen zu Technik und Verlässlichkeit auf. Es geht auch um eine Neupositionierung und um neue Philosophien, wie miteinander verfahren werden soll. Der Wunsch des Kunden wird es sein, möglichst viel selbstständig und von zu Hause aus zu erledigen.

Das bedeutet, dass sich der Verwaltungsbürobetrieb auf den beratungsintensiven Bereich konzentrieren kann. Diese Entwicklung wirft aber auch die Frage auf, inwieweit der Bürger in den Verwaltungsprozess eindringen soll.

Möglich wäre beispielsweise eine Art Order-Tracking-and-Tracing wie bei den Logistik-Unternehmen, über das der Bürger feststellen kann, wie weit seine Sache bereits bearbeitet ist. Ein solcher Service läuft jedoch auf eine permanente Erfolgskontrolle der Verwaltung durch den Bürger hinaus. Die Verwaltung muss inhaltliche Begründungen formulieren, warum sie gewisse Einblicke verwehren will, da das Argument unzureichender Technik mittlerweile entfällt. Außerdem wünscht der „Kunde Bürger", bei einem Anliegen nicht mit unterschiedlichen Verwaltungsebenen konfrontiert zu werden. Gefragt ist ein „One-Stopp-Government".

Mit Blick auf Electronic Business und E-Procurement ist auch auf eine regionale Harmonisierung der öffentlichen Anwendungen hinzuwirken. Denn der mittelständische Unternehmer sollte ebenso wie der normale Bürger davon verschont bleiben, innerhalb einer Region mit unterschiedlichen elektronischen Dokumenten umgehen zu müssen. Hier bietet sich eine einzigartige Gelegenheit, mit einem Mangel der gegenwärtigen Papierwelt aufzuräumen.

Umbau von Verwaltungsstrukturen und -prozessen

Die Dezentralisierung der Kommunen betrifft auch die informationstechnische Infrastruktur. Das liegt zumeist am Splitting der Budgetierung im Rahmen neuer Steuerungsmodelle: Einerseits sollten so einzelne Verwaltungseinheiten zur Eigeninitiative animiert werden, andererseits wollten viele Kommunen dem Vorwurf entgegenwirken, es mit ihren Dezentralisierungsmaßnahmen nicht ernst zu meinen. Mit dem Auftritt der Verwaltung im Internet und der Entwicklung neuer Kommunikationsstrukturen tritt wieder verstärkt deren Einheit in den Vordergrund. Bürger und Institutionen brauchen einen verlässlichen und einheitlichen Partner. Außerdem ist ein einheitliches organisatorisches Kommunikationsmodell systemtechnisch einfacher abzubilden. Der Online-Auftritt einer Verwaltung kann nicht in die Beliebigkeit einzelner Dienststellen entlassen werden, sondern ist zentral zu steuern, zu organisieren und zu kontrollieren.

Den Verwaltungen bieten sich inzwischen viele technische Standardlösungen an. Das liegt im Wesentlichen daran, dass moderne Kommunikationsmethoden nicht zwischen öffentlichen und privaten Aufgaben unterscheiden. In der Tat gibt es jedoch zwischen beiden Bereichen erhebliche Unterschiede. Die Risikobetrachtung und die rechtliche Wirkung ist beispielsweise eine völlig andere. Daher sollten Verwaltungen die Initiative ergreifen und über den Gestaltungsprozess hinaus eigene Lösungen finden (Abb. 1).

Abb. 1. Das virtuelle Rathaus wird als Stadt-Portal öffentliche Aufgaben übernehmen.

Die Digitale Signatur und ihre Folgen

Bei der Digitalen Signatur handelt es sich um Daten, die anderen elektronischen Daten beigefügt werden und zur Authentifizierung dienen. Der Gesetzgeber regelt derzeit die so genannte „Qualifizierte Elektronische Signatur", die es ermöglichen soll, auch solche Rechtsgeschäfte online abzuwickeln, die bisher der Schriftform bedurften. Der Abgleich der Daten einer Digitalen Signatur erfolgt über so genannte Zertifizierungsdienstanbieter (Trust Center).

Die Diskussion um diese Verschlüsselungen ist in erster Regel technikgetrieben. Dabei übersieht sie, wie notwendig eine gleichzeitige Veränderung der Geschäftsprozesse ist. Denn nur eine Perfektionierung des Instruments genügt nicht, wenn die erwünschte Wirkung eintreten soll. Der zurzeit mangelnde Organisationsbezug ist teilweise darin begründet, wie die neuen Steuerungsmodelle auf die IT-Struktur gewirkt haben. Aus den alten Datenzentralen hervorgegangene moderne IT-Dienstleister sind konsequent als Auftragnehmer definiert worden, die jetzt im Auftrag der Fachämter tätig werden. Damit sind sie von Haus aus nicht mit der organisatorischen Zukunftsgestaltung befasst.

Erschwerend kommt hinzu, dass es für die Digitale Signatur und dem Einsatz multifunktionaler Chipkarten nach dem üblichen Verwaltungsgliederungsplan keine originär und umfassend zuständige Verwaltungseinheit gibt. Diese Zuständigkeit muss zusammen mit der zentralen Steuerung geschaffen werden, sonst läuft die Neugestaltung der Geschäftsprozesse – auch wegen des hohen Automationsgrades – und die Nutzung der Digitalen Signatur ins Leere.

Die Benutzung der Digitalen Signatur ist privat. Möchte die Verwaltung sie zur Verschlüsselung und Signierung von Dokumenten an den Bürger einsetzen, so muss sie mit ihren Beschäftigten vorher einen entsprechenden Vertrag abschließen. Außerdem gilt: Der Bürger entscheidet, ob er der Verwaltung elektronische Dokumente oder Papiere zuschickt. Die Verwaltung ist auf jeden Fall in der Annahmepflicht.

Finanzierung von E-Government-Strukturen

Fortschritt ist nicht zum Nulltarif zu haben. Auf Grund der angespannten Finanzlage in den Kommunen gibt es keine stillen Reserven, die aktiviert oder umgewidmet werden können. Daher müssen neue Gelder gewonnen werden, damit technische und personelle Investitionen möglich sind. Der erwartete Rationalisierungsgewinn sollte langfristig betrachtet werden. Fehl- und Scheinstarts führen zu Investitionsruinen. Fatal für die Kommunen ist, dass sie sich der Entwicklung nicht entziehen können. Sie können vielleicht ihr eigenes Tempo bestimmen und die Dimension der Neugestaltung festlegen. Aber in Zukunft werden sie weit mehr als bisher untereinander konkurrieren und in den inzwischen schon üblichen Ran kinglisten öffentlich bewertet und vorgeführt werden.

Die vorhandenen Ressourcen stehen im krassen Gegensatz zu den Investitionen, die notwendig sind. Dabei sind die bisher bekannten Aufwendungen für Pilotprojekte nur die Spitze des Eisbergs. Eine besondere Beachtung sollte die Qualifizierung der Angestellten und Beamten finden. Deren Fachwissen kann nur eingeschränkt am Markt erworben werden – wenn überhaupt, und dann nur zu höheren Kosten. Eine andere Überlegung gilt den gemeinsamen Entwicklungen auf interkommunaler Basis. Ein Formularservice wäre das typische Beispiel. Darüber hinaus sind Kooperationen zwischen dem öffentlichen und dem privaten Sektor notwendig. Das bietet sich insbesondere bei Pilotierungen an – schließlich werden öffentliche und private Geschäftsprozesse durch den elektronischen Datenaustausch verbunden.

Eine Privatisierung der besonderen Art

E-Government wird in der Verwaltung tief greifende Veränderungen hervorrufen. Daher ist es besonders wichtig, dass es zu einer stadtweiten Übereinstimmung zwischen Politik, den Beschäftigten und der Personalvertretung kommt. Der Bürger wird verstärkt in das Verhältnis zwischen Arbeitgeber und Arbeitnehmer in der Verwaltung eingreifen. Geregelt im Personalvertretungsrecht ist aber nur das Verhältnis Stadt/Angestellte. Die neuen Technologien sind kundenorientiert. Dementsprechend muss auch der Servicegedanke das reine Verwaltungsparadigma ablösen. Wenn die Philosophie „Bürger online" funktioniert und der Bürger tatsächlich Geschäftsprozesse selbst ausführen kann, ist dies eine Privatisierung der besonderen Art. Die Folge ist ein geringerer Personalbedarf in den betroffenen Prozessen.

Durch die Zulassung von E-Mail-Systemen in den Behördenalltag wird es notwendig, die neuen Kommunikationsmethoden verbindlich zu beschreiben und zu regeln. Dabei bietet sich die Chance, die Strukturen neu und effektiver zu gestalten. Es sind mehrstufige Konzepte denkbar, die durch verwaltungsinterne Pilotierungen entwickelt werden können. Erst wenn die interne Kommunikation problemlos funktioniert, sollte der Bürger eingebunden werden. Bisher konnten die Behörden ihre Verfahren ohne externe Beteiligungen abschließend selbst regeln. Bei der Verwendung der Digitalen Signatur wird sich das ändern: Es kommt zu einer zwingenden Beteiligung des Trust Centers als wesentlichem Bestandteil eines Verwaltungsprozesses. Es müssen sich also neue Kooperationsmuster mit dem Trust Center entwickeln, um die Zusammenarbeit der Akteure zu garantieren.

Der Übergang in die Welt des E-Government wird ein evolutionärer Prozess sein. Komplexe Inhalte und eine Vielzahl notwendiger Maßnahmen machen eine langsame und strategische Entwicklung notwendig. Dabei ist eine ständige Erfolgskontrolle der bisherigen Schritte erforderlich. Auch der viel zitierte Außendruck, die politische Erwartungshaltung und die Globalisierung sollten keine überhasteten Schritte provozieren. Der Veränderungsprozess muss strategisch gesteuert werden, damit er sich in der gewünschten Weise realisieren lässt.

Teil 3

**Kundenbeziehungsmanagement
(Customer-Relationship-Management)**

Customer Relationship Management stellt den Kunden in den Mittelpunkt des Handelns

Jürgen Schomakers
Siemens Business Services, München, Practice Manager CRM

In der immer weiter fortschreitenden Automatisierung von Geschäftsbeziehungen wird die vollständige Ausrichtung eines Unternehmens auf den Kunden immer mehr zum entscheidenden Wettbewerbsfaktor (Abb.1). Neben der Gewinnung neuer Kunden, spielt hierbei die Fähigkeit, profitable Kunden zu erkennen, diese langfristig zu binden und die Geschäftsbeziehungen kontinuierlich auszubauen, eine besondere Rolle. Der Begriff „Customer Relationship Management" (CRM) fasst die Strategien und Methoden zur Erreichung dieser Ziele zusammen.

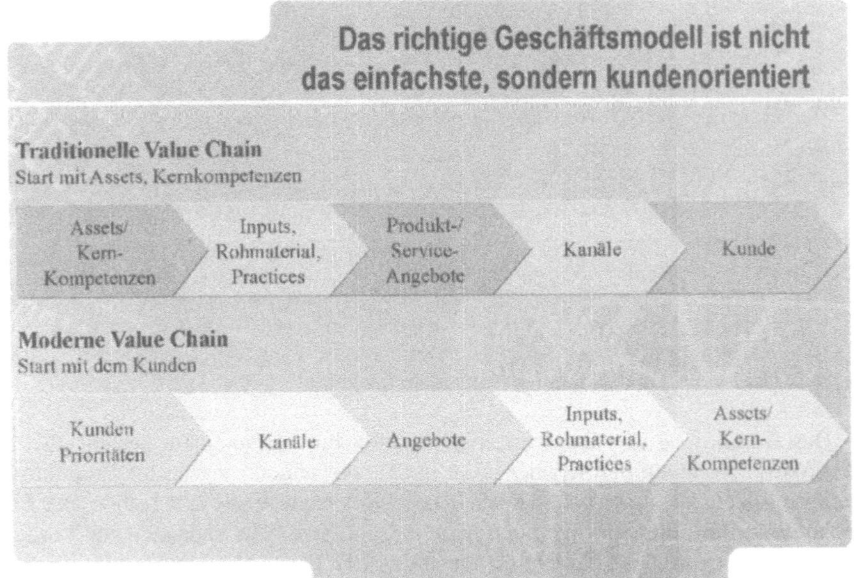

Abb. 1. Der Kunde ist der Ausgangspunkt der gesamten Wertschöpfungskette.

In Anlehnung an eine Definition des „Competence Center für Customer Relationship Management" der Fraunhofer-Gesellschaft, lässt sich die CRM-Philosophie so beschreiben:

Customer Relationship Management ist ein strategischer Ansatz, mit dem Firmen ihre Profitabilität durch die Erhöhung der Kundenzufriedenheit steigern. Hierbei werden alle Tätigkeiten des Unternehmens konsequent auf den Kunden ausgerichtet. CRM umfasst dabei die aktive und systematische Analyse, Selektion, Planung, Gestaltung und Kontrolle von Geschäftsbeziehungen im Sinne eines ganzheitlichen Konzeptes von Zielen, Leitbildern, Einzelaktivitäten und Systemen. Kommunikations-, Distributions- und Angebotspolitik sind bei diesem Ansatz nicht – wie bisher – losgelöst voneinander zu betrachten, sondern an den Kundenbedürfnissen auszurichten. Diese Orientierung auf die Kundenzufriedenheit ist von der Markt- auch auf die Produktionsseite zu transportieren und somit vollständig im Unternehmen zu implementieren (Abb. 2).

Abb. 2. Ziel ist eine kundenorientierte Unternehmenskultur.

Das wesentliche Ziel des Customer Relationship Management besteht also in der Fokussierung auf den Kunden. War in der Vergangenheit eher die Produktorientierung Kern des unternehmerischen Handelns, steht heute der Kunde, die Beziehung zu ihm, die Informationen über ihn und seine Zufriedenheit im Vordergrund. Eine Umfrage der Meta Group unter 231 deutschen Unternehmen ergab folgende Ziele, die mit der Einführung von CRM-Systemen verbunden werden:

- Erhöhung der Kundenzufriedenheit   94 Prozent
- Steigerung der Wettbewerbsfähigkeit   93 Prozent
- Optimierung des Vertriebs   92 Prozent
- Höhere Transparenz der Kundendaten   91 Prozent
- Sicherung der Bestandskunden   91 Prozent
- Optimierung des Marketings   91 Prozent

Grundsätzlich kann das Thema CRM aus zwei unterschiedlichen Sichtweisen – der strategischen Sicht (sprich: der Prozess-Gestaltung) und der operationellen Sicht (Strategieumsetzung, Applikationen zur Umsetzung der CRM-Prozesse) – betrachtet werden:

Aus der strategischen Sicht werden alle Unternehmensprozesse auf den Kunden ausgerichtet und optimiert. Im Allgemeinen liegt hier der Schwerpunkt auf den Themen Marketing, Service und Vertrieb. Dabei zeigt sich, dass – insbesondere im Zeitalter des E-Business – CRM nicht als losgelöster Prozess betrachtet werden kann, der sich ausschließlich mit den Kundenbeziehungen befasst. Vielmehr ist die enge Verzahnung zu anderen Themen wie Business Information Management (oder Business Intelligence), Enterprise Resource Management oder auch Supply Chain Management ein immer wichtigerer Faktor in CRM-Projekten. Weit reichende Auswirkungen haben natürlich auch die Entwicklungen im E-Commerce-Umfeld, wo die immer stärker werdende Automatisierung der Kundenbeziehung (z.B. über Portale und/oder Marktplätze) inzwischen zu dem neuen Begriff des eCRM – also die Verbindung von CRM und E-Commerce – geführt hat.

CRM-Applikationen werden zur Unterstützung kundenorientierter oder -naher Prozesse eingesetzt. Das Spektrum dieser Anwendungen umfasst dabei sowohl die Sammlung und Verwaltung von Informationen über den Kunden als auch deren zielgerichtete Auswertung für Vertriebs- und Marketingprozesse. Wesentliches Ziel dabei ist aber, allen Personen im Unternehmen diese Daten einheitlich und von gleicher Aktualität und Qualität zur Verfügung zu stellen.

Optimierung des gesamten Beziehungszyklus

Beim wesentlichen Ziel von CRM – der ganzheitlichen Ausrichtung eines Unternehmens auf den Kunden – steht der „Customer Lifetime Value" im Vordergrund. Dabei geht es darum, die Profitabilität während des gesamten Beziehungszyklus zu einem Kunden zu optimieren. Effektive Maßnahmen in den Bereichen Kunden-Identifizierung, Kundenwert-Optimierung und bei der Bestandssicherung des Kunden tragen dazu entscheidend bei.

Betrachtet man beispielsweise die Phase der Kunden-Identifizierung, so werden hier vor allem Methoden des klassischen Database-Marketings eingesetzt. Das Hauptziel besteht darin, mit möglichst optimiertem Investitionseinsatz die wirklich profitablen Kunden eines Unternehmens zu erkennen. Denn eine Analyse der First Manhattan Bank hat zum Beispiel gezeigt, dass 20 Prozent ihrer Kunden überproportional zum Gewinn beitragen, wohingegen 40 bis 50 Prozent aller Kunden „die Hälfte des Profits vernichten". Um hier die profitablen Kunden zu identifizieren und ihnen gezielt differenzierte Serviceleistungen anbieten zu können, ist ein effektives Customer Relationship Management unbedingt erforderlich.

Im weiteren Verlauf der Kundenbeziehung sollen möglichst viele Produkte des Unternehmens an diese Kunden verkauft werden. Hier stehen dann Begriffe wie Up-Selling oder Cross-Selling im Vordergrund. Und schließlich sollte der Kunde möglichst lange an das Unternehmen gebunden werden. Neben kundenspezifischen Vertriebs-, Marketing- und Serviceaktivitäten auf der einen Seite dienen dazu auch Kundenloyalitätsprogramme (z.B. Bonuscards, Kundenclubs) auf der anderen Seite. Im Internet-Zeitalter, wo der nächste Anbieter nur den sprichwörtlichen „Mausklick" entfernt ist, spielt dieser Faktor natürlich eine ganz besondere Rolle (Abb. 3).

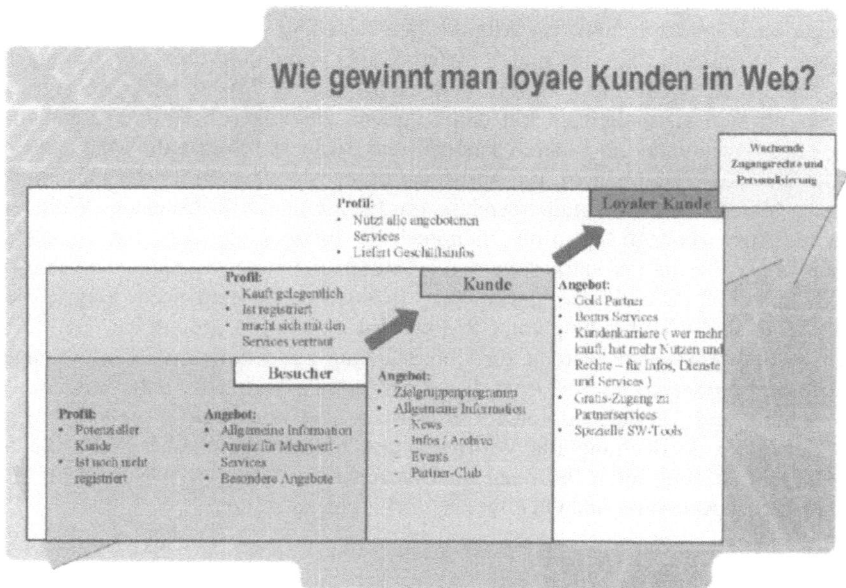

Abb. 3. Maßnahmen zur Erhöhung der Kundenloyalität im World Wide Web

Für alle Maßnahmen zur Erhöhung der Kundenprofitabilität stehen im Rahmen von Customer Relationship Management entsprechende Werkzeuge zur Verfügung. Bei der Implementierung einer CRM-Strategie werden alle Bereiche des Unternehmens betrachtet und konsequent auf den Kunden ausgerichtet. Ein wesentlicher Teil entfällt dabei auf die unmittelbare Schnittstelle zum Kunden – also insbesondere dem Marketing, Vertrieb und dem Kundenservice. Eine Voraussetzung für das erfolgreiche Zusammenspiel dieser Bereiche ist ihre nahtlose Integration, also insbesondere die gemeinsame Sicht auf Kundeninformationen in allen Bereichen. Anhand des klassischen Kundenprozesses für jedes der Segmente Marketing, Vertrieb und Service lässt sich darstellen, wie sich CRM auf das Zusammenspiel der Unternehmensbereiche auswirkt:

Anforderungen im Marketing

Der CRM-Lifecycle startet mit der Produktdefinition und der Planung der Marketingmaßnahmen. Ausgehend vom gesamten Markt als Zielgruppe, wird diese anhand spezifischer Kriterien eingegrenzt, um z.B. mit möglichst zielgruppenorientierten Kampagnen die Erfolgswahrscheinlichkeit und damit den Return on Investment zu erhöhen. Im CRM-Segment „Marketing" können daher folgende Funktionen gefunden werden:

- Kampagnenmanagement
- Outbound-Anwendungen wie etwa Direktmarketing/Kundenumfragen (in einem so genannten „Outbound Call Center" können z.B. proaktive Telemarketingaktionen durchgeführt werden, zur effizienten Kontaktaufnahme mit dem Kunden stehen dabei Funktionen wie die automatisierte Telefonverbindung zum Kunden oder das automatische Überspringen von besetzten Leitungen zur Verfügung)
- Management von Promotion-Aktionen
- Management von Marketingmaterialien
- Eventplanung

Anforderungen im Vertrieb

Als zweiter Schritt des CRM-Zyklus schließt sich an das Marketing der Block der Vertriebsfunktionen an. Hier werden alle Funktionen zusammengefasst, die aus dem qualifizierten Marketingkontakt eine konkrete Vertriebsmöglichkeit werden lassen und somit die aktive Wahrnehmung der Opportunities ermöglichen. Diese können beispielsweise in dem Angebot zu einem Beratungsgespräch, in der Durchführung einer Präsentation oder in der Bereitstellung von Informationsmaterialien bestehen. Ziel ist in jedem Fall der erfolgreiche Vertragsabschluss. Unter dem Gesichtspunkt „Vertrieb" lassen sich also Funktionen zusammenfassen, die die aktive Verfolgung des Kundenkontakts in der Sales-Pipeline zum Ziel haben (früher wurde dafür der Begriff „Sales Force Automation" (SFA) benutzt). Hierzu gehören etwa:

- Kunden-Kontaktmanagement
- Account-Management
- Target Account Selling
- Lead-Management
- Cross- und Upselling-Vorschläge
- Vertriebsplanung
- Marketingenzyklopädie
- Profit-Loss-Analyse
- Unterstützung mobiler Arbeitsplätze
- Preis-Algorithmen
- Auftragsbestätigungen
- Kunden-Bonitätsprüfungen
- Produktkonfiguratoren

Mit Abschluss der Verkaufsaktivitäten schließen sich für den Kunden die Verfolgung seines Auftragsstatus und die entsprechende Leistungs- und Lieferungsüberwachung an. Den kaufmännischen Abschluss bildet dann die Fakturierung der Leistungen.

Anforderungen im Service

Nach Abschluss des Verkaufs- bzw. Vertriebsprozesses geht die Kundenbeziehung in einen serviceorientierten Kontakt über. Hierzu zählen dann Themen wie Kundendienstplanung, Reparaturabwicklung oder Ähnliches. Zum CRM-Segment „Service" zählen also Funktionen wie etwa:

- Wartungsdienststeuerung
- Qualitätsmanagement
- Wartungseinsatzplanung
- Knowledge-Management (einschließlich Selfservice-Lösungen im Internet)

In der Regel erfolgt aus dem Verhältnis zwischen Service-Organisation und Kunde im Laufe der Zeit eine erneute Leadgenerierung, sodass der Marketing- und Vertriebsprozess erneut durchlaufen werden kann. Dies wiederum ist ein weiteres Argument für die integrierte und ganzheitliche Betrachtung des Kunden in allen Unternehmensbereichen.

Der Kunde wählt den passenden Kanal

Ein wesentliches Merkmal moderner CRM-Lösungen ist die so genannte Multi-Channel-Fähigkeit. Denn im E-Business-Zeitalter tritt der Kunde über verschiedenste Wege mit einem Unternehmen in Kontakt (s. Abb. 4). Ein klassisches Beispiel hierfür sind z.B. die Banken. War in der Vergangenheit der persönliche Kontakt zwischen Kunde und Bankberater fast die ausschließliche Schnittstelle der Geldinstitute zu den Kontoinhabern, bieten heute Banken und Sparkassen vielfältige Wege zur Abwicklung von Geldtransaktionen. Bankgeschäfte können über das Internet (E-Banking, E-Brokerage), über das Telefon (Call Center, Telefon-Banking, Interactive Voice-Response-Systeme), Fax, Briefpost, Kiosksysteme oder Selbstbedienungsautomaten und natürlich auch weiterhin in Form der persönlichen Beratung abgewickelt werden. Ein wesentlicher Unterschied zur Vergangenheit besteht allerdings darin, dass heute der Kunde den für ihn gerade passenden Kanal (oder auch mehrere Kanäle parallel) frei wählen kann. Dabei erwartet er allerdings, dass die Bedienung über jedes Medium adäquat stattfindet und es keine Brüche in der Bearbeitung gibt. Ruft der Kunde beispielsweise zehn Minuten nach einer Internet-Überweisung im Call Center an, geht er davon aus, dass der Call-Center-Agent über diese Transaktion Bescheid weiß.

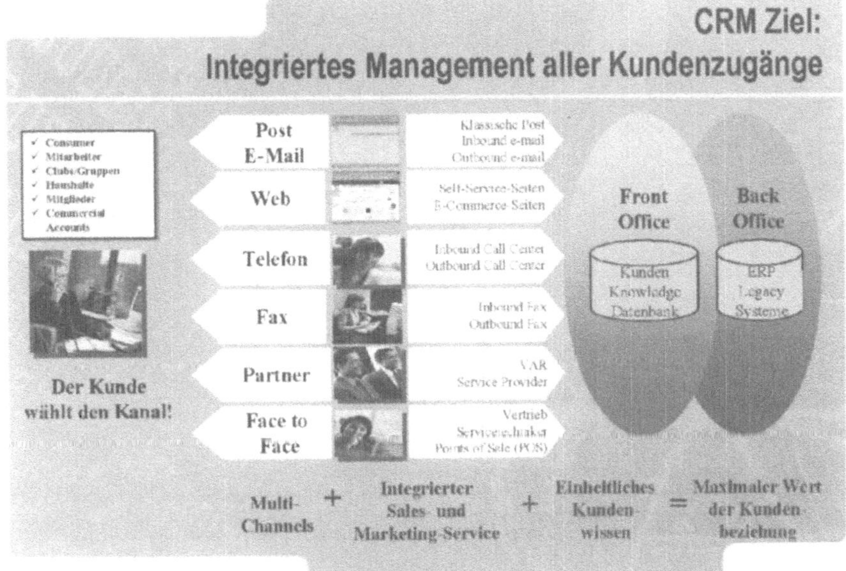

Abb. 4. Integriertes Management aller Kundenzugänge als Ziel

Das Beispiel der Finanzdienstleister lässt sich im Wesentlichen problemlos auf andere Branchen übertragen, etwa auf Versicherungen, Telekommunikationsunternehmen oder Energieversorger. Aber auch von der öffentlichen Verwaltung erwartet der Bürger heute, dass er als individueller Kunde wahrgenommen und betreut wird. In allen Fällen ist nicht nur die Integration der Kundeninformation in den verschiedenen Segmenten Marketing, Sales und Service von enormer Bedeutung, sondern auch die ganzheitliche Betrachtung unterschiedlicher Kanäle zum Kunden.

E-Business und CRM wachsen zusammen

„The Internet changes everything" – dieser oft gebrauchte Satz trifft sicherlich auch und insbesondere für die Prozesse im Customer Relationship Management zu. Durch die immer rasantere Verbreitung des Internet als Vertriebs-, Marketing- und Service-Kanal wird nahezu jedes Unternehmen gezwungen, seine Prozesse grundlegend zu überdenken und gegebenenfalls neu zu gestalten (Abb. 5).

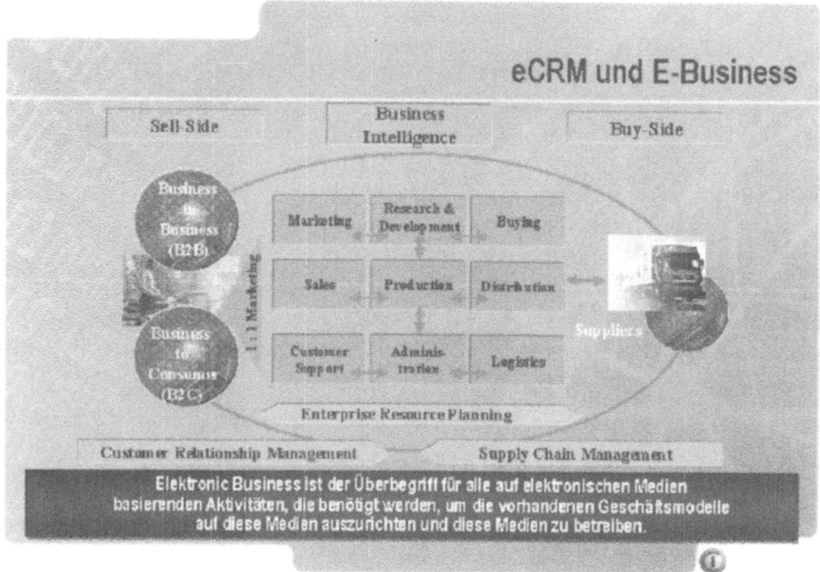

Abb. 5. E-Business erfordert grundlegende Überarbeitung der bisherigen Prozesse.

Überträgt man beispielsweise den Ablauf bei der Bestellung eines Notebooks über das Internet auf den klassischen Verkaufsprozess im stationären Handel, stellt sich dieser so dar: Der Kunde betritt einen PC-Shop und geht in in den Verkaufsbereich, dort identifiziert er sich und wählt das Notebook ohne Beratung aus, anschließend bezahlt er mit Kreditkarte und verlässt den Laden ohne die Ware, die ihm einige Tage später per Kurier zugestellt wird.

Dieses Beispiel verdeutlicht, dass die Prozesse im Vertrieb und Marketing grundsätzlich durch das Internet verändert werden. Darauf müssen die Unternehmen natürlich reagieren. Dabei ist es allerdings im E-Business-Zeitalter unabdingbar, Marketing-, Service- und Vertriebsabläufe integriert mit den Prozessen des Supply Chain Management oder des Business Information Management sowie den immer wichtiger werdenden elektronischen Marktplätzen zu betrachten. Denn nur eine gesamtheitliche E-Business-Strategie führt zu einem dauerhaften Erfolg des Unternehmens.

Anhand weniger Fragen lässt sich zunächst grundsätzlich klären, ob in einem Unternehmen überhaupt der Bedarf an einer CRM-Lösung besteht:

– Welche Systeme haben Sie heute, um Ihren Vertrieb in den veränderten Marktbedingungen zu unterstützen?
– Wie gestalten Sie Werbekampagnen und wie überprüfen Sie deren Effizienz?
– Wie gewährleisten Sie, dass keine Kundenanfrage oder -beschwerde verloren geht?

– Wie gewährleisten Sie eine für alle Abteilungen einheitliche Sicht auf den Kunden und dessen Daten?
– Wie werden Ihre Mitarbeiter in der täglichen Arbeit beim Erkennen der Wünsche und Probleme des Kunden unterstützt?

Wenn für eine oder mehrere dieser Fragen keine oder nur unbefriedigende Lösungen im Unternehmen vorhanden sind, stellt sich grundsätzlich die Notwendigkeit, über eine CRM-Lösung nachzudenken.

Schrittweises Vorgehen bei der CRM-Einführung

Die Einführung einer integrierten CRM-Lösung bedarf zunächst einer genauen Betrachtung der Unternehmensprozesse (Abb. 6). Unter der frühzeitigen Einbeziehung von Kunden, Partnern und Zulieferern ist eine intensive Analyse der bestehenden Abläufe sowie einer genauen Definition der Sollprozesse erforderlich. Diese muss sinnvollerweise sowohl heutige als auch zukünftige Internet-Aktivitäten mit berücksichtigen. Auf der Basis einer genauen Beschreibung der Leistungsanforderungen erfolgt dann die Auswahl der geeigneten Lösungsvariante. Diese zeigt auf, welche Anpassungen der Standard-Tools und zusätzliche Add-Ons notwendig sind, um eine optimal zugeschnittene Lösung für das jeweilige Unternehmen zu erhalten. Es ist daher besonders wichtig, bereits im Vorfeld Funktionalität und Zusammenspiel bezüglich des Leistungsverhaltens, der Servicegüte und des Ressourcenbedarfs zu berücksichtigen. Ein ganzheitliches Vorgehen spielt dabei eine ähnlich wichtige Rolle wie die frühzeitige Absprache mit allen Beteiligten sowie die aktive Einbeziehung der betroffenen Mitarbeiter im Rahmen des Change-Managements.

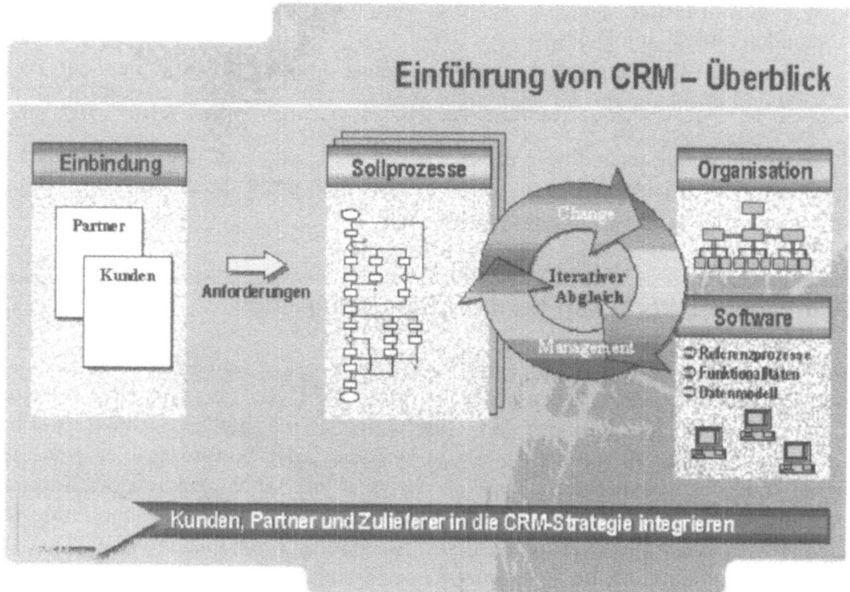

Abb. 6. Schritte bei der Einführung einer CRM-Lösung

Um einen zielgerichteten Einsatz eines CRM-Systems zu gewährleisten, ist im ersten Schritt der Realisierung die Integration der CRM-Applikationen (Front-Office) mit den entsprechenden Lösungen im Back-Office-Bereich – den operativen Systemen – notwendig. Hierzu zählen Enterprise-Resource- Planning-Systeme wie zum Beispiel SAP R/3 ebenso wie etwa Datawarehouses oder Supply-Chain-Management-Lösungen. Im Rahmen dieser Integration werden unter anderem die Daten zur Verfügbarkeit von Produkten oder Kundenbestandsinformationen bereitgestellt.

Abb. 7. Die Architektur einer CRM-Lösung

Auf der Basis einer zentralen Kundenwissensdatenbank erfolgt der Aufbau der weiteren CRM-Komponenten. Zur Abbildung der Multi-Channel-Architektur sollte auf dieser Grundlage die Integration der verschiedenen Kundeninteraktionssysteme stattfinden (Abb. 7). Ein weiterer wichtiger Aspekt ist die Anbindung mobiler Komponenten wie so genannter „Personal Digital Assistants" (PDAs) oder Laptops zur Integration des Außendienstes oder des Service-Personals. Im Zeichen des Mobile Business, das das E-Business zunehmend erweitert und ergänzt, ist dies eine wesentliche Anforderung.

Kritische Erfolgsfaktoren

Die Komplexität von Customer-Relationship-Management-Projekten wird häufig unterschätzt. Die notwendigen Veränderungen und Anpassungen der Geschäftsprozesse bei der Implementierung von CRM-Lösungen bereiten dabei erfahrungsgemäß die größten Schwierigkeiten. Auch die Integration der verschiedenen operativen Bereiche mit ihren historischen Datenbeständen erweisen sich keinesfalls als trivial. Denn in der Regel greifen innerhalb eines Unternehmens die unterschiedlichen Abteilungen wie Rechnungswesen, Logistik, Vertrieb oder Einkauf zwar auf dieselben Kundendaten zu, fokussieren ihre Sicht jedoch auf die für sie relevanten Fakten. So wird beispielsweise ein Mitarbeiter des Rechnungswesens keine Einsicht in die mit dem Kunden vereinbarten Lieferbedingungen haben, in der Logistik werden keine Daten über die vereinbarten Konditionen vorgehalten.

Der Forderung nach einem individuellen Service in allen Bereichen kann jedoch nur mit einer unternehmensweit einheitlichen Sicht auf die Kundendaten entsprochen werden. Systeme, die solche Prozesse intelligent steuern, sind in Zeiten des sich verschärfenden Wettbewerbs von strategischer Bedeutung. Doch allein der Anspruch, eine einheitliche, kundenbezogene Sichtweise der Daten herzustellen, ist unter Umständen bereits ein extrem kostenintensives Unterfangen. Zudem muss nicht nur die Vereinheitlichung der Daten gewährleistet werden. Auch die Datenqualität ist ein kritischer Erfolgsfaktor. Schließlich kann das Ergebnis einer mit CRM-Tools unterstützten Kampagne nur so gut sein, wie das Datenmaterial, das zur Verfügung steht.

Führt man sich häufige Gründe für das Scheitern von CRM-Projekten vor Augen, so lassen sich eine Vielzahl kritischer Erfolgsfaktoren identifizieren, die bereits bei der Planung einer Einführung zu berücksichtigen sind:

- CRM ist Chefsache: Die Einbeziehung des Top-Managements bei CRM-Projekten muss von Anfang an gewährleistet sein.
- Strategie ist wichtiger als Hard- und Software: Nicht die Auswahl von Funktionen oder Features, sondern die strategische Betrachtung von Prozessen steht im Vordergrund.
- Ziel ist der „gläserne Kunde", nicht der „gläserne Vertriebsmitarbeiter": Die strategische Zielsetzung besteht in der besseren Kundenorientierung und die Kundenzentrierung ist der Dreh- und Angelpunkt.
- Akzeptanz bei den Mitarbeitern: Das CRM-System kann nur erfolgreich sein, wenn die umfassende Akzeptanz der Mitarbeiter und damit auch die durchgängige Nutzung gewährleistet wird.
- Gesetzliche Hürden: Der Datenschutz und die Berücksichtigung der gesetzlichen Bestimmungen (z.B. Betriebsverfassungsgesetz oder Bundesdatenschutzgesetz) sind zu gewährleisten.
- Think big – Start small: Wesentliche Voraussetzung ist die Definition eines strategischen IT-Konzepts zur Umsetzung der Kernprozesse. Erst danach erfolgt die Priorisierung der einzelnen Realisierungsschritte.
- Kein Perfektionismus, 80 Prozent sind genug: Eine 100-prozentige Lösung ist nur in den seltensten Fällen zu erreichen. Überschaubare und vor allem sichtbare erfolgreiche Schritte sind für die Akzeptanz des Projekts sehr wichtig.
- Keep it simple: Zu viel Komplexität schreckt den Nutzer ab und die Akzeptanzhürden werden zu hoch geschraubt.

Einige CRM-Megatrends

Zum Abschluss sei noch einmal auf einige Trends hingewiesen, die sich aktuell im CRM-Markt abzeichnen:

Technische Plattform

Die technische Plattform für CRM-Software-Applikationen umfasst heute meist Microsoft-Techniken (VB, VBA), Relationale Datenbank-Management-Systeme (RDBMS) sowie zunehmend Internet-Technologien (Java, ...), offene Architekturen (N-Tiered-Architekturen) und mobile Anwendungen (WAP, ...).

Branchenmodule

Auf der Basis von Referenzmodellen und möglicher Beispielprozesse existieren Musterlösungen für z.B. die Hightech-Industrie, Finanzdienstleister oder Energieversorger. Somit werden bereits Branchenspezifika in der Basis-Applikation berücksichtigt, womit sich die Implementierungszeiten deutlich verkürzen lassen.

Internet, WWW

Das Internet ist ein weiterer Vertriebskanal. Durch die Verbindung von E-Commerce und CRM entsteht eCRM. Hinzu kommen weitere Trends wie Interactive Selling (z.B. Produktkonfiguratoren) oder die Integration von Web-Stores in CRM-Lösungen.

Verbindung von analytischem und operativem CRM

Die Integration der Kundeninformationen in Front-Office-Lösungen (Datawarehouse, Business-Warehouse) setzt sich immer mehr durch. Im Rahmen von Business-Information-Konzepten werden Datawarehouse- und Data-Mining-Werkzeuge eingesetzt, um umfassende Kundenwissensdatenbanken aufzubauen.

Mobile Business

Die Unterstützung mobiler Anwendungen wird immer wichtiger, wie die zunehmende Bedeutung von „field-supported devices" wie etwa Notebooks, Handheld-Computer, Organizer deutlich zeigt. Sowohl im Vertrieb als auch im Service erhöht sich die Anforderung, immer und überall die aktuellsten Kundeninformationen parat zu haben.

Praxisbeispiel: TECCOM – E-Business im Automobil-Ersatzteilhandel

Michael Stopka
TecCom GmbH, Unterschleißheim
Executive Vice President Finance & Controlling

Der zunehmende nationale und internationale Wettbewerb sowie die Konzentrations- und Kooperationsprozesse im Automotive Aftermarket machen es notwendig, schnelle, moderne Kommunikationsverfahren zur Verbesserung und Beschleunigung der Prozesse über die gesamte Wertschöpfungskette einzusetzen. Denn die Ersatzteilbeschaffung ist für die rund 15 000 freien Werkstätten in Deutschland zu einer echten Herausforderung geworden. In den vergangenen zwanzig Jahren hat sich die Anzahl der Teile, aus denen ein modernes Auto gefertigt wird, auf 8 000 verdoppelt. Multipliziert mit den Fahrzeugtypen und Ausstattungsvarianten schlägt sich das in Ersatzteilkatalogen in Telefonbuchstärke nieder.

Noch sind die Vertragswerkstätten bei der Ersatzteilbeschaffung im Vorteil, sind sie doch in der Regel auf eine Marke spezialisiert und mit dem Fahrzeughersteller via Standleitungen vernetzt. Damit wird die Teile-Identifikation und -Beschaffung erheblich erleichtert. Die Freien Werkstätten erledigen das im Zusammenspiel mit ihrem Großhändler. Da werden oft noch dicke Kataloge gewälzt, Liefertermine, Verfügbarkeiten, Ausweichmöglichkeiten auf andere Zulieferer und noch vieles mehr am Telefon geklärt. Das kostet vor allem Zeit. Die anspruchsvolle Kundschaft von heute will aber nicht mehrere Tage warten, bis die Bremsscheiben oder der Schalldämpfer endlich da sind und eingebaut werden können. Auch auf dem freien Markt soll das Auto möglichst noch am gleichen Tag nach Fehlerdiagnose repariert sein.

Gemeinsame Initiative der Teileindustrie und des Handels

EDI (Electronic Data Interchange) und Internet haben sich mittlerweile in der Fahrzeugbranche als Kommunikationsmittel etabliert und nehmen in den Beziehungen zwischen den Unternehmen eine immer wichtigere Rolle ein. Das Projekt TECCOM – eine gemeinsame Initiative der Teileindustrie und des Handels – hat zum Ziel, mittels dieser Technologien die Bestell- und Lieferprozesse zwischen Geschäftspartnern und innerhalb der Unternehmen selbst zu verbessern und zu beschleunigen. Dabei soll eine unternehmensübergreifende Dienstleistung für alle am Geschäftsprozess beteiligten Unternehmen – Werkstatt, Handel und Hersteller – unter Berücksichtigung branchenspezifischer Anforderungen angeboten werden. Diese Business-to-Business-Branchenlösung verkürzt, vereinfacht und automatisiert die Ersatzteilbeschaffung.

TECCOM ist ursprünglich eine gemeinsame Entwicklung von Siemens Business Services (SBS) und der TecDoc Informations System GmbH in Köln, die nun konsequent von der neu gegründeten TecCom GmbH mit Sitz in Unterschleißheim bei München weitergeführt und im europäischen Automotive Aftermarket etabliert wird. TecDoc – eine Gründung der Automobilzulieferindustrie und des GVA (Gesamtverband Autoteile-Handel) – bringt bereits seit April 1994 viermal jährlich einen elektronischen Katalog auf CD-ROM heraus. Dieser ist heute das umfangreichste elektronische Informationssystem auf dem europäischen Automotive Aftermarket (siehe Abb. 1). TecDoc verteilt inzwischen in Europa rund 20.000 CD-ROMs pro Quartal, die in elektronischer Form die Katalogdaten der Automobilzulieferindustrie abbilden. Darüber hinaus werden die TecDoc-Daten mit rund 14 000 Exemplaren auch in Katalogen des Handels in Deutschland genutzt.

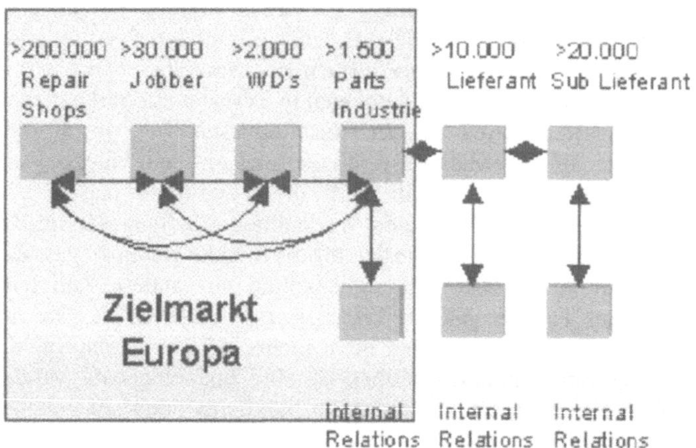

Abb. 1. Das Marktpotenzial des europäischen Automotive Aftermarket

Die deutschen Pkw-Fahrzeugdaten sind darauf nahezu komplett enthalten. Nun wird mit Hochtouren an der Vervollständigung der Fahrzeuginformationen – landesspezifische Fahrzeugstämme und Teileinformationen – für Europa gearbeitet. Rund 100 Unternehmen aus der Automobilzulieferindustrie – davon sind 32 gleichzeitig Gesellschafter bei TecDoc – mit 108 Marken speisen ihre Katalogdaten in die TecDoc-CD-ROM ein. Summa summarum sind das zurzeit etwa 500 000 Artikel, 90 000 davon mit Bildern – siehe Abb. 2. Mit dieser Artikelmenge deckt die CD-ROM nahezu 100 Prozent des deutschen Verschleißteile-Marktes ab. Oberstes Ziel von TecDoc ist die Hilfe bei der Sicherung der Wettbewerbsfähigkeit des freien Ersatzteilgeschäfts. Dies geschieht, indem analog zur Automobilindustrie und deren Vertriebsnetz den Absatzmittlern des freien Marktes ebenfalls elektronische Informationssysteme angeboten werden. Die TECCOM-Plattform schafft nun die Voraussetzungen dafür, dass Werkstätten, Großhandel und Teilezulieferer gleichzeitig mit einer durchgängigen und integrierten Lösung in das E-Business einsteigen können. Denn damit wird für sie die Online-Erledigung grundlegender Prozesse im Dialog möglich: etwa Teile-Verfügbarkeiten einsehen, bestellen, alternative Teile vergleichen, verbindliche Liefertermine abklären und die Rechnung stellen.

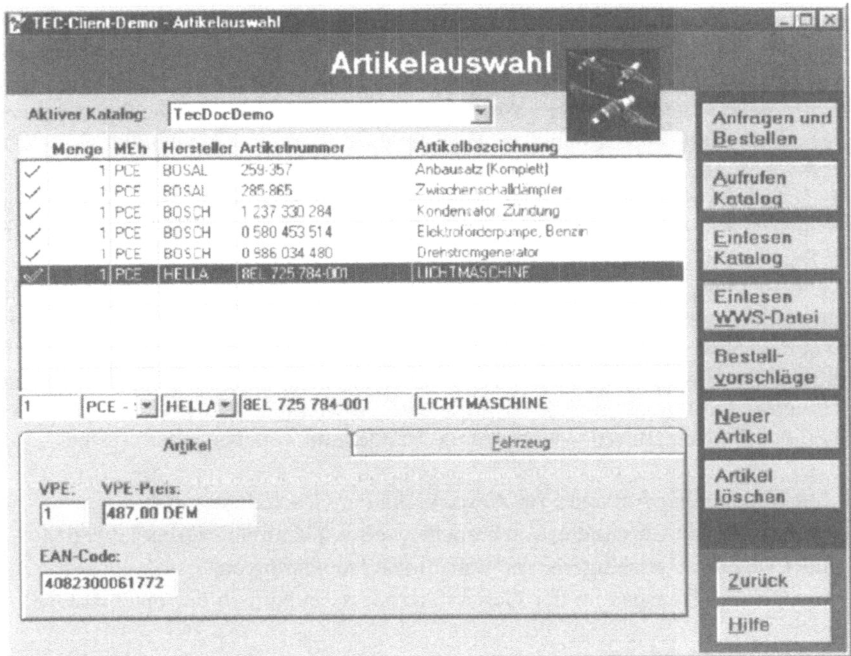

Abb. 2. Artikelauswahlfenster des Kataloges

Online-Erledigung grundlegender Prozesse im Dialog

Durch die mögliche Einbindung in Warenwirtschaftssysteme werden die Prozesse über das Internet wesentlich vereinfacht, Fehler vermieden und der gesamte Vorgang beschleunigt. Das kommt vor allem dem Kunden zugute. Und der dankt es seiner Freien Werkstatt mit Treue, von der Handel und Zulieferer ebenso profitieren. Die technischen Voraussetzungen auf Seiten der Werkstätten sind denkbar einfach: Ein PC mit Internetanschluss, digital via ISDN oder analog per Modem, genügt, um in den TECCOM-Verbund einzusteigen. Die Zugangssoftware wird von SBS, Zulieferer oder Großhandel kostenlos zur Verfügung gestellt – die Installation der Software ist ähnlich simpel wie bei AOL. Auch für den Großhandel entsteht nur ein geringer Aufwand, da er nicht wie beim konventionellen EDI zu jedem Lieferanten eine einzelne Verbindung aufbauen muss. Er klinkt sich nur einmal ins TECCOM-Netz ein und hat Zugriff auf alle Lieferanten. So muss der vorhandenen IT-Infrastruktur oft nur noch die TECCOM-Software aufgesetzt werden.

In der Zwischenzeit haben sich immer mehr Automobilteile-Hersteller dem System angeschlossen. Die ursprüngliche Zahl von 22 Firmen wuchs bis Mitte 2000 auf 98 an (mit 111 Marken), und es kommen ständig neue hinzu. Sowohl im Pkw-Bereich als auch für Nutzfahrzeuge hat TecDoc einen eigenen europäischen Fahrzeugstamm erstellt, der den vielfältigen Anforderungen der verschiedenen Teilehersteller gerecht wird und damit eine einheitliche Verknüpfung der unterschiedlichen Ersatzteile auf alle Fahrzeugtypen erlaubt. Der freie Markt für Kfz-Ersatzteile existiert neben dem Vertriebsweg der Fahrzeughersteller und der ihnen angeschlossenen Vertragshändler. Hier treten die freien Großhändler von Kfz-Ersatzteilen als Marktalternative zu den Automobilkonzernen auf. Der freie Autoteile-Handel zählt vor allem gewerbliche Endverbraucher und andere Einzelhandelsunternehmen zu seinen Kunden. Als gewerbliche Endverbraucher kommen in der Regel freie Werkstätten, Facheinzelhändler und Tankstellen in Frage.

Die Bezugsquellen des Autoteile-Handels sind meist die Teile-Hersteller. Da heute jedoch nur noch ca. 23 Prozent der Teile eines Fahrzeugs vom Automobilhersteller selbst hergestellt werden, stammt der überwiegende Teil der Autoteile in einem Fahrzeug von den Zulieferern. Kennzeichen der aktuellen Situation hinsichtlich der Informationsbeschaffungs- und Abwicklungsprozesse zwischen den beteiligten Marktpartnern – Werkstätten, Handel und Teileherstellern – sind

- hoher manueller Aufwand zur Abwicklung der Geschäftsvorfälle,
- unzureichende Umsetzung von branchenweiten Kommunikationsstandards,
- überwiegend zweiseitige Kommunikationsvereinbarungen,
- mangelnde Transparenz der Geschäftsprozesse außerhalb der eigenen Organisation.

Dies führt zu überflüssigen und unwirtschaftlichen Arbeitsabläufen, da die an verschiedenen Stationen der Geschäftsprozesse benötigten Daten und Informationen mehrfach beschafft und eingegeben werden müssen. Um diesen Zustand nachhaltig zu verbessern, sind folgende Fragen zu beantworten:

- Welche Teilprozesse kommen für eine wesentliche Verbesserung in Frage?
- Welche Infrastruktur und Dienstleistungen können maßgeblich diese Verbesserungen unterstützen, und wie sollten sie organisiert sein?
- Welche Verabredungen müssen als Grundlage für den gesamten Teilnehmerkreis getroffen werden?

Die Systemarchitektur basiert auf drei Pfeilern

Entsprechend den Kunden-Lieferanten-Beziehungen entlang der gesamten Wertschöpfungskette der Geschäftspartner im Automotive-Teilemarkt basiert die TECCOM-Architektur auf drei Pfeilern:

− dem TECCOM-Bestellersystem,
− dem TECCOM-Lieferantensystem und
− dem TECCOM-Verbundsystem als Dienstleistung zur Bereitstellung einer für alle Marktteilnehmer nutzbaren Kommunikationsinfrastruktur.

Im Rahmen des Besteller- und Lieferantensystems werden die Teilprozesse Teile-Identifikation, Verfügbarkeitsanfrage, Express-(Schnell-, EiI-)bestellung, Lager-(Dispo-)bestellung und Auftragsabwicklung (Bestelleingang, Bestellbestätigung, Lieferavis und Rechnung) unterstützt. Damit lassen sich alle Kommunikationsprozesse zwischen Werkstatt, Handel und Zulieferer koordinieren. Zeitkritische Vorgänge wie Verfügbarkeitsabfragen und Express-Bestellungen werden online und schnell über den Verbund abgewickelt. Für die weniger zeitkritischen Prozesse der Lagerbestellung und die damit verbundenen größeren Datenvolumen können spezielle EDI-Verfahren innerhalb des Verbundes eingesetzt werden, aber seit Ende 2000 ist dazu parallel auch eine Online-Abwicklung möglich.

In der Praxis sieht das dann so aus: Die Werkstatt diagnostiziert den Fehler beim Fahrzeug, der Mechaniker sucht online am Computer auf der TECCOM-Oberfläche das benötigte Teil. Zahlreiche Such- und Hilfefunktionen unterstützen ihn dabei. Anschließend werden im Online-Dialog mit dem Lieferanten Verfügbarkeit und Liefertermin überprüft und das Teil über dessen Distributionsnetz zur Werkstatt gesandt. Sollte das Teil beim Lieferanten nicht vorrätig sein, kann dieser es letztendlich bei seinem Zulieferer bestellen und direkt in die Werkstatt liefern lassen. Nebenbei werden noch Auftragsbestätigung, Lieferschein und Rechnung online ohne Papieraufwand verschickt, vergleiche Abb. 3. Der Vorgang bis zum Versand dauert nur wenige Sekunden – im Gegensatz zum bisher üblichen Katalogwälzen und dem Versuch, trotz überlasteter Telefonleitungen beim Lieferanten das Teil zu bestellen oder gar Alternativen zu suchen.

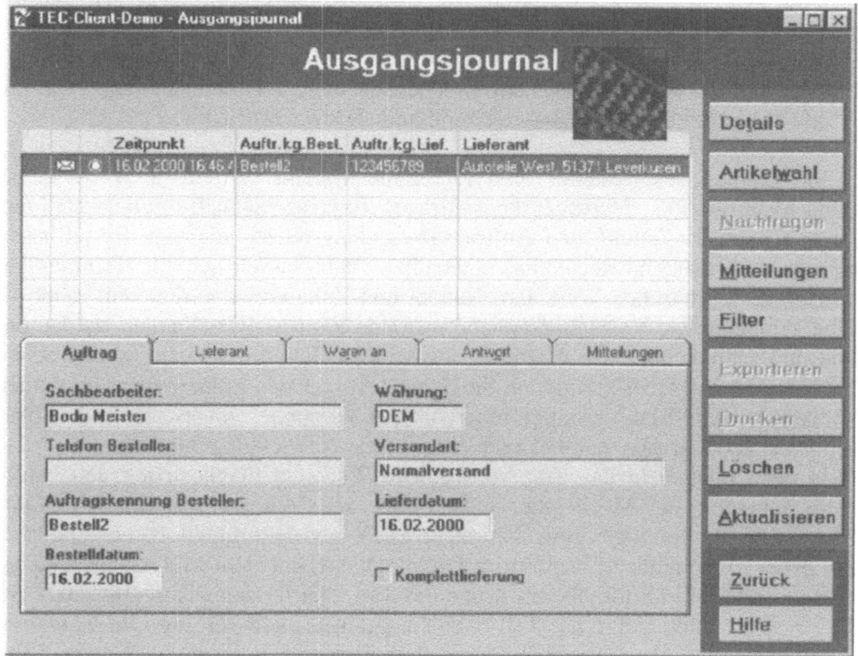

Abb. 3. Beispiel für das Ausgangsjournal

Zeitkritische Prozesse in Werkstatt und Handel

Kennzeichnend für die Werkstatt ist eine geringe Lagerhaltung. Für die Abwicklung der Kundenaufträge besteht die Aufgabe in der Teileidentifikation und der Bestellung der benötigten Teile. Im Rahmen der Bestellung ist die Werkstatt auf die Lieferfähigkeit des Handels angewiesen, um die schnellstmögliche Abwicklung des Kundenauftrages zu gewährleisten. Sollte dabei ein Teil nicht lieferbar sein, erwartet die Werkstatt eine Information, um das fragliche Teil alternativ beschaffen zu können. Dieser Prozess ist zeitkritisch und nur durch eine Integration zwischen Werkstatt und Handel zu realisieren, die es erlaubt, schnell und komfortabel (Dialog) die erforderlichen Daten zwischen Werkstatt und Handel auszutauschen.

Das Bestellersystem für die Werkstatt bietet mit seiner Anbindung an die gängigen Teilekataloge zur Identifikation in Verbindung mit dem Lieferantensystem beim Handel die Möglichkeit, die Anforderungen der Werkstatt abzudecken. Der Zugang lässt sich dabei analog (Modem) oder digital (ISDN) über das öffentliche Netz oder über das Internet realisieren. Seitens des Handels in seiner Funktion als Lieferant kann über die offenen Schnittstellen des Lieferantensystems die Integration in das vorhandene Warenwirtschaftssystem hergestellt werden, um die erforderlichen Daten den Partnern im Verbund zur Verfügung zu stellen. Entsprechend den Anforderungen der Werkstatt besteht die Aufgabe des Handels darin, eine hohe Verfügbarkeit und Lieferfähigkeit zu gewährleisten. Erfolgsfaktoren sind dabei die Bestimmung eines optimalen Sicherheitsbestandes.

Die logistischen Konzepte, d.h. die Festlegung des Sortiments, die Größe und der Standort des Lagers, unterscheiden sich je nach Größe des Handelsunternehmens und seiner Einbindung in einen Kooperationsverbund. Die Reduzierung des Lagerbestandes bei gleich bleibender Lieferfähigkeit ist jedoch unabhängig von der gegenwärtig bestehenden Situation ein wesentlicher Erfolgsfaktor, um den steigenden Kosten zu begegnen. Auf der Seite der Teileindustrie wird dies in den zunehmenden Verfügbarkeitsanfragen und Schnellbestellungen des Handels deutlich. Der zeitkritische Prozess in der Werkstatt wird zu einem noch zeitkritischeren Prozess im Handel, will er den Kunden rechtzeitig darüber informieren, dass er das benötigte Teil termingerecht liefern kann. Die telefonische Anfrage, die zu einem manuellen Auskunftsprozess seitens des Lieferanten führt, ist angesichts der Dringlichkeit dabei nicht der optimale Weg. Wie bei der Expressbestellung der Werkstatt bietet auch hier das Bestellersystem die notwendigen Voraussetzungen, um diesen Prozess dialogmäßig zu realisieren.

Im Rahmen der Lagerbestellung sind im Bestell- und Lieferprozess zwischen Handel und Industrie andere Erfolgsfaktoren maßgeblich. Dieser Prozess ist nicht zeitkritisch, aber durch hohe Datenvolumina gekennzeichnet. Darüber hinaus ist ein spürbares Kostensenkungspotenzial nur dadurch erreichbar, dass die Prozesse des Lieferavis und der Rechnung elektronisch abgewickelt werden können. Diese Vorgehensweise ist eine Aufgabe für Electronic Data Interchange und wird innerhalb von TECCOM abgebildet. Die TECCOM-EDI-Lösung basiert auf einem Standard, der von den Organisationen CLEPA/FIGIEFA auf die Anforderungen des europäischen Teilemarkts zugeschnitten wurde.

Sie setzt auf dem EDIFACT-Subset EANCOM auf. Diese Orientierung an Standards und die Konvertierungsfilter haben den Vorteil, dass der Datenaustausch zwischen allen Systemen möglich ist. Die Lösung besteht aus vier Komponenten: die TecDoc-CD-ROM oder andere elektronische Katalogsysteme als Basis-Information, das Bestellsystem für die Werkstätten, das Lieferantensystem für den Handel und die Industrie und das Verbundsystem als gemeinsame Kommunikationsplattform für alle Beteiligten. Damit sind Informationsaustausch und Bestellwesen abgedeckt. Darüber hinaus macht es aber natürlich Sinn, auch das Warenwirtschaftssystem des jeweiligen Unternehmens zu integrieren, denn dann ist das komplette Supply-Chain-Management von Werkstatt, Handel und Teileindustrie in einer integrierten Lösung erfasst.

Zentrales Modul für die Anbindung an Warenwirtschaftssysteme ist der TEC-Connect. Über dieses Modul sind folgende Zugangsmöglichkeiten im Rahmen der direkten (Dialog) Prozesse sowie von Bestellungen, die nicht über EDI durchgeführt werden, möglich:

- direkter Zugriff und Einbindung in das jeweilige Warenwirtschaftssystem des TECCOM-Teilnehmers (dieser Zugriff wird standardmäßig für SAP R/2 und R/3 sowie BPCS von SAA realisiert, BAAN IV ist geplant),
- direkter Zugriff auf eine vom Warenwirtschaftssystem erzeugte Vordatei,

– direkter Zugriff mit Hilfe der EDI-Funktionalität des TEC-Connect,
– direkter Zugriff über die EDI-Funktionalität des TEC-Connect und Nutzung eines bereits installierten EDI-Konverters.

Je nach Ausprägung des TECCOM-Teilnehmers können über eine installierte EDI-Schnittstelle aus dem Online-Prozess die EDI-Prozesse „Bestellbestätigung", „Lieferavis" und „Rechnung" angestoßen werden. Für die beteiligten Partner ergeben sich – abhängig von der jeweiligen Rolle – folgende Nutzenpotenziale:

Werkstatt:

– drastische Verringerung des Telefon- und Fax-Verkehrs durch elektronisch verfügbare Anfrage- und Bestellfunktion,
– Vermeidung von Übermittlungsfehlern,
– weniger „Papierkrieg" durch elektronische Bestell- und Auftragsbestätigung.

Handel:

– Abbau von Fehllieferungen und somit Verringerung von Lagerbewegungen verbunden mit Ein- und Ausbuchung von Artikeln,
– Möglichkeit zur individuellen Gestaltung von lnformationsübermittlung und Kundenbetreuung (z.B. bei nicht ab Lager lieferbaren Produkten),
– Minimierung der Pflege von kundenindividuellen Kommunikationsbeziehungen,
– lnvestitionsschutz durch Einbindung bestehender Warenwirtschaftssysteme und EDI-Lösungen.

Hersteller:

– direkte, standardisierte Kommunikation mit allen TECCOM-Handelspartnern,
– langfristige, internationale Branchenlösung (Investition),
– Einbindung der weltweiten Vertriebspartner.

Darüber hinaus bietet diese Lösung allen Beteiligten weitere Vorteile:

– erhebliche Entlastung von manuellen Erfassungs- und Abwicklungstätigkeiten,
– ein auf breiter Basis durch Verbände, Teilnehmer und Normungsgremien getragenes Projekt,
– die Entwicklung, den Vertrieb und den Service der TECCOM-Lösung mit Hilfe von Siemens Business Services (SBS) sowie großer Teilehersteller (z.B. Allied Signal, Beru, Bosch, Continental, Delphi, Eberspächer, Leistritz, Ernst, Federal Mogul, GKN, Hella, Herth & Buss, HJS, Hoppecke, LuK Automotive Systems,

Mann & Hummel, Magneti Marelli, Mahle Filtersysteme, Mannesmann VDO, Sachs Handel, MSI (Kolbenschmidt/Pierburg), Reinz, Sonax, Tenneco Automotive, TMD Friction (Textar), TRW (Lucas), Valeo, Varta, ZF Friedrichshafen), womit Kapitalkraft, Kompetenz und Internationalität garantiert werden,
- vertraglich gesicherte, langfristig angelegte Partnerschaft zwischen TecDoc und SBS.

Offenlegung aller Schnittstellen

Um möglichst vielen Teilnehmern in kurzer Zeit den Beitritt zum TECCOM-Service zu ermöglichen, wurden die Hersteller von Warenwirtschaftssystemen des Handels, von Werkstattsystemen und Anbieter von EDI-Konvertern zur Mitwirkung am Projekt aufgefordert. Gleichzeitig fand eine Offenlegung der notwendigen Schnittstellen statt, um so eine Integration des TECCOM-Zuganges in die Produkte dieser Anbieter zu ermöglichen. Die notwendigen Informationen werden auch interessierten Teilnehmern und deren Softwarepartnern zur Implementierung des TECCOM-Zuganges in Individualsysteme zugänglich gemacht. Darüber hinaus bietet TECCOM die Möglichkeit an, größeren Organisationen aus Industrie, Handel und Werkstatt beim Aufbau einer zentralen Implementierungs- und Schulungskompetenz zu helfen.

Mit den TECCOM-Services wird ein leistungsfähiges, anwendungsunabhängiges Werkzeug zur Verfügung gestellt, das die durchgängige elektronische Bearbeitung betriebswirtschaftlicher Vorgänge ermöglicht. Diese Lösung bildet eine Ergänzung zur jeweils eingesetzten Anwendungssoftware, um den unternehmensübergreifenden Ablauf von Geschäftsprozessen anwendungs- und arbeitsplatzübergreifend zu steuern und zu verbessern. TECCOM unterstützt damit die Wettbewerbsfaktoren wie schnellere Lieferzeiten und erhöhte Kundenorientierung durch flexibel und prozessorientiert anpassbare Organisationsstrukturen. Das System bildet dabei – im Unterschied zu elektronischen Direktvertriebslösungen – die bestehenden Marktstrukturen ab, sodass die derzeitigen Marktteilnehmer auch zukünftig ihren Platz in der E-Business-Wertschöpfungskette finden können.

Teil 4

Supply-Chain-Prozesse

Supply Chain Management als Schlüssel zum Unternehmenserfolg

Carsten Schmidt
Siemens Business Services, Braunschweig, Practice Manager SCM

In Zeiten zunehmender Vernetzung, Flexibilisierung und Deregulierung müssen sich die Unternehmen – insbesondere in den Bereichen Industrie, Handel und Dienstleistungen – immensen Herausforderungen und Veränderungen in der Entwicklung neuer Geschäftsprozesse stellen. Dabei sind insbesondere folgende Trends auszumachen:

- kürzere Produktlebenszyklen (Time-to-Market),
- steigende Produktvariantenvielfalt,
- Globalisierung der Märkte und Unternehmen,
- zunehmender Preisdruck,
- neue Business-Modelle,
- Konzentration auf Kernkompetenzen.

Die immer rasantere Innovationsgeschwindigkeit führt zu kürzeren Produktlebenszyklen, wobei der Markt immer diversifiziertere Produkte fordert (Produktvariantenvielfalt). Demgegenüber werden die Absatzmärkte globaler, es entstehen neue Vertriebskanäle (Internet) und damit ist die Prognose des zukünftigen Kundenbedarfs zusätzlich erschwert. Um diesen Trends und Herausforderungen gerecht werden zu können, sind enorme Änderungen in den Strategien, Prozessen und Organisationen – sowohl innerhalb der Unternehmen als auch im Zusammenspiel zwischen den Firmen – erforderlich. Wer in diesem Umfeld auch künftig wettbewerbsfähig bleiben will, muss in der Lage sein, auf sich ändernde Markbedingungen schnell zu reagieren und entsprechende Entscheidungen auf fundierter Informationsbasis zu fällen.

Im Rahmen von E-Commerce haben Unternehmen begonnen, über das Internet ihre Produkte und Dienstleistungen zu offerieren. Dies führt oftmals zu ganz neuen Geschäftsmodellen. So bieten Hersteller, die traditionell ihre Produkte über Handelspartner vertrieben haben, ihre Waren und Dienstleistungen nun beispielsweise den Kunden direkt an. Beim Bestellvorgang über das Internet erwartet der Kunde allerdings eine sofortige Aussage zu einem möglichst kurzfristigen Liefertermin. Kundenzufriedenheit und -bindung kann nur durch pünktliche und schnelle Lieferung erreicht werden. Und genau hier haben Unternehmen, die sich ausschließlich auf ihr Web-Frontend konzentriert und die nachgelagerten Prozesse nicht entsprechend angepasst haben, große Probleme. Gelingt es nicht, die bestellten Produkte oder Leistungen zum zugesagten Zeitpunkt zu liefern, wechselt der unzufriedene Kunde mit großer Sicherheit bei der nächsten Bestellung zu einem anderen Anbieter. Transparente und effektiv gemanagte Logistikketten im Sinne des Supply Chain Management (SCM) sind demnach entscheidende Erfolgs- und Differenzierungsfaktoren gegenüber dem Wettbewerb und damit ein wesentlicher Motor für nachhaltigen geschäftlichen Erfolg (Abb.1, 2).

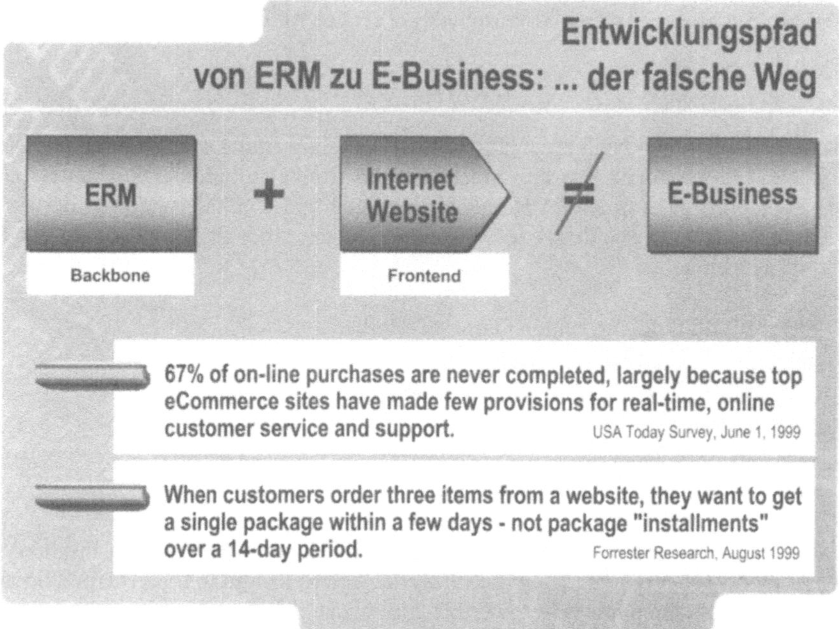

Abb. 1. Die Implementierung eines Web-Shops allein genügt nicht, um in der vernetzten Welt wettbewerbsfähig zu bleiben.

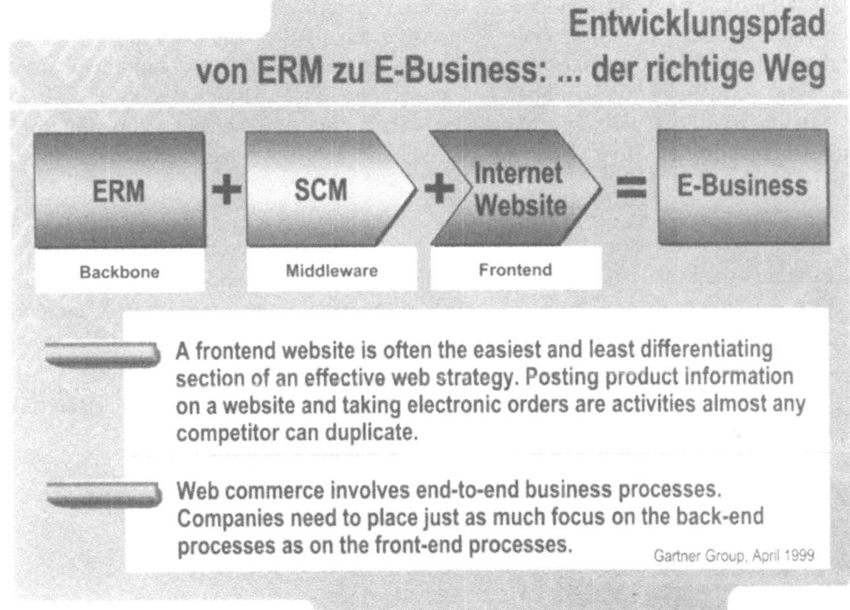

Abb. 2. Nur wenn sämtliche Geschäftsprozesse durchgängig integriert sind, wird ein Unternehmen im E-Business erfolgreich sein.

Supply Chain Management ermöglicht ganzheitliche Lösungen

Die zuvor genannten Trends und Herausforderungen bedürfen einer ganzheitlichen Lösung. In der Vergangenheit hat man häufig versucht, Einzelziele durch Aufteilung der Verantwortung für Segmente der Logistikkette und den Einsatz unterschiedlicher Informationssysteme in den Griff zu bekommen. Damit waren manche Probleme durchaus lösbar. Doch haben Unternehmen damit keine geeignete Werkzeuge, um die Konsequenzen von Entscheidungen und Handlungen auf die gesamte Wertschöpfungskette zu erkennen und im Gesamtzusammenhang zu bewerten.

Eine nur bereichsbezogene Optimierung führt unter anderem zu:

– ungenutzten bzw. überlasteten Kapazitäten,
– überhöhten Beständen,
– unrealistischen Produktionsplänen,
– mangelhafter Abstimmung zwischen den verschiedenen Bereichsebenen,
– unzureichender Liefertreue.

Letztendlich liegt die Ursache all dieser Probleme in der Unfähigkeit der verwendeten Einzelsysteme, globale Konsequenzen lokaler Entscheidungen schnell und auf einen Blick transparent zu machen. Das macht die Entscheidungsprozesse langsam, schwer nachvollziehbar und ineffizient. SCM zeichnet sich deshalb im Vergleich zu den klassischen Ansätzen durch eine ganzheitliche und unternehmensübergreifende Sichtweise auf logistische Prozesse aus (Abb. 3). Supply Chain Management

- ist ein prozessorientierter, integrierter Ansatz für die Beschaffung, die Herstellung und die Auslieferung von Produkten, Systemen und Services an Kunden,
- umfasst Unterauftragnehmer, Lieferanten, unternehmensinterne Funktionen und Prozesse, Handelspartner, Logistikdienstleister, Einzel- und Großhändler sowie Endkonsumenten,
- bezieht sich auf die Planung, Optimierung und das Management von Material-, Informations- und Zahlungsströmen.

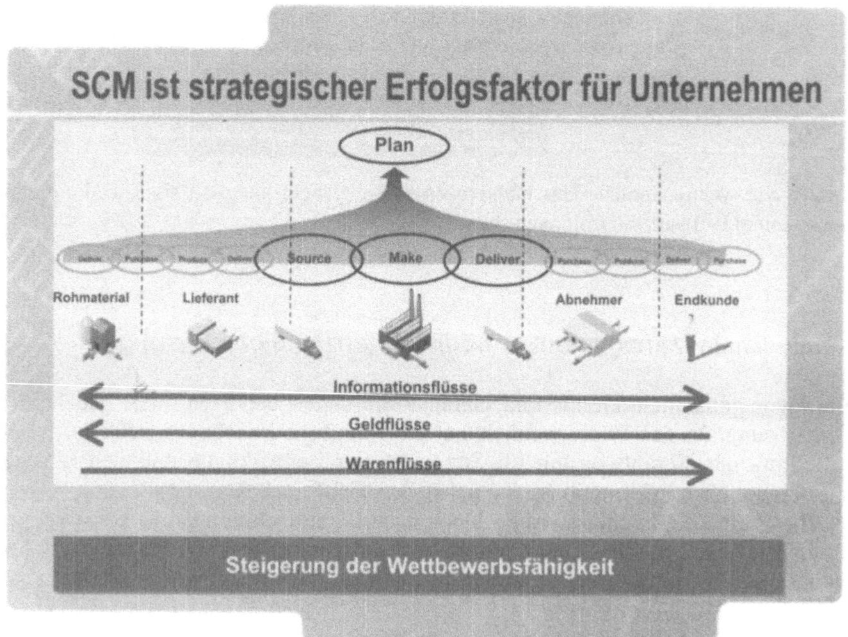

Abb. 3. SCM umfasst sämtliche Logistikprozesse – von der Fertigung des Rohmaterials bis zur Auslieferung an den Endkunden.

SCM bedeutet somit die vollständige Integration aller Partner zu einem gemeinsamen logistischen Prozess. Dies erfolgt durch partnerschaftliche Gestaltung, Integration, Planung und Steuerung aller Elemente in durchgängigen Wertschöpfungsketten – von der Rohstoffbeschaffung bis hin zur Auslieferung an den Endkunden. Oberstes Ziel ist dabei die Optimierung der Kosten und logistischen Leistungsgrößen über alle Glieder der „Supply Chain" hinweg. Hierbei gilt es, sämtliche an der Lieferkette beteiligten Lieferanten, Hersteller und Distributoren auf die gemeinsamen Zielsetzungen abzustimmen. Denn nur so kann ein Gesamtoptimum – insbesondere hinsichtlich Kosten, Liefermengen, Lieferzeiten und Beständen – realisiert werden. Die Aufgaben zur Abstimmung der einzelnen Partner reichen von einer optimierten Konfiguration der Lieferkette über die überbetriebliche Planung bis hin zu einem unmittelbaren Informationsaustausch zwischen den beteiligten Partnern. Ziel ist ein globales Optimum, das allen Akteuren einer „Supply Chain" Vorteile bietet und so für alle Beteiligten Potenziale freisetzt.

Leistungsmerkmale von SCM-Systemen

Ohne die Unterstützung moderner IT-Applikationen ist eine effiziente Abwicklung der überarbeiteten Geschäftsprozesse auf Grund der hohen Komplexität kaum möglich. Die Informationstechnik wirkt hier als der „Enabler", der die neuen Methoden und Geschäftsmodelle erst möglich macht. Die klassischen, in den meisten Unternehmen eingeführten ERP-Systeme (Enterprise Resource Planning) werden durch SCM-Applikationen nicht abgelöst, sondern ergänzt. SCM-Systeme dienen der intelligenten Planung, Optimierung und Entscheidungsunterstützung über die gesamte Wertschöpfungskette hinweg (Abb. 4). Sie werden deshalb integriert mit ERP-Lösungen eingesetzt, die weiterhin die Aufgabe der Verwaltung von Stamm- und Bewegungsdaten sowie der operativen Umsetzung (Transaktionssysteme) wahrnehmen.

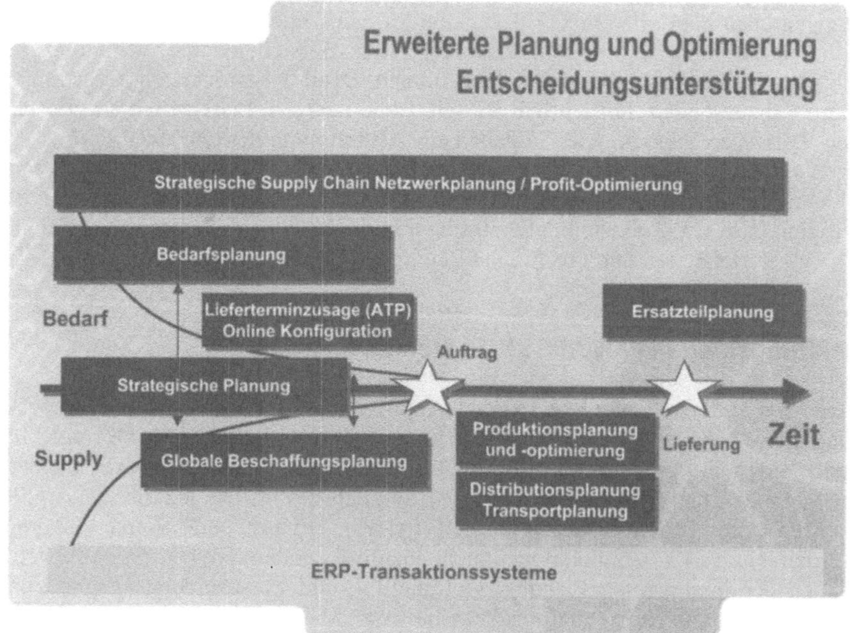

Abb. 4. Intelligente Planung, Optimierung der Geschäftsprozesse und Unterstützungsfunktionalitäten bei der Entscheidungsfindung: Mit SCM können Unternehmen all diese Ziele verwirklichen.

Um ein Unternehmen in die Lage zu versetzen, schnelle und sichere Entscheidungen zu treffen, muss ein Supply-Chain-Management-System auf folgenden Grundprinzipien aufbauen:

– **Restriktionsmanagement (Constraint Management)**
  Unternehmen brauchen durchführbare Lösungen. Pläne, die echte Einschränkungen und Engpässe nicht berücksichtigen, sind nur bedingt nutzbar. Effektives Logistikketten-Management setzt voraus, dass die Auswirkungen aller Arten von Restriktionen erkannt und Alternativstrategien umgesetzt werden.
– **Simultane Planung (Concurrent Planning)**
  Während traditionelle Planung sequenziell durchgeführt wird und separate, unkoordinierte Pläne für Produktion, Beschaffung, Transport, Sourcing und Distribution erzeugt, sind intelligente SCM-Systeme in der Lage, über die gesamte Logistikkette zu planen und simultan abgestimmte Ziele für eine synchronisierte Logistikkette zu bilden.
– **Globale Sicht/Transparenz**
  Restriktionsmanagement und simultane Planung versetzen Unternehmen in die Lage, sämtliche Auswirkungen lokaler Veränderungen auf alle Glieder der Logistikkette zu erkennen. So können auf Basis von Simulationen Entscheidungen getroffen werden, die für die gesamte „Supply Chain" optimal sind.

– Multidirektionale Änderungsverfolgung – Frühwarnsystem
Änderungen, wie etwa ein veränderter Kundenbedarf, werden in allen Richtungen des Prozesses kommuniziert, sodass alle beteiligten Partner Alternativplanungen und Simulationen nach gemeinsamen Zielen entwickeln können.
– Online-Verfügbarkeitsprüfung
Bei der Terminierung, Fertigungsplanung und Bestandführung ist die Vefügbarkeitsprüfung ein zentrales Element. Die so genannte Available-to-Promise-Option (ATP) ermöglicht sofortige Aussagen zur Verfügbarkeit von Produkten, Baugruppen und Kompenenten.
– Geschwindigkeit
Simultane, hauptspeicherresidente Planungstechnologien ermöglichen eine deutliche Verringerung der Planungslaufzeiten und somit eine schnellere Reaktion auf sich verändernde Marktbedingungen.

Parallel zu den oben genannten Faktoren eröffnen SCM-Systeme die Möglichkeit einer kontinuierlichen Geschäftsprozessoptimierung. Da sich die Geschäftsszenarien ständig verändern, schlagen die intelligenten Systeme sehr schnell neue operationale Lösungen vor, die die Erreichbarkeit quantifizierbarer Unternehmensziele sicherstellen. Die Logik der Entscheidungsunterstützung lässt eine Geschäftsoptimierung nach unterschiedlichen Kriterien zu.

Die Optimierung der Logistikkette erschließt folgende, in der Praxis ermittelte, typische Verbesserungspotenziale:

– Steigerung der Termintreue um	25–30	Prozent
– Steigerung der Produktivität bei gleich bleibendem Ressourceneinsatz um	2–5	Prozent
– Kostensenkungen, z.B. durch Reduktion von Mehrarbeit, um	10–50	Prozent
– Senkung der Bestände um	10–25	Prozent
– Senkung der Durchlaufzeiten: Kundenauftrag	10–40	Prozent
Produktion	10–50	Prozent

Darüber hinaus wird die gesamte Logistikkette transparent. Dadurch lassen sich die globalen Auswirkungen jeder lokalen Handlungsalternative sichtbar machen (Abb. 5).

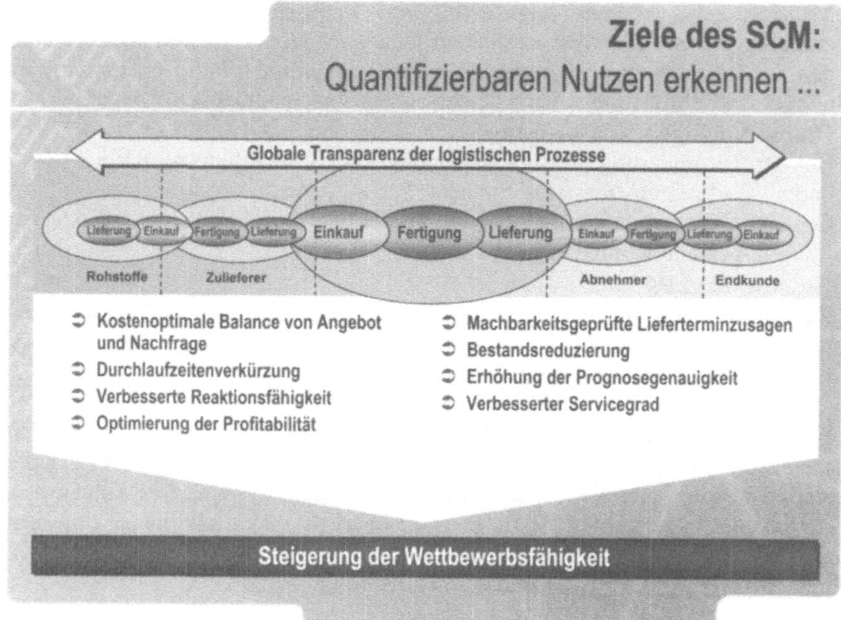

Abb. 5. Durch die globale Transparenz der logistischen Prozesse können Unternehmen quantifizierbaren Nutzen erkennen und somit ihre Wettbewerbsfähigkeit weiter steigern.

Um in globalen Märkten erfolgreich agieren zu können, sind darüber hinaus neue Kooperationskonzepte erforderlich. Zudem konzentrieren sich Unternehmen zunehmend auf ihre Kernkompetenzen. Alle Aktivitäten, die nicht in den Bereich dieser Hauptgeschäftsfelder fallen, werden an Zulieferer und Dienstleister ausgelagert. Die Bedeutung eines effizienten Supply Chain Managements ist dementsprechend hoch. Nach Einschätzung führender Analysten gehört die bereichsübergreifende Planung und Optimierung der Supply Chain zu den wichtigsten Unternehmensaufgaben. Firmen, die sich dieser Aufgabe der Planung nicht stellen, werden bis zu 30 Prozent an Effektivität verschenken.

(Kritische) Erfolgsfaktoren bei der SCM-Einführung

Supply Chain Management betrifft das gesamte Unternehmen sowie die Zusammenarbeit mit Kunden und Lieferanten (Abb. 6). Die konsequente Initialisierung und Unterstützung durch das Top-Management ist somit unabdingbar. Der Wandel von einer Abteilungs- hin zu einer Prozessorientierung und zunehmenden Transparenz des Informationsflusses im Unternehmen bewirkt den Autoritätsverlust Einzelner. Denn die Entscheidung über Nutzung oder Weitergabe von Informationen kann nicht länger zur Ausübung von Macht eingesetzt werden. Widerstände und irrationale Begründungen gegen ein Supply-Chain-Management-Projekt sind deshalb fast zwangsläufig die Folge. Daher stellen die effiziente Moderation und Begleitung der Veränderungsprozesse (Change Management) sowie die konsequente Unterstützung durch das Top-Management eine absolute Notwendigkeit für die erfolgreiche Umsetzung eines SCM-Projektes dar.

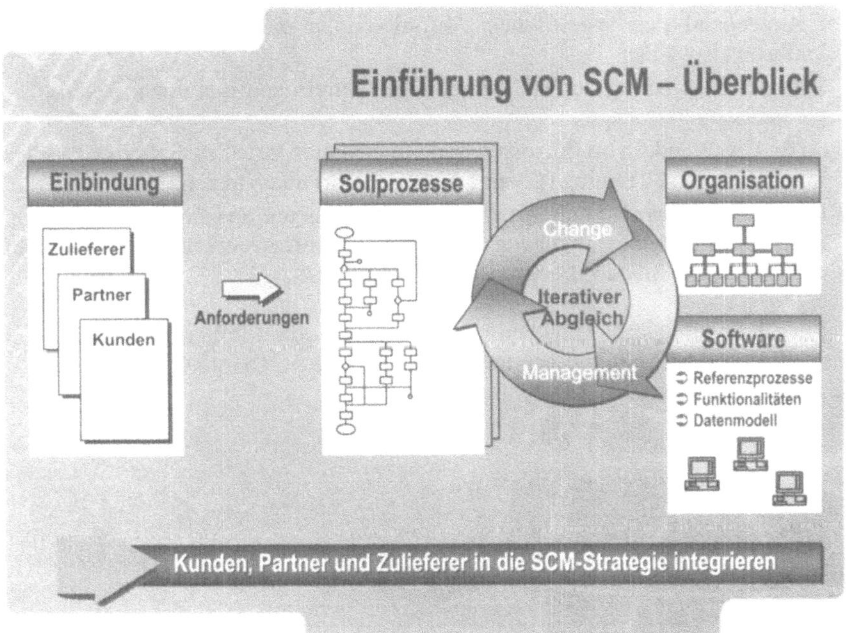

Abb. 6. Bei der Einführung von SCM sollten alle Beteiligten in die neue Strategie einbezogen werden – nur so lassen sich durchgängige Prozesse schaffen.

Supply Chain Management und die damit verbundenen IT-Systeme zur Unterstützung umfassen weit mehr als nur neue Verfahrens- und Ablaufverbesserungen. SCM ist vielmehr eine neue Qualität unternehmerischen Denkens und Handelns. SCM erfordert ein neues prozessorientiertes Denken und Handeln sowie die Bereitschaft, die „Supply Chain" im Unternehmen in ihrer Gesamtheit zu sehen und zu begreifen.

Empfehlenswerte Schritte zur erfolgreichen Einführung von SCM sind:

– Analyse der aktuellen Unternehmensperformance und der zentralen Geschäftsprozesse in Bezug auf die zukünftigen Ziele und Strategien im Rahmen eines Assessments. Unter Umständen können hier auch Vergleiche der Indikatoren zu Top-Unternehmen in der jeweiligen Branche (Benchmarking) sinnvoll und hilfreich sein.
– Aufzeigen von Verbesserungspotenzialen. Identifikation, Bewertung und Priorisierung der Handlungsfelder.
– Zieldefinition und Festlegung von Kennzahlen zur Erfolgsmessung.

– Unternehmensübergreifend denken und handeln: Partner (Zulieferer, Hersteller, Kunden) mit ins Projekt einbeziehen, ihre Probleme erfassen und begreifen; Funktions- und Konditionsdenken überwinden – Win-Win-Beziehungen erzeugen, durchgängige Prozesse schaffen.
– Entsprechend den spezifischen Anforderungen die adäquaten SCM-Applikationen auswählen.
– Schnelle Etablierung der SCM-Funktionen durch eine funktional gestufte Implementierungsstrategie.
– Aktiv den Wandel von Prozessen und Organisation bei allen Beteiligten mittels Information und Training (Change Management) unterstützen.
– Die „Supply Chain" kontinuierlich weiter optimieren und flexibel an sich verändernde Rahmenbedingungen anpassen (Nachfrageveränderungen, erhöhte oder reduzierte Standortkosten, Rohstoffknappheit).

Eine der wichtigsten Aufgaben im Anschluss an die Einführung besteht darin, den Erfolg von SCM zu messen und die Ergebnisse im Unternehmen angemessen zu kommunizieren (Abb. 7).

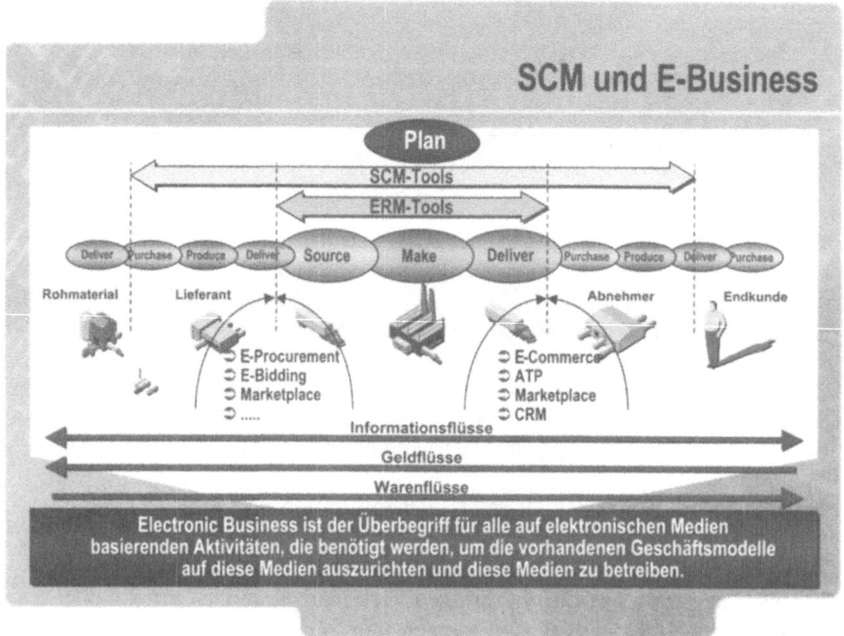

Abb. 7. Supply-Chain-Management-Systeme sind integraler Bestandteil für ein funktionierendes E-Business.

Fazit

- SCM umfasst die gesamte Wertschöpfungskette vom Rohmateriallieferanten bis hin zum Endkunden.
- Die Unternehmensstrategie muss bezüglich der Schnittstellen zu Kunden, Lieferanten und Dienstleistern überdacht und gegebenenfalls neu definiert werden.
- Die schnelle Definition und Umsetzung des neuen Supply-Chain-Designs ist erforderlich (Zeitwettbewerb, Akzeptanz).
- SCM ist die wesentliche Voraussetzung für eine erfolgreiche E-Business-Architektur („Intelligent Fulfillment Processes").
- SCM unterstützt die strategischen Managementfunktionen.
- SCM erhöht den Unternehmenswert, die Wettbewerbsfähigkeit, die Kundenbindung sowie die Kundenzufriedenheit.

Praxisbeispiel: Flextronics – Supply Chain Management schafft die Basis

Heinrich Mackenberg
Flextronics International Germany, Paderborn, IS Project Manager

Die Flextronics International Ltd. mit Hauptsitz in Singapur arbeitet weltweit für viele große bekannte Markenunternehmen als Anbieter im Bereich Electronic Manufacturing Services (EMS). Mit einem Jahresumsatz von rund 8,6 Milliarden US-Dollar, Fertigungskapazitäten in der ganzen Welt und 48.000 Mitarbeitern positioniert sich das Unternehmen – gemessen am Umsatz – weltweit auf Platz 3. Schwerpunkte liegen in den schnell wachsenden Kommunikations-, Netzwerk-, Computer-, Medizintechnik- und Endverbraucher-Märkten. Die globale Präsenz in 25 Ländern auf vier Kontinenten und ein Netzwerk von Fertigungsanlagen in den Schlüsselmärkten ermöglicht es Flextronics, seinen Kunden die benötigten Ressourcen, Technologien und Produktionskapazitäten für eine optimale Produktivität zur Verfügung zu stellen.

In Paderborn bietet die Flextronics International Germany mit 630 Mitarbeitern auf einer Fläche von 35.000 Quadratmetern im wesentlichen die Produktion von Flachbaugruppen, Kleingeräten und Servern jeder Leistungsklasse an. Diese Dienstleistung wird ergänzt durch ein „Product Introduction Center" zur Unterstützung der Kunden bei der Entwicklung und Einführung ihrer Produkte. Ein Customer Integration Service zur Realisierung von verschiedensten Plug&Play-Lösungen mit Komponenten unterschiedlichster Anbieter, eine Logistik für den Versand bis zum Endkunden in über 70 Länder, auf Wunsch – Stück für Stück, sowie Software-Vervielfältigung und Printing-on-Demand runden das Dienstleistungsangebot ab.

ERP-Lösung allein reicht nicht aus

Von 1995 bis 1997 wurde am Standort Paderborn die Standardsoftware SAP R/3 mit fast allen Modulen eingeführt. Schon Mitte 1997 erkannten die Verantwortlichen, dass dieses System zum Enterprise Resource Planning (ERP) zwar die Geschäftsprozesse gut abbildet, jedoch Funktionalitäten zur aufeinander abgestimmten Feinplanung der drei großen Produktionsbereiche des Unternehmens fehlten. Des Weiteren wurde dringend eine Unterstützung bei der Terminierung der hoch komplexen Serveraufträge benötigt, die auch die real verfügbaren Kapazitäten und Materialien berücksichtigt.

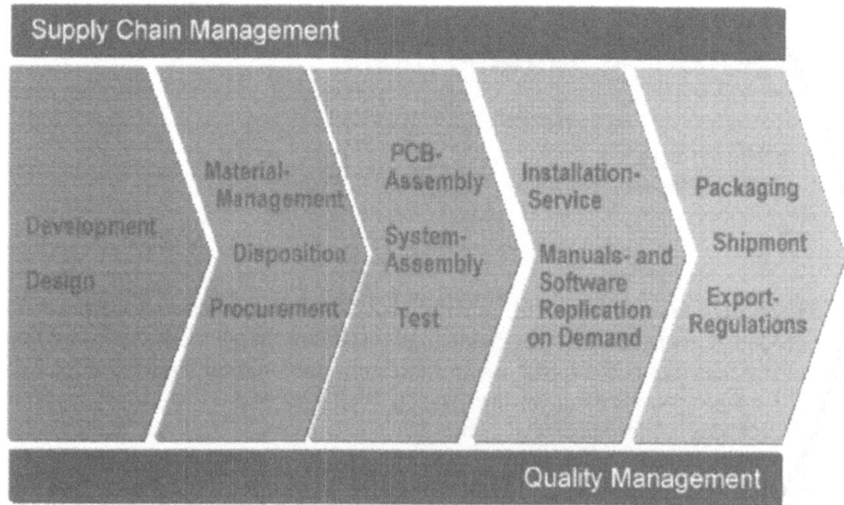

Abb. 1. Die Prozesskette bei Flextronics

Insbesondere die Komplexität der Produkte für einen bestimmten Kunden zwang das Flextronics-Management dazu, einige Flachbaugruppen für die Serverproduktion erst bei Auftragseingang herzustellen, um so Lagerbestände mit entsprechend hohem Verwurfsrisiko zu minimieren. Diese Situation war dann ein weiterer Auslöser zur Forderung nach einer drastischen Reduzierung der Durchlaufzeiten. Die immer kürzer werdenden Lebenszyklen der Produkte, die teilweise sehr langen Wiederbeschaffungszeiten und der starke Preisverfall im Hardwaregeschäft erforderten eine deutlich bessere Planungsfunktionalität mit verschiedenen Vorhersagemodellen und Statistikfunktionen. Ein Build-to-Order-System über die ganze Prozesskette sollte die hohe Variantenvielfalt in der Systemkonfiguration besser in den Griff bekommen. Dazu kam der allgemeine Trend zum Austausch von Informationen über das World Wide Web. Um erfolgreich ins E-Business einsteigen zu können, war es jedoch zunächst notwendig, die entsprechenden Grundlagen zu legen und die notwendige Transparenz zu schaffen. Dazu sollte innerhalb des gesamten Produktionsstandortes – vom Einkauf bis zum Versand – eine durchgängige Lieferkette entstehen und das SAP R/3-System um eine Supply-Chain-Management-Lösung (SCM) ergänzt werden (Abb. 1). Ein solches spezifisches Decision-Support-Tool bietet erweiterte Fähigkeiten für Auftrags-Management und Steuerung des vollständigen Materialflusses in Echtzeit (Abb. 2).

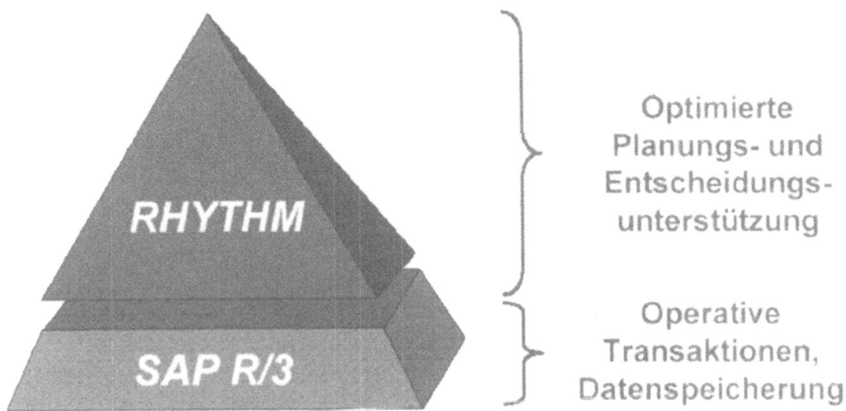

Abb. 2. Erweiterung von SAP R/3 um ein Decision-Support-Tool

Erklärtes Ziel war es, die Bestände und Durchlaufzeiten deutlich zu senken und den teuren Lagerbestand durch wesentlich kostengünstigere Informationen zu ersetzen. Kundenaufträge sollten dabei gegen real verfügbare Kapazitäten und Materialien terminiert werden können. Voraussetzung dafür war jedoch die Etablierung einer Informationsqualität in dem Werk, auf deren Basis einerseits kurzfristig und flexibel auf die Anfragen der Kunden reagiert werden kann und andererseits die Grundlagen für zukünftige Prozesse und automatische Entscheidungsfindungen geschaffen werden. Nachdem sich die Verantwortlichen bei Flextronics International Germany Ende 1997, nach einem Supply Chain Opportunity Assessment (SOA), dazu entschlossen hatten, das Ziel SCM in der Produktion konsequent zu verfolgen, wurden verschiedene Projekte initiiert. Diese beschäftigten sich unter anderem mit Änderungen in den Produktionsbereichen und administrativen Randbereichen der Produktion. Das aufwendigste Teilprojekt galt jedoch der Einführung einer Software, mit der die SCM-Philosophie wirkungsvoll unterstützt werden kann.

Intelligentes Management der Logistikketten

Dazu wurde Ende 1997 die Entscheidung getroffen, die Tools „RHYTHM Factory Planner" und „RHYTHM Demand Planner" des US-Herstellers i2 Technologies einzusetzen. Mit diesen Werkzeugen zur Entscheidungsunterstützung kann ein intelligentes Management der Logistikketten aufgebaut werden, um so eine bestmögliche Reaktionsfähigkeit zu erzielen. Die i2-Software ist darauf ausgelegt, eine breite Palette von Restriktionen in Betracht zu ziehen und verbessert damit die Genauigkeit des Logistikkettenmodells und den Entscheidungsfindungsprozess. Dabei wird nicht nur das Unternehmen selbst in die Entscheidungsprozesse einbezogen, sondern auch die Lieferanten (und deren Lieferanten) und die Abnehmer (und deren Kunden). Eventuelle Veränderungen werden dabei in beide Richtungen der Logistikkette weitergeleitet, um zu einer revidierten Lösung zu gelangen. Damit ist es möglich, schneller und zielgerichteter auf Veränderungen zu reagieren.

Wird etwa von einem Produkt mehr benötigt als geplant, wird sofort überlegt, wie man mehr erzeugen kann, etwa auf Kosten der Kapazitäten und Einzelteile eines weniger erfolgreichen Stückes. Es werden also kurzfristig Produktions- und Planungsprobleme erkannt und anhand der Daten können die Verantwortlichen schneller Entscheidungen treffen. Verschiedene Verfahrensvarianten werden aufgezeigt und analysiert, auch die Zusage von Verfügbarkeit und Lieferungen wird mittels dieses Hilfsmittels exakter und verlässlicher. Zu den Verbesserungen, die sich mit Hilfe der SCM-Tools erzielen lassen, zählen etwa die Reduzierung des Umlauf-/Lagerbestandes, eine Verkürzung der Durchlaufzeiten, die Steigerung des Durchsatzes und eine Senkung des Überstundenaufwandes (Abb. 3).

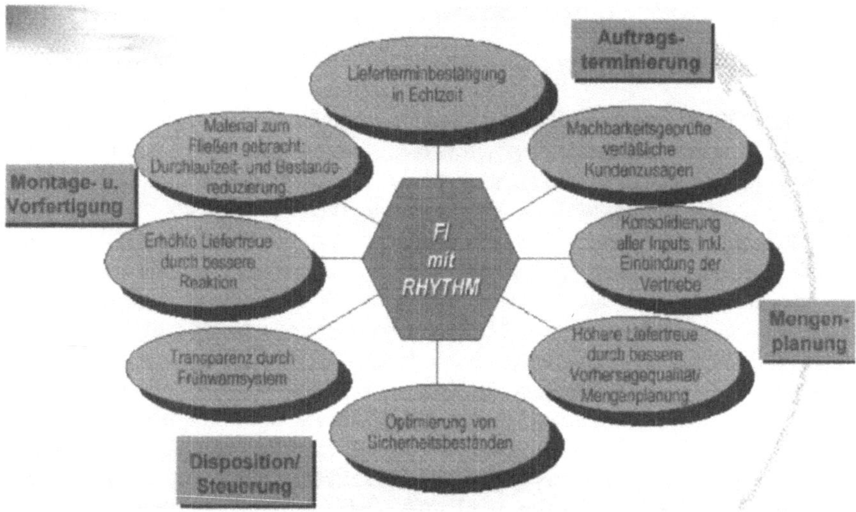

Abb. 3. Der Nutzen der SCM-Lösung von Flextronics International (FI)

Anfang 1998 begann bei Flextronics International Germany die Planung des SCM-Projekts. Sehr schnell stellte sich dabei heraus, dass für jedes i2-Tool ein eigener Projektleiter erforderlich war. Da der „Factory Planner" sehr umfangreich ist, entschloss sich das Management, aus jedem betroffenen Teilgebiet (Flachbaugruppenfertigung, Systemmontage, Beschaffung, Auftragseingang, Informationstechnologie) einen Mitarbeiter im Team zu etablieren. Beim „Demand Planner" reichte ein kleineres Projektteam aus, hier war der Projektleiter nur phasenweise auf die Unterstützung aus den Fachabteilungen angewiesen. Als externe Unterstützung standen beiden Teams ein Vollzeitprogrammierer von Siemens Business Services (SBS), ein Consultant von SBS und zwei Consultants von i2 Technologies zur Verfügung. Je nach Bedarf wurden die Projektteams in den jeweiligen Spitzenzeiten durch die Fachabteilungen oder externe Berater verstärkt.

Schrittweise Einführung der Tools

Als Implementationszeitraum für den „Factory Planner" war ein Jahr vorgesehen, wobei Flextronics der von i2 Technologies vorgeschlagenen Einführung mit Hilfe der „Business Releases" (BR) folgte. Dies bedeutete konkret, dass zunächst der „Factory Planner" in der Flachbaugruppenfertigung mit der Berücksichtigung der Materialien eingeführt wurde. Im nächsten BR wurde dann die Kapazität hinzugenommen. In den Business Releases drei und vier geschah das Gleiche in der Systemmontage. Im BR fünf wurden diese Bereiche in einem Modell zusammengebracht, um dann im BR sechs mit der Einführung des Due Date Quoting (DDQ) – der Terminierung gegenüber realer Kapazität- und Materialverfügbarkeit – das komplette Projekt zu beenden. Bei diesem letzten Business Release kam es allerdings zu einer Verzögerung des Terminplans, da die Software von einigen zu allgemeinen Annahmen bei der Terminfindung ausgegangen war. Dieses Problem wurde jedoch vom Softwarelieferanten umgehend korrigiert. Da es sich dabei aber auch um einen sehr komplexen Schritt handelt, war es – im Nachhinein betrachtet – für die Organisation sogar recht gut, für diesen Schritt einen längeren Zeitraum zur Verfügung zu haben. Der auf elf Monate angesetzte Implementationszeitraum für den „Demand Planner" konnte dagegen durch den Projektleiter eingehalten werden.

Vor der Einführung der SCM-Lösung wurden durch eine anonyme Disposition, entsprechend dem Plan, die Materialien durch die Flachbaugruppenfertigung sowie die erforderlichen Komponenten für die Systemmontage und die Peripherie in Fertigungsläger „gepusht". Die Auftragsabwicklung, Systemmontage und Kommissionierung entnahm im Gegenzug die – für die realen Kundenaufträge notwendigen – Komponenten aus diesen Lägern. Das Resultat: Entweder war zu viel oder zu wenig Material vorhanden. Mit dem „Demand Planner" sollte dieses Problem im Bereich der Komponenten- und Peripheriedisposition gelöst werden. Dazu wurden mehrere Altverfahren durch eine neue Lösung abgelöst, für die noch einige kleinere Prozessanpassungen erforderlich waren. Im Laufe der Zeit kamen dann durch die große Anzahl von Möglichkeiten, die der „Demand Planner" zur Verfügung stellt, einige neue Prozesse hinzu. Diese nutzen im Wesentlichen die neuen Möglichkeiten des Internets aus.

Die „Factory Planner"-Lösung sollte zunächst den Bereich Flachbaugruppen- und Systemmontagesteuerung unterstützen. Da hier von der dezentralen Steuerung jedes einzelnen Produktionsbereiches auf die zentrale Steuerung durch einen neu etablierten „Gameroom" übergegangen wurde, waren hier eine ganze Reihe von Anpassungen erforderlich. Der „Gameroom" hat mit dem „Factory Planner" nun die Übersicht über die komplette Fertigung und stellt ein virtuelles Team dar (Abb. 4). Es hat jedoch ein festes Büro, in dem insgesamt 13 Mitarbeiter die Steuerung der Fertigung durchführen. Organisatorisch gehören diese Experten weiter zu ihren „alten" Abteilungen, um den Bezug zur Basis nicht zu verlieren.

Das Team besteht aus Mitgliedern der Auftragsabwicklung, der Produktionsbereiche und der Beschaffung und lässt sich mit der Tätigkeit eines Fluglotsen vergleichen. Die wesentlichen Aufgaben des Gameroom-Teams bestehen in den Reihenfolgevorgaben über die gesamte Produktionskette, der Bearbeitung der nicht automatisch bestätigten Ersterminierungen, dem Aufzeigen von Problemschwerpunkten, der Mitarbeit bei der Lösungssuche und der Beantwortung aller „globalen Fragen" in Bezug auf Kapazität und Material. Die operative Verantwortung für die Produktion liegt allerdings weiterhin bei den Line-Leitern. Weiterhin wird nun auf Grund der besseren Transparenz in der Produktion die Möglichkeit eröffnet, bestimmte Baugruppen erst nach Auftragseingang zu produzieren.

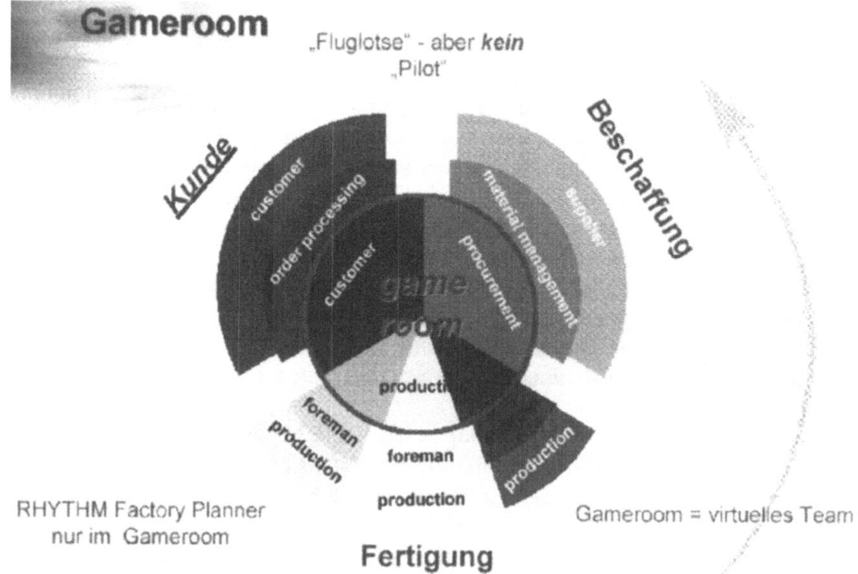

Abb. 4. Im „Gameroom" wird die Reihenfolge der Auftragsbearbeitung festgelegt.

Der zweite komplexe neue Anwendungsfall des „Factory Planners" bei Flextronics International Germany bezieht sich auf die Terminierung von Kundenaufträgen. In der Vergangenheit wurden die eingehenden Aufträge nach Standardlieferzeiten ohne die Berücksichtigung von Material und Kapazität terminiert. Dieses führte häufig zu einer großen Unruhe in der Fertigung und zu vielen Umterminierungen gegenüber dem Kunden. Durch das „Due Date Quoting" (DDQ) wird heute an dieser Stelle eine Online-Terminierung mit der Berücksichtigung der vorhandenen Materialien und Kapazitäten genutzt (Abb. 5). Auch hier waren allerdings starke Anpassungen in den Prozessen und Verfahren erforderlich.

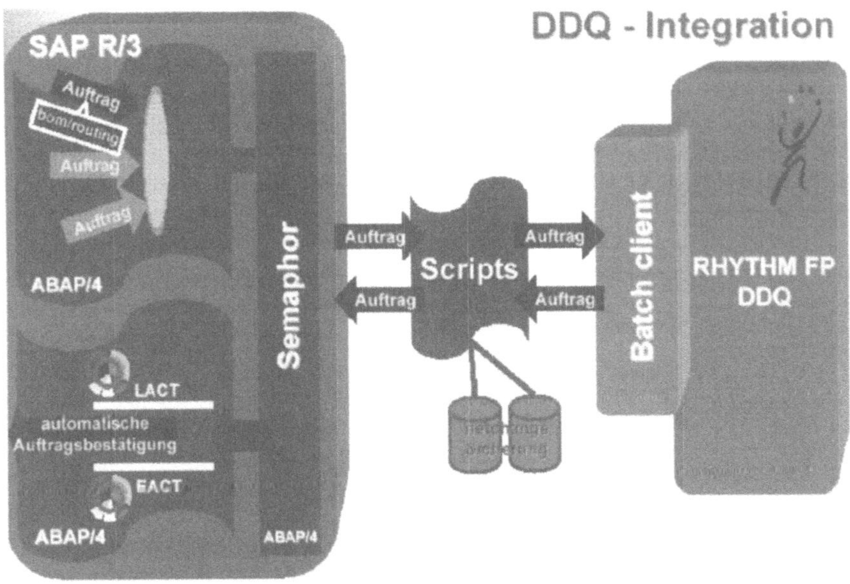

Abb. 5. DDQ ermöglicht Online-Terminierung unter Berücksichtigung von Kapazitäten und Material.

Technisch funktioniert das DDQ nach dem Prinzip „einer nach dem anderen", sodass man von einen SAP-Multiprozessorsystem auf einen Single-Prozessor kommt und im Anschluss daran nach bestimmten Kriterien automatisch entscheidet, ob dieser – vom Factory Planner ermittelte – Termin automatisch an den Kunden weitergegeben werden soll oder er eventuell im „Gameroom" noch nachbearbeitet werden muss.

Durchlaufzeiten haben sich halbiert

Durch diese beiden komplexen Prozessänderungen sind die Produktionseinsteuerung, die Disposition und eine Reihe kleinerer Prozesse im Paderborner Flextronics-Werk teilweise erheblich erneuert worden. Die Daten für die Entscheidungsfindungen mit Hilfe der SCM-Software werden jede Nacht im ERP-System durch eine komplett eigene ABAP/4-Schnittstelle neu generiert. Bewusst entschieden sich die Verantwortlichen zu dieser sicherlich komfortablen, aber auch aufwendigen Lösung, da sie auf Grund des recht aufwendig gecustomizeten SAP-Systems und der komplexen Struktur des Unternehmens sehr viele Felder dem Software-Tool nur berechnet zur Verfügung stellen können.

In der Flachbaugruppenfertigung ist es mittlerweile gelungen, den Prozessaufwand zu halbieren und Produkte in der Hälfte der Zeit zur Verfügung zu stellen. Die Zeit, um Aussagen zu Kundenanfragen in Bezug auf Liefertermine zu treffen, hat sich deutlich reduziert und die Erstterminierung findet online mit Berücksichtigung von Kapazitäten und Material statt. Die Qualität in den einzelnen Prozessen wurde ebenfalls entsprechend verbessert. Der Planungsprozess wird von den Mitarbeitern als angenehmer und effektiver empfunden und bietet nun die gewünschten Funktionalitäten (Abb. 6). Allerdings muss explizit darauf hingewiesen werden, dass trotz der stattgefundenen wesentlichen Änderungen noch eine Vielzahl anderer Anpassungen erforderlich waren, die nichts mit den RHYTHM-Tools zu tun haben. Sie leisteten aber ebenfalls, jede für sich, einen entscheidenden Beitrag zur Erreichung der angestrebten Ziele.

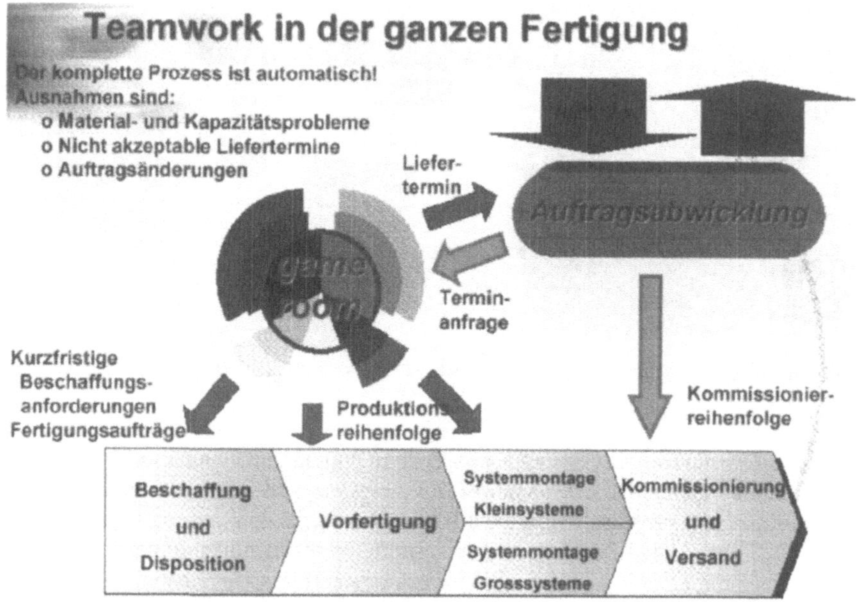

Abb. 6. Die Auftragsabwicklung hat sich deutlich beschleunigt.

Da diese Tools bei Flextronics „nur" zur Entscheidungsunterstützung genutzt werden, ist eine hervorragende Stammdatenqualität und eine genaue Prozessabbildung zwingend notwendig, um der vom Tool vorgeschlagenen Entscheidung tatsächlich trauen zu können. Die Tatsache, dass nun die Reihenfolge über die komplette Fertigung in einem Team erarbeitet wird, erzwingt in den einzelnen Bereichen das Besinnen auf deren eigentliche Kernfunktion – die Produktion – und eine gute Termintreue, da die festgelegten Reihenfolgen nicht funktionieren, wenn schon morgens die material- und kapazitätsoptimierten Termine nicht eingehalten werden. Außerdem – so die praktische Erfahrung – wird nicht einfach ein neues Supply-Chain-Management-Tool implementiert, es verändert sich auch völlig die Philosophie der Fertigung. Als Beispiel sei hier die SMT-Linie im Paderborner Flextronics-Werk genannt, die für sich allein betrachtet am sinnvollsten ein Jahreslos fahren müsste. Im kostenoptimierten Zusammenhang der Logistikkette werden aber nun deutlich kleinere Lose produziert. Daraus folgt, dass neben den umfassenden Prozessänderungen auch die Einstellungen der Mitarbeiter geändert werden müssen – ebenso die zahlreichen Kennzahlen, die die meisten Beschäftigten zur Orientierung benötigen.

Basis für künftige E-Business-Lösungen

Um all diese Veränderungen zu erreichen, benötigt der einführende Informationssystembereich unbedingt die volle Unterstützung des Managements. Denn nur dann hat er in Krisensituationen – und die wird es selbst bei einer noch so guten Projektleitung geben – entsprechenden Rückhalt. Durch die Implementation der Software und die anderen parallelen Fachbereichsprojekte ist es bei Flextronics International Germany innerhalb von zwölf Monaten gelungen, die Transparenz der Material- und Kapazitätssituation deutlich zu erhöhen. Doch diese Offenheit war längst nicht allen Mitarbeitern recht, und es mussten erst entsprechende Prozesse definiert werden, um damit umgehen zu können. Die sofort nach der Einführung der Software eingetretenen Verbesserungen haben aber auch kurzfristig Herausforderungen deutlich gemacht, die vorher so nicht sichtbar waren.

Denn speziell bei der Erstterminierung ist es zum Beispiel teilweise äußerst schwierig, aus allen vom „Factory Planner" aufgezeigten Problemen die wirklich wichtigen zu erkennen. Nach der ersten Produktivwoche der SCM-Lösung fühlten sich die Verantwortlichen deshalb ein wenig „wie nach der Führerscheinprüfung" – man hat sie zwar bestanden, aber nun muss in der Praxis das Fahren gelernt werden. Und dieser Lernprozess stellt sich jeden Tag neu. Da sich der „Factory Planner" sehr eng an der Fertigung befindet, ist es erforderlich, ihm sämtliche Änderungen – auch scheinbar noch so unwichtige oder kleine – „mitzuteilen". Diese zunächst etwas aufwendige Aufgabe hat aber natürlich den großen Vorteil, dass dadurch die Basis für die erfolgreiche Bewältigung der bevorstehenden Herausforderungen aus dem E-Business gelegt wird. Denn nur ein „intelligentes E-Business" macht nach Ansicht des Flextronics-Managements Sinn – und dafür wird eine intelligente Basis benötigt (Abb. 7).

Eine SCM-Lösung – so die praktische Erfahrung – ist nur dann wirklich gut, wenn auch die gesamte Organisation in Logistikketten denkt. Denn nur dann sind die Voraussetzungen für eine webbasierte Zukunft gegeben. Bei Flextronics International Germany ist man nach dem erfolgreichen Abschluss des internen SCM-Projekts optimistisch, die Anforderungen der Kunden in Richtung E-Business recht schnell erfüllen zu können. Und im Bereich E-Procurement gibt es bereits ein globales Projekt für das gesamte Unternehmen, in das auch die gewonnenen Erfahrungen aus Deutschland einfließen.

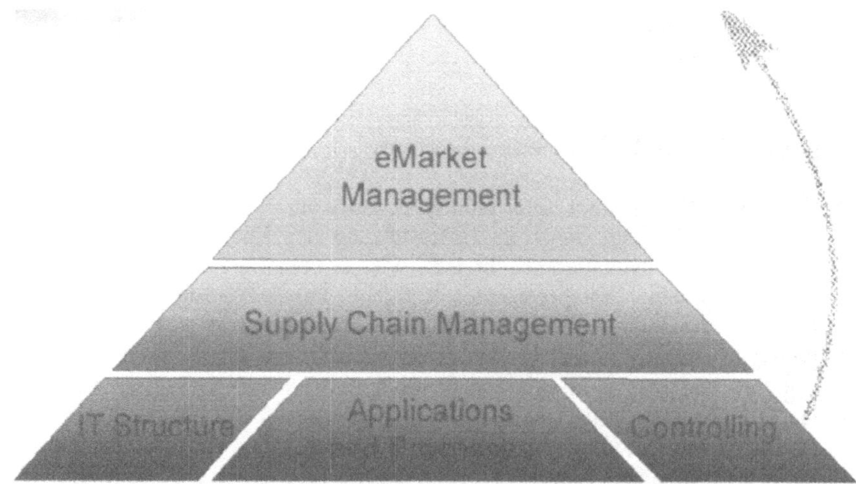

Abb. 7. Die Grundlagen für das E-Business sind geschaffen

Praxisbeispiel: Siemens IT Service – Intelligente E-Business-Lösungen für das IT-Procurement

Alwine Schmitt-Kett
Siemens Business Services, Geschäftsgebiet Siemens IT Service, München,
Projektleiterin

Siemens IT Service stellt ein eigenständiges Geschäftsgebiet innerhalb von Siemens Business Services (SBS) dar. Als viertgrößter Anbieter von systemnahen Dienstleistungen aus dem Bereich Informationstechnologie (IT) in Europa erwirtschaftete Siemens IT Service einschließlich des in den USA erworbenen IT-Dienstleisters ENTEX im Geschäftsjahr 1999/2000 weltweit einen Gesamtumsatz von mehr als 2,2 Milliarden Euro. „Going global" ist dabei nicht nur Marketingstrategie, sondern gelebte Firmenkultur: Von Helsinki bis Sydney stellen im Geschäftsjahr 2000/2001 etwa 17.000 Mitarbeiter in mehr als 800 Servicestützpunkten den Kunden Know-how und Serviceleistungen zur Verfügung. Das Angebotsspektrum umfasst die Planung, Installation und Betreuung von IT-Systemen. Siemens IT Service arbeitet dabei mit nahezu allen führenden Hardware-, Software-, Netzwerk- und Datenbank-Herstellern eng zusammen.

Als marktführender, herstellerunabhängiger „Managed Services Provider" für die Informationstechnologie bietet Siemens IT Service nicht nur einzelne Dienstleistungen an, sondern tritt meist als Generalunternehmer auf und übernimmt damit die Verantwortung dafür, dass die Servicelösungen einen messbaren Erfolg in der Organisation des Kunden bewirken. Das Unternehmen hat sich zum Ziel gesetzt, weltweit einer der fünf größten IT-Dienstleister zu werden. Der Schwerpunkt liegt dabei auf den „Managed Services", in deren Rahmen die Business-to-Business-Lösungen an herausragender Stelle positioniert sind.

Die Duchführung komplexer IT-Rollouts, d.h. die Einführung neuer Softwareprodukte oder Hardwaresysteme in großer Stückzahl, gehört zum Tagesgeschäft von Siemens IT Service. Als Serviceanbieter, der sich um die gesamte IT-Infrastruktur seiner Kunden kümmert, steuert der SBS-Geschäftsbereich den gesamten Prozess von der Beschaffung über die Konfigurierung und Installation bis hin zur Integration individuell ausgestalteter Systeme in die unternehmensweite IT-Landschaft. Die „Value Added Services" – Mehrwertdienstleistungen – stellen dabei ein entscheidendes Wachstumssegment dar. Wesentlicher Bestandteil ist das Dienstleistungsangebot rund um Projekte aus den Gebieten „Multivendor-IT-Procurement" – der Beschaffung von IT-Ausstattung über diverse Lieferanten innerhalb eines Procurement-Systems – und „IT-Rollout". Dieses Angebot ist gleichzeitig ein Türöffner, um weitere hochwertige Serviceleistungen wie Betriebsführung und Netzwerkmanagement für Siemens IT Service zu akquirieren.

Elektronische Gesamtlösung soll herkömmliche Einkaufsprozesse ersetzen

Im Sommer 1999 entstand die Idee, das Geschäftssegment der „Value Added Services" mit einer E-Business-Lösung zu unterstützen und zu stärken. Denn Beschaffungsprozesse und Einkaufsmanagement bieten ein großes Potenzial, durch die Verlagerung herkömmlicher Prozesse auf internetbasierte Verfahren Kosten in beachtlicher Höhe einzusparen und dabei gleichzeitig diese Abläufe zu vereinfachen und zu beschleunigen. In der Lösung von Siemens IT Service werden alle im IT-Procurement anfallenden Hardware- und Software-Liefereinheiten, Dienstleistungen und Prozesse zusammengefasst. Dies bedeutet, dass eine Gesamtlösung im Lieferbereich die bisher isolierten Einkaufsprozesse ersetzt. Eine solche Lösung kann Hard- und Software, Customizing – das Anpassen von Produkten und Services an spezielle Kundenbedürfnisse – ebenso umfassen wie Lieferung, Installation, Versorgung mit Verbrauchsmaterialien, Wartung und weitere Serviceleistungen wie Rücknahme, Abverkauf und Entsorgung der Alt-Hardware.

Im IT-Beschaffungsmanagement sind neben den Kunden verschiedene Partner und Zulieferer zu koordinieren und zu steuern. Das Internet schafft hier viel versprechende Chancen der Zusammenarbeit. Neue unternehmensübergreifende Arbeitsabläufe entstehen, und dadurch auch ganz neue Möglichkeiten der Geschäftsbeziehung. Die nahtlose Integration der Dienstleistungen in das IT-Procurement-Portfolio optimiert nicht nur die Prozesse im Hinblick auf die Anschaffung. Sie bietet dem Kunden auch sofort eine Information, ob die gewünschte Ware oder Leistung verfügbar ist, sowie jederzeit einen Überblick über den zeitlichen Ablauf seiner Bestellung bis hin zur Lieferung und Installation. Dies setzt allerdings voraus, dass die Lösung auch Schnittstellen zu den Systemen der Lieferanten und Partner besitzt.

Der Bundesverband Materialwirtschaft, Einkauf und Logistik (BME) hat bestätigt, dass sich der Einsatz web-basierter IT-Beschaffungsverfahren in barer Münze auszahlt: Beschaffungskosten lassen sich auf elektronischem Wege um 30 Prozent und Verwaltungskosten um bis zu 80 Prozent verringern. IT-Procurement bringt also deutliche Vorteile: Einerseits sparen die Unternehmen Kosten und optimieren ihre Prozesse. Auf der anderen Seite können Anwender schnell bestellen und werden zügig beliefert, während die Bereiche IT und Einkauf in ihrer Arbeit spürbar entlastet werden.

Komplizierte Beschaffungsschritte verursachen Zusatzkosten

Der Bedarf an überblickbaren, anwenderfreundlichen Lösungen auf diesem Gebiet ist groß. Denn Beschaffungs- und Liefervorgänge im Bereich der Informationstechnologie gestalten sich häufig viel zu umständlich. Unzureichend koordinierte Abläufe und Zuständigkeiten, mangelhafte Lieferungen und dadurch verzögerte Installationen und Prozesse sind immer noch Realität in vielen Unternehmen. In komplexen Beschaffungsmanagement-Projekten gibt es zudem immer wieder Änderungen. Sei es, weil der Lieferant die vereinbarten Termine nicht einhält, oder weil im laufenden Projekt die Auslieferung an einzelne Filialen oder Abteilungen vorgezogen oder zurückgestellt werden soll. Nicht immer arbeiten Einkaufs- und IT-Abteilungen der Unternehmen Hand in Hand, Beschaffungs- und Installationsvorgänge gehen deshalb häufig nur mit großem Verwaltungsaufwand über die Bühne. Im Ergebnis führt dies zu hohen Beschaffungskosten, ins Stocken geratenen Prozessen und unzufriedenen Endanwendern.

Erfahrungen aus den Beschaffungsmanagement-Projekten der Vergangenheit zeigen, dass ein Dienstleister wie Siemens IT Service bei 20 bis 40 Prozent der Aufträge telefonische oder schriftliche Rückfragen bei durchschnittlich bis zu drei Partnern tätigen muss, um offene Punkte, Liefertermine und ähnliche Fragen zu klären. Der Workflow und die Verfolgung der Projekte erfolgen manuell. Meist wird die nötige Information in Excel-Tabellen auf dem PC des Bearbeiters gehalten. Die Koordination der Prozesskette Customizing–Spedition–Techniker erfolgt erst, wenn die Hardware eingetroffen ist. Der Kunde hat dabei keinen Überblick über den Vorgang, bis schließlich die Hardware bei ihm installiert wird.

Bei den großen Rollout-Projekten müssen in 30 bis 40 Prozent der Fälle Auslieferungen und Installationen umdisponiert werden – sei es, weil der Kunde seine Planung ändert oder Hardware verspätet eintrifft. Diese Änderungen erfordern auf Seiten von Siemens IT Service und des Kunden einen großen Aufwand, da alles minutiös organisiert sein muss. Häufig findet die Installation beim Kunden außerhalb von dessen Öffnungszeiten statt. Informationen über die installierte Hardware und Software werden heute teilweise noch händisch eingegeben, um sie ans Asset Management und die Service-Datenbank weiterreichen zu können. Zwischen Erledigung des Auftrages und der Abrechnung liegen größere Leerlaufzeiten, da die Kaufleute auf die Fertigmeldung der Techniker warten müssen.

Konkrete Verbesserungen mit Hilfe des Internets

All diesen Problemen will Siemens IT Service mit seinen neuen Dienstleistungsangeboten „eRollout" sowie „IT-Procurement" ein Ende setzen. Einkäufer und Lieferanten können mit deren Hilfe ihre Projekte planbarer, transparenter und kostengünstiger gestalten. Für den Kunden steht dabei ein Warenkorb mit regelmäßig aktualisierten Produkten und Dienstleistungen im Mittelpunkt, der individuell auf ihn ausgerichtet wird. Aus diesem Angebot können die autorisierten Mitarbeiter wählen und die Bestellungen von ihrem Arbeitsplatz aus aufgeben. Siemens IT Service übernimmt als Dienstleister das gesamte Projekt und erledigt alle Arbeitsschritte von der Beschaffung über die Konfigurierung und Installation bis hin zur Verwertung von Altsystemen.

Mit den neuen internetbasierten Tools soll der gesamte Beschaffungsprozess in vielerlei Hinsicht wesentlich verbessert werden:

- Der Kunde besitzt sofort die Information über die **Verfügbarkeit** der gewünschten Ware oder Leistung.
- Er hat jederzeit einen **Überblick** über den zeitlichen Ablauf seiner Bestellung bis zur Lieferung und Installation (Abb. 1).

– Bei der Beschaffung und Zusammenstellung der Produkte und Services zu einer Gesamtlösung müssen viele Zulieferungen und Leistungen nahtlos ineinander greifen. Die Integration der Beschaffung in einen internetgestützten Workflow sorgt dabei für eine durchgängige Prozesskette. Alle Partner, Hardware-Lieferanten, Speditionen, Customizing-Center, Technische Einheiten und Dienststellen von Siemens IT Service bekommen frühzeitig Informationen über Aufträge, die sie erledigen müssen, und können **sofort disponieren**. Das erhöht die Durchlaufgeschwindigkeit.

– Die eingesetzte Planungskomponente ermöglicht vor allem in den komplexen Rollout-Projekten eine **genaue Planung** und hilft, Ressourcenengpässe und größere Hardware-Bestände zu vermeiden.

– Aufträge und Bestellungen werden aus der Kundenbestellung heraus automatisch im SAP R/3-System von Siemens IT Service erzeugt, sodass sich auch für die Kaufleute **weniger Aufwand** ergibt.

– Eine **automatische Schnittstelle** zur SDB (Service Data Base) von Siemens IT Service überführt die Daten über die installierte Hardware und Software automatisch in die Folgeverfahren des Dienstleisters, sodass diese Information im Störfall unmittelbar vorhanden ist.

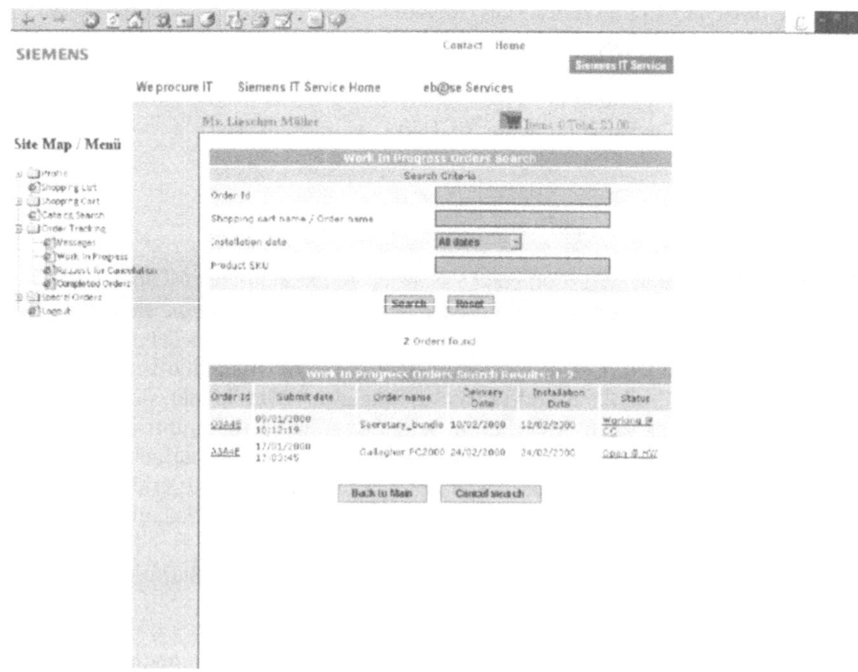

Abb. 1. Der Kunde hat jederzeit den Überblick über alle seine Aufträge im Status „Work in Progress".

Verbesserungen können sich noch durch elektronische Schnittstellen zu den Partnern ergeben. Ein Interface zu den Verfahren des Customizing-Centers ist bereits in Arbeit, ebenfalls eine XML-basierte Schnittstelle zu Vertragsspeditionen und Partnern. Zudem ist die direkte Ankopplung an das Planungssystem des Hardware-Lieferanten Fujitsu Siemens Computers (FSC) geplant. Von einer solchen Lösung würde auch der Computerhersteller profitieren, da er frühzeitig Prognosen aus der E-Business-Lösung von Siemens IT Service erhalten und Geräte zur richtigen Zeit am richtigen Ort bereithalten könnte. Weiterhin ist angedacht, dass Siemens IT Service seine E-Business-Lösungen an das Online-Auftragsbestätigungssystem („On-line Order Promising") von Fujitsu Siemens anschließt. Der Effekt bestände darin, dass Kunden sofort eine qualifizierte material- und kapazitätsgeprüfte Auftragsbestätigung für FSC-Produkte erhalten könnten.

Zwei Ausprägungen einer strategisch bedeutsamen E-Business-Lösung

Die Geschäftsleitung von Siemens IT Service trieb das E-Business-Projekt von Anfang an massiv voran. Sie hatte die strategische Bedeutung einer intelligenten E-Procurement-Lösung für den IT-Servicemarkt schon frühzeitig erkannt und legte großen Wert darauf, eine derartige Anwendung schnell zu realisieren, um damit ein Alleinstellungsmerkmal im Markt zu erreichen. Im August und September 1999 entwickelte Siemens IT Service gemeinsam mit der US-Firma i2 Technologies erste Ideen. i2 ist Marktführer im Supply Chain Management insbesondere bei High-Tech-Firmen und erfolgreicher Anbieter von Internet-Marktplatztechnologie. Zunächst führten Mitarbeiter von Siemens IT Service Fachgespräche mit Entwicklung und Management von i2 in den USA. Dabei überprüften sie, ob dieses Unternehmen als Partner für die angestrebte Lösung der Siemens IT Service in Frage kommt. Die Antwort fiel positiv aus.

Im Oktober 1999 beschloss die Geschäftsleitung dann, einen Prototypen zu entwickeln, um die Machbarkeit zu testen und erste Kundenreaktionen auf eine derartige Lösung einzuholen. Da Siemens IT Service mit dieser Applikation ein neues, innovatives Gebiet betrat, stellte ein positives Feedback der Kunden ein ganz wesentliches Entscheidungskriterium für die weitere Vorgehensweise dar. Im Dezember 1999 war dann der Prototyp fertig. Die Resonanz der angesprochenen Kunden war durchweg positiv. Deshalb entschied die Geschäftsleitung von Siemens IT Service Anfang Januar 2000, die Zusammenarbeit mit i2 zu intensivieren und gemeinsam die geplante Lösung zu entwickeln.

Zunächst existierte die Idee, schnellstmöglich eine kundenspezifische Anwendung für einen bestehenden Großkunden zu entwickeln und diese anschließend als Ausgangsbasis für die Weiterentwicklung einer Standardlösung zu nutzen. Nach Analyse einiger bereits existierender Kundenprojekte erkannte man jedoch schnell, dass die dort formulierten Anforderungen sehr unterschiedlich waren. Von daher erschien es sinnvoll, doch zuerst einen Standardprozess zu definieren und diesen in eine Standardlösung umzusetzen, die eine möglichst hohe Flexibilität für das Customizing der einzelnen Projekte bieten würde.

Beim Zusammenstellen der Anforderungen erwies sich bald, dass das Beschaffungsmanagement zwei Ausprägungen aufweist:

- **Großprojekte**, bei denen ein komplexes Projektmanagement erforderlich ist. Ein Beispiel hierfür ist etwa der Rollout von 20.000 Geldautomaten in zahlreichen Filialen einer Bank.
- Der **tägliche Beschaffungsprozess** für einzelne Hardwaregeräte, bei dem es vor allem auf die Geschwindigkeit ankommt.

Beide Varianten der IT-Beschaffung müssen auf unterschiedliche Art und Weise in eine Lösung umgesetzt werden, da der Ablauf stark voneinander abweicht. Es sind daher statt einer zwei Lösungen entstanden:

- **„eRollout"** für große Projekte,
- **„IT-Procurement"** für das Tagesgeschäft.

Weil Rollout-Projekte erheblich komplexer sind als die alltäglichen Einzelbeschaffungen, begannen Siemens IT Service und i2 zunächst mit der Entwicklung der eRollout-Lösung.

Herausforderung für das Team: Anforderungen festlegen und einarbeiten

Anfang Januar 2000 wurde ein Requirement-Team, bestehend aus Consultants der „Practice Rollout" von Siemens IT Service – also Spezialisten aus dem Rollout-Bereich –, zusammengestellt, das die Anforderungen an eine solche Lösung herausarbeitete. Bei der eingehenden Analyse dieser Bedürfnisse zeigte sich, dass zuerst das Projektteam einen einheitlichen Prozess für die Abwicklung der Rollout-Projekte definieren musste, da die Vorstellungen von solchen Prozessen im Requirement-Team sehr verschieden waren. Die Teammitglieder brachten voneinander abweichende Erfahrungen aus völlig unterschiedlichen Projekten mit.

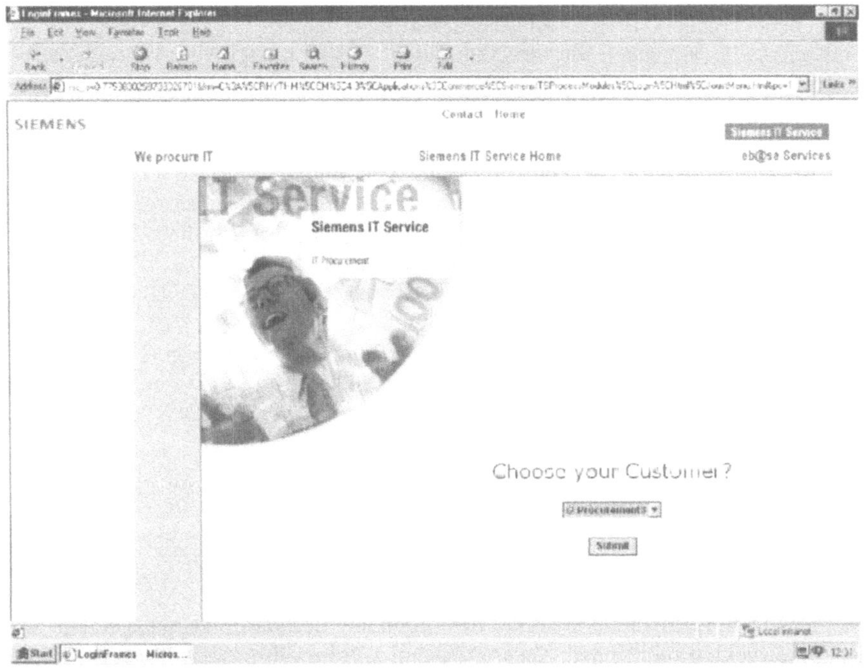

Abb. 2. Die Einstiegsmaske für den Servicemitarbeiter mit der Möglichkeit zur Auswahl des jeweiligen Kunden

Mitte Februar lag schließlich ein umfangreiches Anforderungsdokument vor. Parallel zur Definition der detaillierten Anforderungen für „eRollout" begann, aufbauend auf dem Prototypen, die Entwicklung von Basiskomponenten. Damit sollte das Ziel abgesichert werden, Anfang April eine erste Version für den Test verfügbar zu haben. Ein Team aus i2- und SBS-Mitarbeitern startete auf Basis der Erkenntnisse aus dem Prototypen die Entwicklung bei i2 in Brüssel. Das Business Release 1 (BR1) wurde Ende März 2000 termingerecht fertig gestellt und ersten Abnahmetests unterzogen.

Dass die Entwicklung des BR1 in Brüssel stattfand, erwies sich im Nachhinein als Nachteil. Denn wegen der räumlichen Entfernung war keine permanente Diskussion zwischen Entwicklern und Requirement-Team möglich. Doch diese wäre gerade in dieser Phase dringend erforderlich gewesen. Deshalb zog Ende April die gesamte Entwicklung zu Siemens IT Service nach München um. Eine entsprechende Entwicklungsumgebung musste dort allerdings erst geschaffen werden. Ihre Installation war jedoch mit unerwarteten Problemen verbunden, denn die Installationsvoraussetzungen für die i2-Software sind sehr komplex, die Anleitungen waren außerdem teilweise unvollständig. Ein Experte aus den USA musste extra eingeflogen werden, um das Problem zu lösen. Nachdem die entwickelte Anwendungssoftware in München installiert war, nahmen die Projektmitarbeiter erneut die Abnahmetests in Angriff. Für diese waren sechs Wochen eingeplant – ein viel zu knapper Zeitraum, da nach der Übertragung auf die Münchener Systemumgebung neue Fehler auftraten. Als diese korrigiert waren, konnte Anfang Juli der Startschuss für die ersten Pilotprojekte fallen. Das ist trotz Terminverzug eine beachtliche Leistung, da die Realisierung des Projekts erst Mitte Januar begonnen hatte.

Parallel zur Entstehung der eRollout-Lösung begann im März die Definition der Anforderungen für „IT-Procurement". Die Entwicklung dieser Anwendung startete im Mai; Mitte Juli war dann das erste Business Release realisiert. Auch hier stellten sich bei den Abnahmetests unerwartete Probleme mit den i2-Basis-Tools zur Administration der User und des Warenkorbes ein, deren Beseitigung mehrere Wochen in Anspruch nahm. Erst im Oktober konnten daher die ersten Pilotprojekte für „IT-Procurement" anlaufen.

Trotz der erreichten Erfolge war Siemens IT Service damit, gemessen am ursprünglichen Plan und der geforderten Bereitstellung von Funktionalität, im Verzug. Die Kosten fielen ebenfalls deutlich höher aus als ursprünglich vorgesehen.

Langjährige Erfahrung soll den Blick für die Anwenderbedürfnisse schärfen

Die Requirement- und Testteams bestehen im Wesentlichen aus Mitarbeitern von Siemens IT Service, die langjährige Erfahrung aus Beschaffungsmanagement- und Rolloutprojekten mitbringen. Diese Auswahl soll gewährleisten, dass die Lösung die Bedürfnisse des Marktes möglichst exakt trifft. Die Entwicklungsteams dagegen bestehen aus Consultants und Systemarchitekten von i2 sowie Beratern von SBS. Die Integration in das SAP R/3-System von Siemens IT Service wurde selbst konzipiert und mit Unterstützung von SBS-Experten umgesetzt. Als nachteilig im Verlaufe des Projektes erwiesen sich Ressourcen-Engpässe auf Seiten von i2 und die damit verbundene Fluktuation von Mitarbeitern während des Projekts. Ursache hierfür ist die Tatsache, dass der Markt schneller wächst, als die E-Business-Firmen die daraus resultierende Nachfrage bewältigen können.

Zu Projektbeginn stand zunächst die Anwendungskompetenz in den Requirement-Teams im Vordergrund. Die Mitarbeiter mussten in der Lage sein, sich vorzustellen, wie das System aus der Sicht der künftigen Nutzer im Arbeitsalltag funktionieren sollte. Das Requirement-Team bestand daher aus Experten der verschiedensten Fachabteilungen, nicht aber aus Systemanalytikern. Deshalb war es für die Entwickler teilweise schwierig, aus den Requirement-Dokumenten die Anforderungen an die Software-Lösung herauszufiltern und präzise zu beschreiben. Die von den Fachspezialisten ermittelten Anforderungen wurden daher im Verlaufe des Projektes in eine Form übertragen, die als solide Basis sowohl für die weitere Entwicklung als auch für die Definition von Testfällen geeignet ist. Als Beschreibungstechnik für die Spezifikation wählte die Projektleitung die UML-Darstellung (Unified Modeling Language), und hier insbesondere die „Use Cases" – denkbare Anwendungsfälle aus der Praxis – sowie Sequenzdiagramme. Die Resultate, die das Team damit erzielen konnte, wirkten sich bereits sehr positiv auf beide Projekte aus und sollen ein wichtiger Garant für die erfolgreiche Umsetzung der weiteren Business-Releases werden.

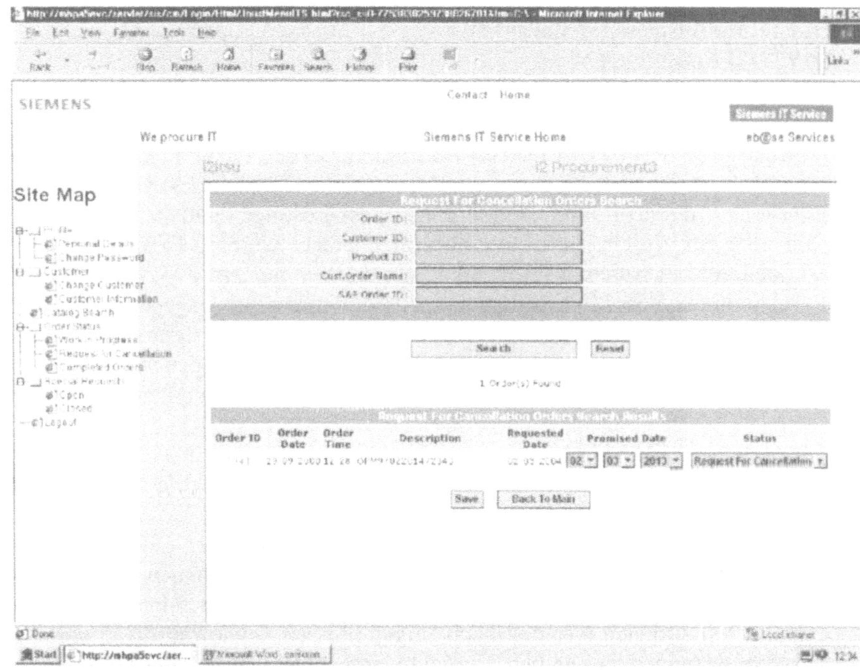

Abb. 3. Die Suche nach gecancelten Aufträgen ist recht einfach.

Nach einem gewissen „kreativen Chaos" in der Startphase, das durchaus hilfreich ist, wenn man Neuland betritt und Geschwindigkeit gefragt ist, musste im weiteren Verlauf des Projektes eine Stabilisierung eintreten. Als Unterstützung zur Einführung einer Vorgehensweise, die den bei Siemens üblichen Softwareentwicklungs-Methoden entspricht, und zur Verbesserung des Entwicklungsprojektmangements berief die Projektleitung daher im Verlaufe der Arbeiten externe Berater mit großer Erfahrung in i2-Projekten in das Team. Die Realisierung weiterer Business-Releases für beide Lösungen begann im Sommer bzw. Herbst 2000 und wird noch vor Jahresende abgeschlossen. Weitere Releases sind bis Mitte 2001 geplant.

In der Lösung „eRollout" sind folgende Komponenten der i2-Software im Einsatz:

- RHYTHM Customer Management™
- RHYTHM eBusiness Framework™
- RHYTHM Link™ und
- RHYTHM Resource Scheduler™/Factory Planner™

Die Lösung „IT-Procurement" nutzt folgende i2-Komponenten:

- RHYTHM Customer Management™

– RHYTHM eBusiness Framework™
– RHYTHM Link™ und
– Global Logistics Manager™

Der Einsatz des RHYTHM Internet Fulfillment Servers (IFS) in einem späteren Business-Release ist geplant, um das „Promising" – frühzeitiges Bestätigen des Liefertermins – durchzuführen. Beide E-Business-Lösungen sollen in absehbarer Zeit auf eine einheitliche Softwareplattform gebracht werden. Denn „eRollout" basiert noch auf der früheren i2-Technologie, die sich auf „Active Server Pages" (ASP-Technologie von Microsoft) stützt. „IT-Procurement" dagegen stützt sich auf eine neuere, seit April 2000 verfügbare i2-Technologie auf Grundlage von Java und Javascript. Beide Lösungen sollen Anfang 2001 auf der neuen i2-Plattform für elektronische Marktplätze (Tradematrix) technologisch zusammengeführt werden.

Zeitmangel und Komplexität als kritische Faktoren

Umfassende Erfahrungen im Einsatz der neuen Lösungen können gegenwärtig noch nicht vorliegen, da sich die verschiedenen Pilotprojekte noch in der Startphase befinden. Es wird sich also erst noch zeigen müssen, inwieweit die erwarteten Prozessverbesserungen tatsächlich eintreten. Sehr positiv war jedoch bereits im Sommer 2000 die Resonanz vieler Kunden im In- und Ausland. In mancher Ausschreibung, die gewonnen wurde, waren die neuen Tools ein zusätzliches Gewicht in der Waagschale.
Ebenfalls als Erfolg anzusehen ist, dass mit diesen Lösungen erstmals Werkzeuge existieren, die Siemens IT Service im In- und Ausland gleichermaßen einsetzt, denn sie wurden von Anfang an für einen internationalen Einsatz konzipiert. Damit wird es nun möglich, global agierenden Kunden ein einheitliches Tool-Set und eine einheitliche Abwicklung von Großprojekten länderübergreifend anzubieten. Mit den Projektergebnissen ist die Einführung eines homogenen Prozesses bei der Abwicklung von Rolloutprojekten inzwischen Realität.
Noch eine interessante Betrachtung am Rande: Wegen der hohen Anpassbarkeit der IT-Procurement-Lösung scheint diese auch für den Einsatz in anderen Bereichen des Siemens-Konzerns geeignet – überall dort, wo Hardware im Paket mit Dienstleistungen angeboten wird. Mit einigen anderen Bereichen des Unternehmens fanden bereits Gespräche über diese Möglichkeit statt.
Eine wesentliche Erfahrung im Projekt war, dass die E-Business-Lösungen doch wesentlich komplexer sind, als beim ersten Hinsehen vermutet. Die Erwartung, dass die eingesetzten Basisprodukte einen Großteil der Funktionalität abdecken würden, wurde nur teilweise erfüllt. Offensichtlich gab es zu einer so innovativen Lösung, wie der von Siemens IT Service geplanten, bei i2 noch keine geeigneten Templates oder Frameworks, sodass vieles erst für das Projekt speziell entwickelt werden musste.
Kritisch ist in diesem Zusammenhang, dass in den Projekten im E-Business-Umfeld Zeit (Time-to-Market) immer einen wesentlichen Faktor darstellt. Wie

sich auch hier wieder zeigte, beeinflusst der Zeitdruck die Qualität der Ergebnisse und häufig auch die Kosten negativ. Hier muss man als Auftraggeber mit realistischen – wenn auch offensiven – Vorgaben arbeiten, um Termine, Kosten und Qualität in einem ausgewogenen Verhältnis zu halten. Die heute vorhandenen Framework- bzw. Komponententechnologien können jedenfalls wertvolle Hilfe für dieses herausfordernde Umfeld leisten.

Als sehr positiv hat sich erwiesen, dass die Service-Consultants von Siemens IT Service sehr früh in das Projekt einbezogen wurden. Denn diese tragen dadurch das Thema bereits seit geraumer Zeit in die Organisation und bereiten so den Boden für den Einsatz der neuen Prozesse und Tools. Damit wurde gleichzeitig die Basis zur erfolgreichen Einführung von weiteren intelligenten, internetbasierten Lösungen für den IT-Service geschaffen.

Teil 5

Informationsmanagement

Business Information Management sorgt für Überblick in der Informationsflut

Jürgen Müller
Siemens Business Services, München, Leitung Practice Management Business
Information Management

Informationen begleiten unsere gesamte Existenz. Informiert sein ist die Lebens- und Arbeitsgrundlage des modernen Menschen. Im privaten wie auch im beruflichen Bereich können wir unsere Aufgaben nur meistern und notwendige Entscheidungen treffen, wenn wir über die entsprechend aufbereiteten und damit nutzbaren Informationen verfügen. Sowohl derjenige, der die Informationen zur Verfügung stellt, sollte sich also schon Gedanken machen über die Aufbereitung und die spätere Nutzung, als auch derjenige, der dieses „Betriebsvermögen" zum Recherchieren, Informieren, Lernen, eben zur Nutzung durch Wissenserwerb, vorhält. Die Herausforderung besteht also darin, die verfügbaren Informationen zu bewirtschaften, sie einem strikten Management zu unterziehen. Noch liegen riesige Informationsbestände als ein Teil des Betriebsvermögens in den Unternehmen in nicht digitalisierter Form vor. Sie verstauben in Papierablagen und Archiven, liegen als Aktenstapel auf Schreibtischen und müssen langwierig per physischem Transport bewegt werden. Häufig gilt hier auch noch der Grundsatz „wer suchet, der findet".

Voraussetzung für erfolgreiches E-Business

An Unternehmen im Informationszeitalter mit der Herausforderung, am E-Business partizipieren zu wollen, gibt es jedoch eine wesentliche Anforderung: Informationen schnell, sicher, aktuell und nutzergerecht zur Verfügung zu haben. Ansätze, wie sich diese Anforderungen an das Informationsmanagement im Unternehmen strukturiert und leicht fassbar darstellen lassen, sind mannigfaltig Dabei kommt es häufig zu Begriffsverwirrungen, denn Syntax und Semantik sind in diesem Bereich – wie in vielen anderen Bereichen der Informationstechnologie (IT) auch – bestimmten Moden unterworfen. So werden unter dem Eindruck der aktuellen Diskussionen über die Wissensgesellschaft oftmals „Informationsmanagement" und „Wissensmanagement" gleichgestellt oder es wird der technologische Aspekt alleine – ohne Beachtung des Prozessgedankens – in den Vordergrund gerückt. An dieser Stelle soll ausschließlich der Ansatz des „Business Information Management" (BIM) betrachtet werden. Denn er bietet die Möglichkeit, sowohl die Applikationselemente als auch den Prozessgedanken und die IT-Strukturen für das Informationsmanagement im Umfeld des E-Business zu vereinen.

„Business Information Management" deckt mit den zugehörigen Applikationen als Kernfunktion im Unternehmen vier Segmente ab:

– Business Intelligence (Entscheidungsprozesse)
– Knowledge Management (Wissens-, Informations- und Dokumentationsprozesse)
– Product Definition Management (Produktentstehung und -begleitung über den kompletten Lebenszyklus)
– Archivierung und Sicherung (Ablegen, Aufbewahren, Wiederfinden)

All diesen Segmenten gemeinsam sind zusätzlich noch Anforderungen bezüglich der E-Collaboration und des E-Content-Managements, denn die Zusammenarbeit zwischen Menschen und über Prozesse hinweg ist ebenso wie die Durchgängigkeit der Behandlung und Aufbereitung der Inhalte eine zwingende Voraussetzung (Abb. 1).

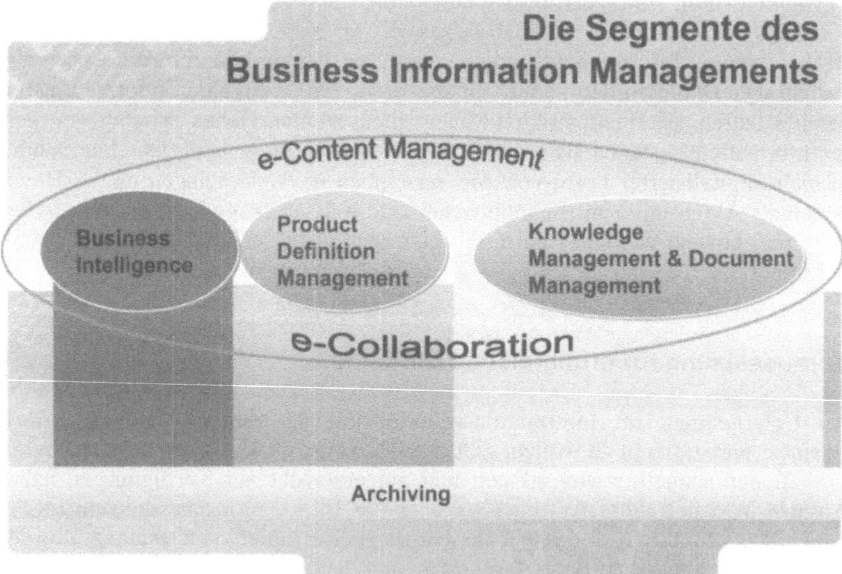

Abb. 1. Die Segmente des Business Information Management

Effizientes „Business Information Management" und die Gestaltung des „Information Backbone" im Unternehmen stellen gleichzeitig eine wesentliche Grundlage für ein erfolgreiches E-Business dar. Denn es gilt, das „Informationsparadoxon" – immer mehr Informationen stehen zur Verfügung, die immer schwerer zu nutzen sind – aufzulösen und die vorhandenen Informationen richtig zu interpretieren. Diese Aufgabe entwickelt sich immer deutlicher zum kritischen Erfolgsfaktor.

„**Business Intelligence**" hilft bei der Entscheidungsfindung. Die Fähigkeit, Informationen elektronisch zu strukturieren, zu verarbeiten, zu bündeln und zielgerichtet rund um die Uhr bereitzustellen, schafft die Basis für eine effektive Abwicklung der Geschäftsprozesse und für das „**Knowledge Management**". Strukturierte Informations-Prozesse in der Fertigung sind die Voraussetzung für einen optimierten Produktgestehungsprozess. „**Produkt Definition Management**" (PDM) betrachtet dabei den kompletten Produktlebenszyklus. Die Informationsflut zu fassen und den gesetzlichen Aufbewahrungsvorschriften zu genügen, ist die Aufgabe der **Archivierung**. Sie sichert das Unternehmen gleichzeitig gegen Informationsverlust ab und sorgt für die Zusammenführung der Datenbestände. Das Dokumentenmanagement ist dabei eine Untermenge des Knowledge Management, das wiederum ein Teilbereich des „Business Information Management" ist (Abb. 2).

Die Belegverarbeitung in einer Bank umfasst beispielsweise die komplette Kette von der Aufnahme (zum Beispiel durch Scannen) über die Verarbeitung (Managen der Information, Formatgestaltung, Bearbeitung für diverse Prozesse, Ablage, Archivierung in Datenbanken, auf CD-ROM, Platte oder Diskette), die inhaltliche Bearbeitung des Belegs (inklusive Übergabe an das betriebswirtschaftliche System) und die Weiterleitung zur elektronischen Aufbewahrung bis zur Suche und Ausgabe (Online-Bereitstellung, Drucker) im Geldinstitut oder Ausgabe von Belegen an den Kunden (z.B. Kontoinformation online oder über den Kontoauszugsdrucker).

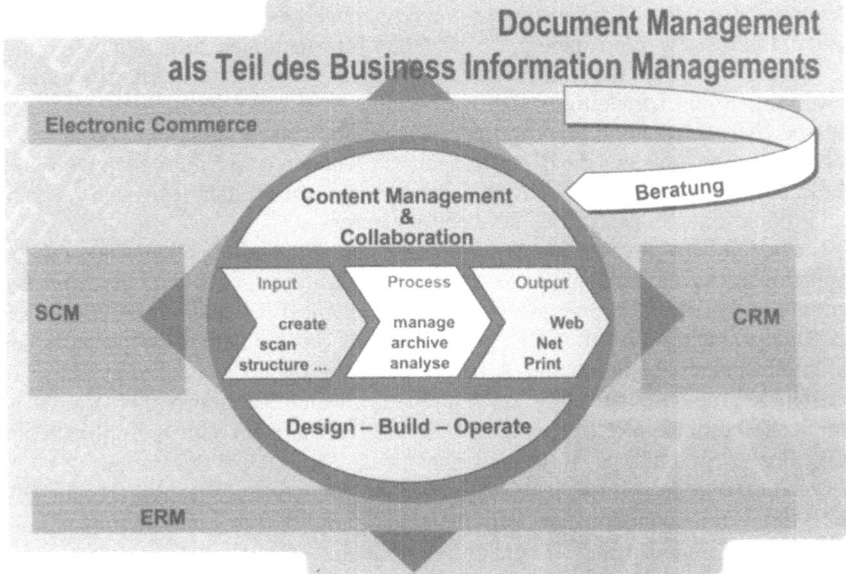

Abb. 2. Dokumentenmanagement umfasst zahlreiche Einzelschritte.

Die Herausforderung der Unternehmen besteht darin, die vorhandenen Informationen zu gestalten, zu managen und für die externen Prozesse im Supply Chain Management (SCM), im Customer Relationship Management (CRM) und für die Nutzung auf den elektronischen Marktplätzen bereitzustellen. Um fit für das E-Business-Zeitalter zu sein, genügt jedoch nicht allein die nach außen gerichtete Betrachtungsweise. Unter dem Begriff „Business-to-Employee-Portal" (B2E) gewinnt auch die Einbeziehung der Mitarbeiter (Employees) in diesem Bereich zunehmend an Bedeutung.

Nervensystem und Rückgrat für die Informationen im Unternehmen

„Business Information Management" ist keine neue Erfindung. Schon immer sammelten Unternehmen Informationen über ihre Handelspartner, Produkte, Preise, Handelswege und Märkte. Im Informationszeitalter aber schrumpft die Halbwertszeit dieser Informationen drastisch. Zusätzlich werden die Wege in vernetzten Beziehungen länger und komplizierter. Das Ordnen und die Verfügbarkeit von Informationen haben daher an Stellenwert gewonnen und sind gleichzeitig diffiziler geworden. Früher wie heute werden Informationen zur Entscheidungsfindung und zur Wissensbildung benötigt. Die Menge der zur Verfügung stehenden Entscheidungshilfen hat sich jedoch drastisch erhöht, sodass eine Orientierung immer komplizierter wird.

Abstrakt betrachtet lässt sich das „Business Information Management" als die Steuerung des internen Informations-Nervennetzwerkes eines Unternehmens vorstellen. In dieses werden ständig die aktuellen Informationen aufgenommen, einer Bewertung unterzogen, für Entscheidungsprozesse genutzt oder mit Handlungsanweisungen und Umweltinformationen verknüpft in die Informations- und Wissensspeicher verschoben. Ständig findet auch eine Prüfung statt, ob aufgrund neuer Erkenntnisse – die aus den Beziehungen mit Kunden oder Lieferanten oder vom Markt allgemein gewonnen werden – Änderungen im Produktdesign, in Verkauf und Produktion oder im Service notwendig werden.

Technisch betrachtet stellen die dem BIM zugeordneten Applikationen das Informationsrückgrat (Information-Backbone) des Unternehmens dar. In seiner Bedeutung ist es dem Enterprise Resource Management (ERM) oder dem Enterprise-Resource-Planning-System (ERP) gleichzusetzen, das die betriebswirtschaftlichen Funktionen eines Betriebes mit Anwendungen für Finanzbuchhaltung, Materialwirtschaft, Produktionsplanung usw. unterstützt. Auch der Information-Backbone sichert die betrieblichen Kernprozesse ab und realisiert mit seinen Applikationen (z.B. Produktgestaltung, Wissensmanagement, Mitarbeiterinformation, ...) das Nervennetzwerk der Firma. Über Datenbanken, Ablagen und Archive werden beide Systeme miteinander verknüpft, zusammen sind sie für ein funktionierendes Unternehmen im E-Business-Zeitalter unerlässlich (Abb. 3).

Abb. 3. Das strategische Rückgrat eines Unternehmens

Von der Wiege bis zur Bahre

Auch im postindustriellen Zeitalter besteht der Unternehmenszweck in der Erwirtschaftung von Erträgen. Erträge erwirtschaftet ein Unternehmen durch erfolgreiche Produkte oder durch Dienstleistungen. Vor allem hier wird es zu einem massiven Wandel im Informationsdesign kommen. Informationen müssen so gestaltet, aufbereitet und gemanagt werden, dass sie den gesamten Lebenszyklus eines Produktes begleiten. Dazu sind schon die Informationen, die zur ersten Produktidee im Produktdefinitionsprozess vorliegen, in ein entsprechendes System einzuspeisen. Sie werden dann im Laufe der Zeit mit den Informationen für und aus der Produktion, dem Verkauf und dem Service verknüpft. Selbst wenn das Produkt oder die Dienstleistung eines Tages „überflüssig" sein sollte, sind sie beispielsweise aus rechtlichen Gründen (Produkthaftung) noch verfügbar zu halten. Die Informationen begleiten ein Produkt also sein ganzes „Leben" (Abb. 4).

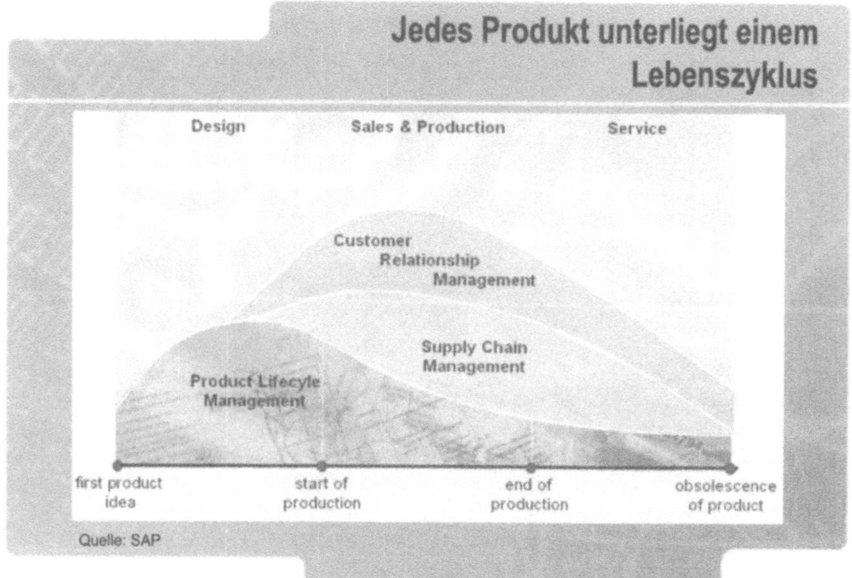

Abb. 4. Informationen begleiten ein Produkt über den gesamten Lebenszyklus

Anhand eines konkreten Beispiels aus der Praxis lässt sich der Nutzeffekt des „Business Information Management" aufzeigen: Ein Hersteller von Kommunikationssystemen hat eine Informationsbasis in sein Intranet implementiert. Von hier aus versorgt er seine Vertriebs- und Service-Teams rund um den Erdball mit den notwendigen Informationen. Die Mitarbeiter können Produktbeschreibungen für ihre Kunden erhalten und Servicedokumente oder Argumentationshilfen für den Vertrieb abrufen. Diese Applikation fungiert aber auch gleichzeitig als Wissensbasis. Sie stellt virtuelle Räume zum Erfahrungsaustausch zur Verfügung und beantwortet häufig gestellte Fragen (FAQs). So generiert sie zusätzlich Wissen, das aus der Erfahrung mit den Produkten und ihrer Nutzung entsteht. Dieses kann dann bei der Entwicklung der nächsten Produktgeneration verarbeitet werden. Zusätzlich ermöglicht ein solches System dem Unternehmen einen deutlichen betriebswirtschaftlichen Effekt: Wenn beispielsweise 1.500 Service-Mitarbeiter weltweit ihre Suche nach Informationen und den notwendigen Wissensupdate täglich nur um eine viertel Stunde verkürzen können, gibt dies bei möglichen 220 Arbeitstagen p.a. eine Minderung der unproduktiven Stunden um 82.500. Diese Mitarbeiter können nun bei einem angenommenen Stundensatz von 80 € dem Unternehmen jedes Jahr einen Mehrerlös von 6.600.000 € oder 12.908.478 DM erwirtschaften – eine Milchmädchenrechnung sicher, aber ein Nachdenken wert.

Umfassender informationsstrategischer Ansatz

Kernelemente des „Business Information Management" sind heute im Wesentlichen die Internet-Technologien (Internet, Intranet, Extranet). Es reicht jedoch nicht aus, nur die bestehenden Client-Server-Architekturen gegen das Intranet auszutauschen und damit von einer Technologie zu einer anderen zu wechseln, denn die Herausforderungen sind wesentlich größer: Prozesse müssen herausgearbeitet werden, auf ihre Fähigkeit und Tauglichkeit für das E-Business geprüft und eventuell neu gestaltet, anders verknüpft und sodann in Applikationen und Technik „gegossen" werden. Dies bedeutet die Definition eines umfassenden informationsstrategischen Ansatzes für das Unternehmen, der dann konsequent umgesetzt werden muss.

Was dies konkret bedeutet, soll ein Beispiel aus der Praxis zeigen: Ein Unternehmen gibt einen Produktkatalog heraus, eventuell sogar „schon" elektronisch auf CD-ROM. Ihn ins Intranet zu stellen, ist zwar ein nächster Schritt, reicht aber heute längst nicht mehr aus, denn der elektronische Katalog wird zukünftig die Basis des E-Business mit den Kunden sein. Um ihn aber im Internet oder Extranet zur Verfügung stellen zu können, sind heute einige wichtige Voraussetzungen zu erfüllen. So sollte der Katalog:

- konfigurierbar sein, d.h., der Kunde oder Geschäftspartner muss **sein** Produkt maßgeschneidert zusammenstellen können;
- die Verfügbarkeit der Produkte darstellen können, d.h., der Kunde oder Partner muss **seinen** Lieferzeitpunkt feststellen und -legen können;
- Preisinformationen liefern, d.h., der Kunde oder Partner muss bei jedem Konfigurationsstand sehen können, was **sein** Produkt kostet.

Um allein diese Anforderungen, die mittlerweile von den Kunden verlangt werden, erfüllen zu können, muss der Katalog z.B:

- Zugriff auf das PDM-System haben, damit der Konfigurator realisiert werden kann;
- Zugriff auf die Supply-Chain haben, denn nur so lassen sich die Informationen über den möglichen Lieferzeitpunkt gewinnen;
- mit dem ERP-System gekoppelt sein, um ständig über die aktuellsten Preisinformationen und alle Konditionen verfügen zu können, die eventuell mit dem Kunden oder Partner vereinbart wurden;
- an das CRM-System angebunden sein, um der Kundenbetreuung stets aktuell Auskunft über die Aktivitäten des Kunden geben zu können.

Dieses Beispiel verdeutlicht die enge Verknüpfung einer einzelnen Anwendung mit den anderen E-Business-Prozessen im Unternehmen. Jede Applikation ist deshalb bei ihrer Gestaltung auf die Wechselwirkungen mit den Anwendungen im Unternehmen, die zur Realisierung der Kern- und Stützprozesse eingesetzt werden, zu untersuchen. Gleichzeitig müssen ihre Kernaufgaben und ihre Schnittstellen definiert werden. Daneben sind die Anforderungen der Applikation an die einzusetzende Plattform wie zum Beispiel Dokumenten-Management-System

(DMS), Web-Content-Management-System (WCM) oder Suchmaschine zu berücksichtigen. Denn nicht die zur Verfügung stehenden Tools der Plattform sollten die Funktion bestimmen, sondern die Anforderungen der Applikation. Dabei gilt die Faustregel: Es kommt nicht auf eine hundertprozentige Aufgabenabdeckung unter Nutzung möglichst vieler Tools an, sondern es genügt auch eine Abdeckung von 80 Prozent bei einer überschaubaren und berechenbaren Toolvielfalt.

Auch Rom wurde nicht an einem Tag erbaut

Das zum Ansatz des „Business Information Management" passende Architekturmodell der Informationstechnik lässt sich sehr gut als Haus darstellen, das über die verschiedenen Ebenen vom Fundament bis zum Dach aufeinander aufgebaut ist (Abb. 5). Ein solches „BIM-Haus" verführt allerdings dazu, die Einführung von BIM als zeitaufwendiges Gesamtprojekt zu betrachten und Zwischenschritte nicht in Erwägung zu ziehen. Dies wäre jedoch falsch. Denn auch mit kleinen Schritten kommt das Ziel näher. Sobald das strategische Konzept klar ist, nach dem die Prozesse relauncht werden sollen, können BIM-Komponenten umgesetzt werden. Anhand einer Prioritätenliste lassen sich dann die notwendigen Applikationen nach und nach integrieren. Ein „Information-Backbone" ist nicht von heute auf morgen zu realisieren und wird auch nicht zeitlos unverändert funktionieren. Kaum läuft die erste Applikation, gibt es auch schon wieder neue Anforderungen. Daher sollte schrittweise eine Funktionalität nach der anderen in Angriff genommen werden: Die Entwicklung einer BIM-Lösung gleicht daher eher einer Evolution.

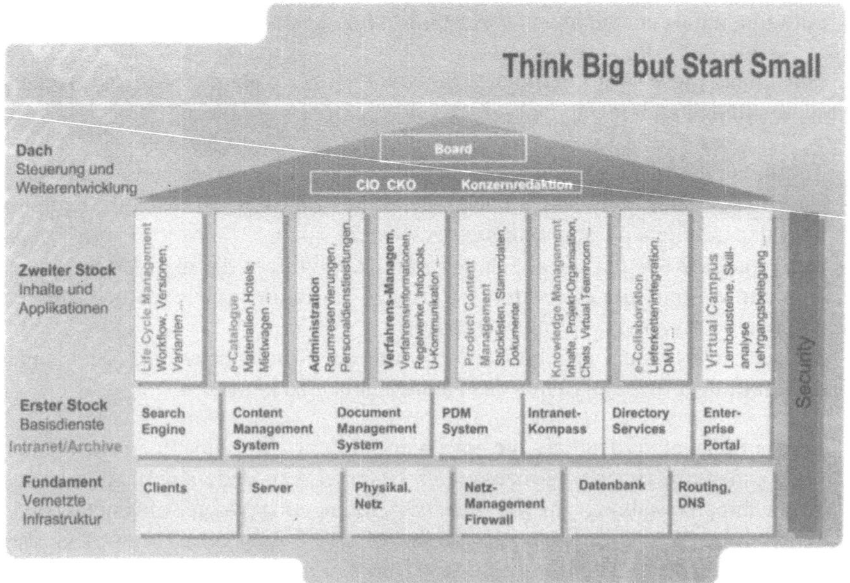

Abb. 5. Das BIM-Haus lässt sich nicht an einem Tag errichten.

Um einen solchen Prozess zu steuern, zu kontrollieren und auch voranzutreiben, ist es für die Unternehmensleitung hilfreich, einen konkreten Ansprechpartner und Verantwortlichen zu haben. Ein Chief Information Officer (CIO) kann hier als Koordinator und Stratege wirken. Er legt die Rangfolge der Funktionalitäten fest und sorgt für einen entsprechenden Ablaufplan. Mit seinem Team ist er gleichzeitig der Anwalt der IT-Laien, der sich für diese mit den Fachabteilungen über die nötigen Leistungen verständigt. Er wird dadurch zum Architekten und Bauleiter der IT-Struktur. Um für die nötige Wissens-Lobby im Unternehmen zu sorgen, kann auch ein Chief Knowledge Officer (CKO) benannt werden. Dieser ist dafür verantwortlich, dass das vorhandene Wissen eines Unternehmens gesammelt, strukturiert und bei Bedarf in den jeweiligen Handlungsfeldern bereitgestellt wird. Gleichzeitig ist er auch der Netzwerker mit den CKO anderer Unternehmen. Auch ihre Wettbewerber, Kunden, Partner entwickeln gute Ideen, Konzepte und Lösungen. Nutzen Sie die Erfahrungen anderer Unternehmen auf diesem Gebiet: Denn zum Wissensmanagement gehört es ebenfalls, von anderen zu lernen. Man muss nicht jeden Fehler selbst machen.

Praxisbeispiel: Reutlinger General-Anzeiger – Einstieg ins E-Business

Valdo Lehari jr.
Reutlinger General-Anzeiger, Reutlingen, Mitglied der Geschäftsleitung

Bei geplanten Business-to-Business-Szenarien, mit denen Geschäftsprozesse firmenübergreifend definiert werden, ist es notwendig, die internen Abläufe vorher zu optimieren und neu auszurichten. Mit seinem Projekt „Neues Zeitungs-System 2000" ist der Reutlinger General-Anzeiger genau diesen Schritt gegangen. Als auflagenstärkste und einzige selbstständige Tageszeitung mit Vollredaktion in der Region Neckar-Alb erreicht das Blatt mit einer täglichen Auflage von ca. 50.000 Exemplaren und seinen zwei Unterausgaben über 138.000 Leser in der Region.

Der Verlag ist ein mittelständisches Unternehmen mit ca. 250 Mitarbeitern, von denen 65 in der Redaktion im Bereich lokale, überregionale und internationale Berichterstattung tätig sind. Daneben werden aber auch noch ein Wochenmagazin, ein monatliches Kulturmagazin mit einer Auflage von 135.000 Stück und diverse Anzeigenblätter, Sonderdrucke, Zeitungs-Verlagsbeilagen und andere Einzelpublikationen herausgegeben und produziert. Der Reutlinger General-Anzeiger (GEA) ist jedoch nicht nur auf dem Gebiet der Printmedien aktiv, sondern ebenfalls am Regional-Rundfunksender Hitradio ANTENNE 1 beteiligt und mit der Internet-Zeitung „GEA online" im World Wide Web präsent.

Verlage, als moderne Medienunternehmen, sind traditionell mit der „Ware Information" vertraut und betreiben bereits heute damit „Commerce". Nun gibt es in diesem Sektor in Teilen einen Wandel zum Electronic Commerce. Aber die Verlage sollten aufpassen, mit welchen Mitteln sie den Einstieg in dieses Thema vollziehen. Denn die getätigten Investitionen müssen sich auch amortisieren. Das ist keine Selbstverständlichkeit, denn es existiert eine Art „Grundanarchie des Internets". Für Leistungen innerhalb des Netzes wollen die Endkunden in der Regel nichts bezahlen. Aber diese Nulltarif-Mentalität geht noch weiter: Verlage, die heute neue Geschäftsfelder zum Beispiel als Zugangsprovider erschließen wollen, müssen sich die Frage stellen, ob in der Zukunft überhaupt noch jemand bereit ist, für die reine Bereitstellung des Zugangs zu zahlen.

Integration aller Verlagsanwendungen zu einem Gesamtsystem

Ein weiterer Aspekt, der kritisch bei der Auswahl der neuen Geschäftsfelder betrachtet werden sollte, ist die Euphorie, mit der die neuen Medien – meist nur um der Technologie willen – momentan so hochgelobt werden. Hier lohnt ein Blick zurück, denn für die Verlage gab es schon einmal eine Art „digitale Aufbruchsstimmung". Das war bei der Einführung des Bildschirmtextes (BTX). Damals wurden Szenarien entwickelt, die eine direkte Kommunikation des Kunden mit den Verlagssystemen ermöglichen sollten. Diese erste Form einer B2C-Anwendung (Business-to-Consumer) scheiterte nicht zuletzt an der unzureichenden Durchdringung der Haushalte mit den entsprechenden Zugängen. Droht das gleiche Fiasko im Internet? Für den B2C-Bereich ist das zumindest in Europa zu befürchten. Heute sind wir schlauer, aber der Kardinalfehler der damaligen BTX-Strategien war – zurückblickend betrachtet – der eindeutige Fokus auf B2C. Stattdessen hätte man sich besser auf den B2B-Bereich (Business-to-Business) konzentrieren sollen.

In den vergangenen Jahren hat der Reutlinger General-Anzeiger seine Strategie unter den Aspekten der neuen Technologien und der sich wandelnden Medienlandschaft neu ausgerichtet. Hierbei wurde das Kerngeschäft „die Zeitungsproduktion" trotz aller digitaler Euphorie nicht vernachlässigt, sondern in das Zentrum der Überlegungen gestellt. Denn zum einen muss dieses Kerngeschäft wirtschaftlich und effektiv betrieben werden, zum anderen sollen zukünftige Lösungen leicht integrierbar sein und eine technologische Plattform für sich schnell wandelnde Marktanforderungen geschaffen werden.

Das formulierte Ziel war die Integration aller Verlagsanwendungen zu einem Gesamtsystem, worunter nicht nur das Zusammenspiel aller Systemteile, sondern auch ein gesamtintegriertes Denken und Handeln der Mitarbeiter verstanden wurde. Darum fand eine Neuausrichtung der Geschäftsprozesse und eine entsprechende Anpassung des Workflows an diesen integrierten Ablauf statt. Denn dies ist die Voraussetzung, um in der Zukunft übergreifende Geschäftsprozesse im Sinne von B2B aufbauen zu können. Für das Kerngeschäft stand im Mittelpunkt:

– Verbesserung der Wirtschaftlichkeit bei der Zeitungsproduktion,
– Schaffung einer höheren Produktions- und Produktqualität,
– Effektivierung der Abläufe und Vorgänge,
– Erhöhung der Kostentransparenz und Senkung der Ausgaben.

Anspruchsvolles Konzept „Neues Zeitungs-System 2000"

Sehr schnell stellte sich heraus, dass die bisher eingesetzten BS2000-Mainframe-basierten Informationssysteme veraltet waren. Die mangelnde Integration der Teilsysteme sowie die fehlende Euro- und Jahr-2000-Fähigkeit machten eine Ablösung dringend notwendig. Aus den strategischen Überlegungen und den Notwendigkeiten der täglichen, zeitkritischen Zeitungsproduktion entstand deshalb unter dem Projektnamen „Neues Zeitungs-System 2000" ein anspruchsvolles Konzept, das ein integriertes Gesamtsystem für Redaktion, Anzeigen, Vertrieb, Produktion sowie Rechnungswesen und Controlling als Ziel hatte (Abb. 1). Klassische Abteilungsgrenzen sollten dabei fallen, sämtliche Mitarbeiter des Verlages sich als ein Team betrachten.

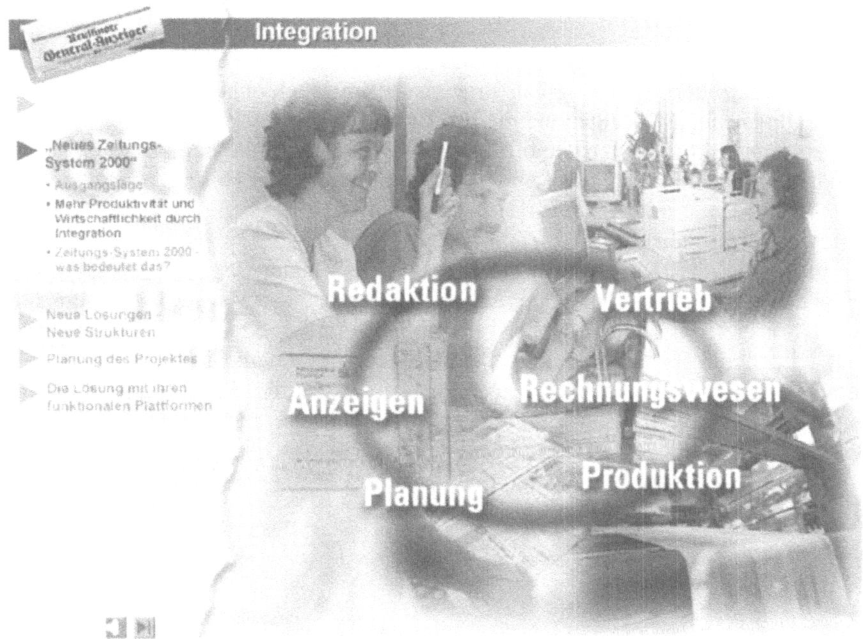

Abb. 1. Ziel ist eine Integration sämtlicher Verlagsanwendungen zu einem Gesamtsystem.

Das Konzept „Neues Zeitungs-System 2000" optimierte sämtliche Geschäftsprozesse in der Druckvorstufe und Administration. Der Reutlinger General-Anzeiger strukturierte in seinem Rahmen die technischen Prozesse der Zeitungsgestaltung und -herstellung sowie die betriebswirtschaftlichen Abläufe völlig neu. Neben der Reorganisation des Unternehmens wurden dafür Lösungen gebraucht, die

– Zukunftssicherheit durch stete Weiterentwicklung versprachen,
– eine branchenspezifische Funktionalität ermöglichten,
– Offenheit für die Verknüpfung mit neuen Technologien garantierten.

Um einen idealen Ablauf der Zeitungsproduktion zu garantieren, mussten der Workflow des Reutlinger General-Anzeigers und die eingesetzten Lösungen optimal aufeinander abgestimmt sein. Durch den Wegfall überflüssiger Arbeitsschritte und die Schaffung einer besseren Kommunikation im Unternehmen können nun die einzelnen Bereiche übergreifend Hand in Hand arbeiten und gemeinsam auf das Endprodukt hinwirken.

Flexiblere Reaktion auf die Marktanforderungen

Mit dem „Neuen Zeitungs-System 2000" ist heute eine äußerst flexible Reaktion auf Marktanforderungen möglich, strategische Entscheidungen lassen sich auf eine stabile Datenbasis stellen und die Profitabilität von Objekten kann bis zum einzelnen Kunden hinunter nachvollzogen werden. Durch die Änderung der bestehenden Organisationsstruktur wurde eine Optimierung der Geschäftsprozesse und des Workflows erreicht. Gleichzeitig erhielten die Mitarbeiter mehr Verantwortung durch komplexere Aufgaben.

Im Rahmen der Reorganisation wurde auch ein neuer Bereich geschaffen: die Planungs- und Produktions-Steuerung. Als Schnittstelle zwischen Anzeigen- und Redaktionsbereich stellt sie einen weiteren Schritt auf dem Weg zu einer optimalen, schnelleren Kommunikation innerhalb des Unternehmens dar (Abb. 2). Mit der Realisierung des Konzeptes „Neues Zeitungs-System 2000" sollte auch die Einbeziehung von Internettechnologien ermöglicht werden. Deshalb setzte der Verlag weitestgehend auf Standardlösungen, nur in wenigen Ausnahmefällen wurden GEA-spezifische Erweiterungen zugelassen.

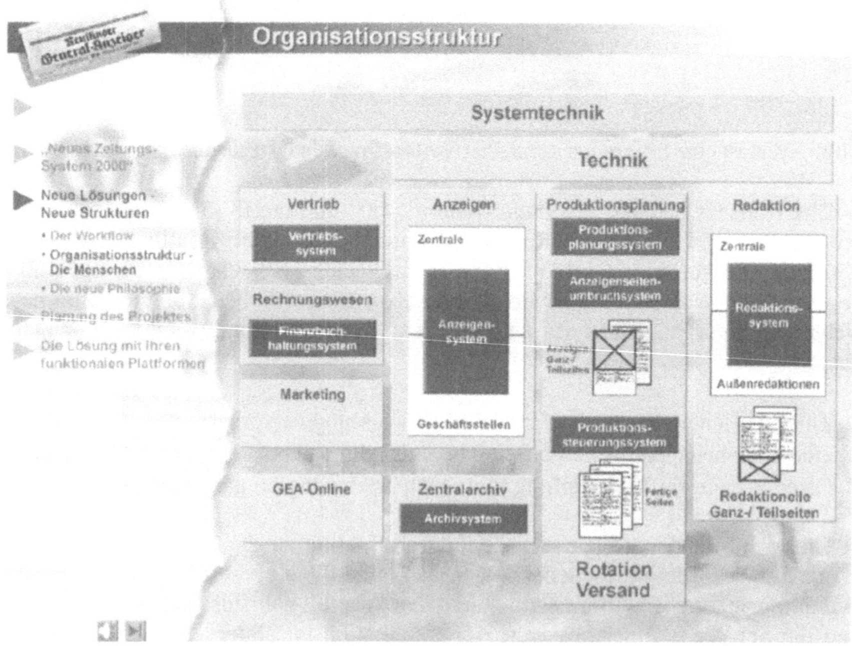

Abb. 2. Die neue Struktur zeichnet sich durch den Wegfall traditioneller Abteilungsgrenzen aus.

Die neue Lösung sollte gegenüber dem bisherigen Zustand einen sichtbaren Mehrwert bieten, der sich in der Nutzung von Rationalisierungspotenzialen, einer Steigerung der Produktivität und der Produktqualität und damit letztendlich einer höheren Kundenzufriedenheit widerspiegelt. Für die Produktion hat dies beispielsweise zur Folge, dass der Anzeigenbereich und der Vertrieb heute auf einen gemeinsamen Adressbestand zugreifen oder die Printprodukte als elektronische Ganzseite komplett digital produziert und in einer weiteren Ausbaustufe ohne Zwischenschritt auf die Druckplatte ausgegeben werden können.

Die letztendliche Entscheidung für die Systemlieferanten wurde von mehreren Anforderungen beeinflusst:

- Die Kernsysteme sollten von Herstellern kommen, die mit einer entsprechenden Marktpräsenz und Zukunftsorientiertheit aufwarten können.
- Die georderten Produkte sollten in Zukunft eine gesicherte Weiterentwicklung erfahren.
- Die Ausbaufähigkeit auf definierten Hard- und Softwareplattformen sollte garantiert sein.
- Die Internetstrategie der Anbieter war ein ergänzendes Entscheidungskriterium

Unter diesen Aspekten beauftragte der Reutlinger General-Anzeiger Siemens Business Services (SBS) als Gesamtauftragnehmer und -projektmanager für die Sun-Serverplattform mit der Standardsoftware SAP R/3 Industry Solution Media (IS-Media), die sowohl die betriebswirtschaftlichen Aufgaben als auch die vertikalen Medienanwendungen abdeckt. Für den Einsatz eines einheitlichen Editors in den Kernsystemen „Redaktion" und „Anzeigen" fiel die Wahl auf den Editor PageOne. Das integrierte, automatisierte Managementsystem – von der Blattplanung bis zur Seitenproduktion – stammt von der Firma PPI Pape + Partner Media GmbH.

Der Reutlinger General-Anzeiger stellte dabei zwei Bedingungen bezüglich der Systemauswahl: Sowohl die Anzahl der verwendeten Software- als auch die Hardwareplattformen sollten deutlich minimiert werden. Dieses Ziel wurde erreicht, denn als Betriebssystem für die Server wird nun Unix eingesetzt und für die Arbeitsplätze Microsoft Windows NT. Als zentrales Datenbanksystem fungiert Oracle, und die gesamte Lösung läuft auf Servern von Sun Microsystems und Clients von Fujitsu Siemens Computers. Diese moderne Systemplattform bildet auch die Basis für zukünftige E-Business-Szenarien.

Nahtloser Workflow durch integrierte Standardsoftware

Im Rahmen von SAP Media kommt die medienspezifische Komponente für das Werbemanagement IS-M/AM (Advertising Management) und das Modul IS-M/SD für den Medienvertrieb (Media Sales and Distribution) zum Einsatz. Damit ist es möglich, auf zahlreiche Daten aus den R/3-Standard-Anwendungen oder den branchenspezifischen Komponenten zuzugreifen – etwa um einen Überblick über den Umsatz aus dem Anzeigengeschäft, die Produktionskosten oder die Auflagenzahlen zu bekommen. Am Beispiel des Anzeigensystems lässt sich zum einen der nahtlose Workflow im Sinne des durchgängigen Geschäftsprozesses von der Auftragserfassung bis zur Fakturierung zeigen. Zum anderen wurden damit auch die

Voraussetzungen für die E-Business-Funktionalität geschaffen, die im nächsten Release der R/3-IS-M-Lösung zur Verfügung stehen wird.

Nicht integrierte, konventionelle Anzeigensysteme bestehen in der Regel aus zwei unterschiedlichen Teilen: Mit dem einen System wird die Auftragserfassung und die Fertigung der Anzeige durchgeführt, mit dem zweiten erfolgt die Verwaltung eines Teils der betriebswirtschaftlichen Daten. Hier werden beispielsweise die Kundendaten gepflegt und die Rechnungen erzeugt. Diese Systeme sind lose miteinander gekoppelt, sodass sich Daten nur zu bestimmten Zeiten im Produktionszyklus austauschen lassen. Die Abrechnungsdaten müssen dann noch weiter in das Finanzbuchhaltungssystem geschleust werden. Da die Systeme zudem in der Mehrzahl von unterschiedlichen Herstellern stammen, müssen sie auf einander angepasst werden. Im integrierten Anzeigensystem erfolgt dagegen die Bearbeitung der Annoncen ganzheitlich an einem Arbeitsplatz entsprechend dem Geschäftsprozess. Von der Kundendatenermittlung/-erfassung über die Auftragsannahme und technische Fertigung bis zur Rechnungsstellung können so alle Schritte in einem nahtlosen Ablauf erledigt werden.

Zusätzliche Internet-Funktionalitäten im B2B- und B2C-Bereich

Die SAP R/3-Lösung IS-M ist jetzt schon in der Lage, „Cross-Media-Verkauf" und „Cross-Produkt-Verkauf" durchzuführen. Zum Beispiel kann ein Anzeigenkunde oder eine Agentur für eine Kampagne sowohl Anzeigen im Printprodukt als auch in einem Radio-Programm oder in einer Onlineausgabe schalten. Die notwendigen Daten lassen sich dabei ganzheitlich verwalten, bearbeiten und fakturieren (Abb. 3).

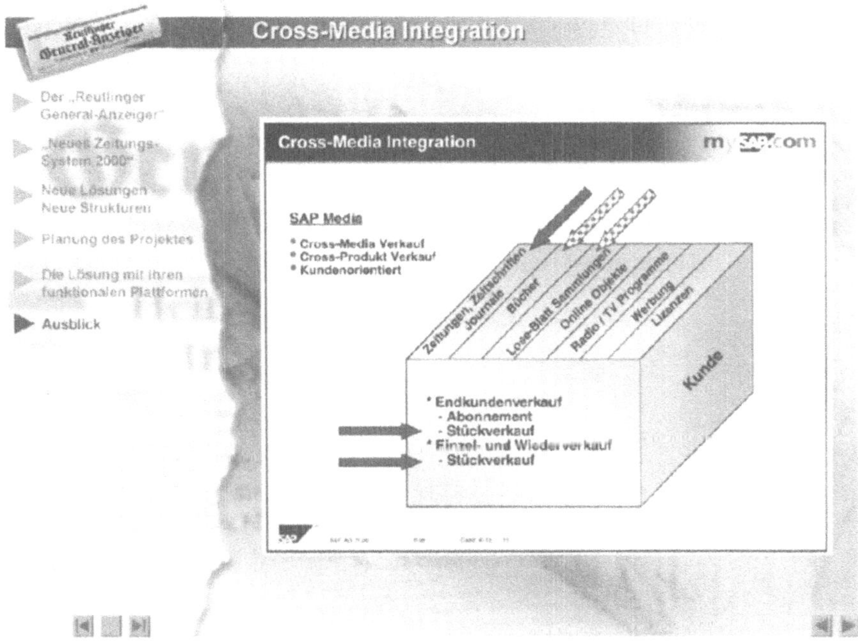

Abb. 3. Die Cross-Media-Integration ist bereits heute schon gegeben.

Mit der Umstellung auf die Internet-Plattform „mySAP.com Media" wurden zusätzlich B2B- und B2C-Funktionalitäten implementiert. So können damit beispielsweise im B2B-Bereich mit Agenturen übergreifende Geschäftsprozesse definiert werden, um etwa Abschlussdaten und Mediadaten auszutauschen. Im B2C-Sektor lassen sich Anzeigenaufträge direkt über das Internet im IS-M/AM-System (Anzeigenmanagement) erfassen. Oder im Vertrieb sind über das Netz Änderungen wie z.B. Urlaubsnachsendungen direkt durch den Abonnenten im SAP R/3-Modul IS-M/SD möglich.

Die Kundenbetreuung über das Internet und die interne Geschäftsabwicklung lassen sich mit „mySAP.com Media" vollständig aneinander koppeln. So können Inserenten über einen integrierten Internet-Editor für private und gewerbliche Kleinanzeigen ihre Print- und Online-Annoncen online aufgeben. Neben den Möglichkeiten zur Optimierung des Produktvertriebs bietet „mySAP.com Media" auch branchenspezifische Funktionen für Bezugsmengen- und Ausstattungsplanung, Teilbelieferung sowie Remission und Auflagenmeldung. Die Erfassung von Remissionen per Internet ist ebenfalls möglich.

Mittelfristig plant SAP ebenfalls die Implementierung einer Lösung für ein medienspezifisches „Customer-Relationship-Management", um z.B. durch umfassende Call-Center-Funktionen den Kundenservice zu verbessern. Damit können Eingangs- und Ausgangsaktivitäten eng mit vor- und nachgelagerten Geschäftsprozessen verbunden werden. Neue Features sollen bei der zügigen und effizienten Abwicklung von Beschwerden in den Bereichen Abonnement, Werbung, Distribution und Auslieferung helfen. Leistungsstarke Werkzeuge für Marktforschung und Analyse unterstützen die Erstellung von Kundenprofilen, die Segmentierung von Märkten oder die Auswertung von Marktpotenzialen. Ebenso lässt sich damit der Erfolg von Marketingkampagnen messen, und es sind detaillierte Analysen der Ergebnisse möglich (Abb. 4).

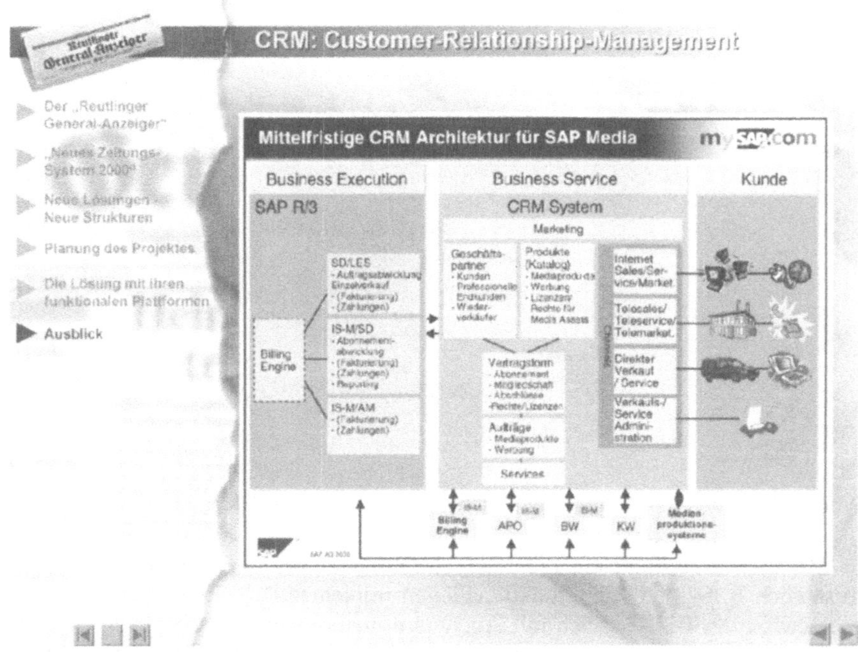

Abb. 4. Customer-Relationship-Management verbessert den Kundenservice.

Auch der Reutlinger General-Anzeiger wird künftig die mit dieser integrierten Gesamtlösung möglichen „E-Aktivitäten" verstärkt anbieten. Allerdings steht bei allen technologisch denkbaren Szenarien die Wirtschaftlichkeit und die Praktikabilität im Mittelpunkt. Das Kerngeschäft für den Verlag ist auch auf absehbare Zeit die Herausgabe und Produktion von Printmedien. Das Internet wird auch mittelfristig eher ein Problemlösungsinstrument bleiben und sich nicht zu einem Massenkommunikationsmedium entwickeln.

Erschließung neuer Geschäftsfelder im Internet

Die Auswirkungen des Internets auf die Verlagsbranche sind jedoch unübersehbar. So erfolgt eine Konzentration im Handelsbereich und der Wegfall ganzer Handelsstufen, was sich direkt im Anzeigengeschäft niederschlägt. Wenn etwa kein Reisebüro mehr benötigt wird, weil die Kunden ihre Buchungen direkt bei der Fluggesellschaft oder dem Veranstalter vornehmen, oder der Autohändler durch die vermehrte Neuwagenbestellung direkt ab Werk überflüssig wird – dann fehlen auch den Zeitungsverlagen wichtige Anzeigenkunden.

Um diesem absehbaren Trend Rechnung zu tragen, müssen im Internet neue Geschäftsfelder erschlossen werden. Hierbei reicht auf Dauer die einfache Übertragung von Printanzeigen ins World Wide Web nicht aus, auch wenn sich bereits damit für den Kunden durch die einfacheren Suchmöglichkeiten ein höheres Maß an Komfort ergibt. Für die Verlage geht es darum, eine neue Wertschöpfungskette zu generieren, aus der sich auch ein Gewinn erzielen lässt. So ist es im Sinne eines umfassenden Services beispielsweise möglich, eine kostenpflichtige Verknüpfung von Anzeigen mit den Diensten anderer Anbieter herzustellen, etwa von Immobilienannoncen zu Umzugsunternehmen oder Möbelhäusern.

Bei Reutlinger General-Anzeiger sind dazu folgende konkrete Projekte in Arbeit:

- die Weiterentwicklung des Systems um eine Archivkomponente für das Content-Management,
- der Aufbau eines regionalen Portals zusammen mit der Stadtverwaltung Reutlingen, bei dem das Thema „Problemlösung/Kundenservice" im Vordergrund steht.

Im Business-to-Business-Bereich ist unter anderem geplant:

- die Anlieferung von Agenturaufträgen und den zugehörigen digitalen Druckvorlagen über das Internet,
- das Tracking des Auftragszustandes,
- die Abwicklung des Versands von Belegexemplaren.

Denn gerade in diesen Bereichen bieten sich hervorragende Ansatzpunkte für die wirtschaftliche Etablierung von E-Commerce-Lösungen. Mit der erfolgreichen Realisierung des „Neuen Zeitungs-Systems 2000" wurde dafür beim Reutlinger General-Anzeiger die Basis geschaffen.

Praxisbeispiel: Siemens ICN – Durchgängiges Informationsmanagement für die Produktentwicklung

Henning Möller
Siemens Information and Communication Networks, EN, München,
Leiter Informationsmanagement

Die zunehmende Dynamik von Markt und Technik zwingt die Unternehmen, ihre Produkte laufend den geänderten Bedürfnissen und Möglichkeiten anzupassen. Diese Entwicklung führt infolge kürzerer Produktlebenszyklen zu einer immer größeren Bedeutung neuer Produkte für den Unternehmenserfolg. Deshalb ist auch deren ständige Innovation erforderlich – sowohl als Neuentwicklung als auch in Form von Veränderungen. Die permanente Produktinnovation allein garantiert heute jedoch nicht mehr den Erfolg. Der verschärfte globale Wettbewerb, die Fragmentierung der Absatzmärkte, gestiegene Kundenansprüche sowie die zunehmende weltweite Transparenz der Märkte fordern zudem von den Unternehmen, zukünftig technologieorientierte Konzepte zu Gunsten stärker marktorientierter Strategien aufzugeben. Die rasche Umsetzung von Produktanforderungen und -ideen in marktgerechte Produktinnovationen ist daher der herausragende Erfolgsfaktor, um auf dem Markt Wettbewerbsvorteile zu gewinnen.

Die Planungsphase spielt dabei eine wesentliche Rolle, denn dort vollzieht sich die Findung und Konzeption der zukünftigen Produkte. Eine effektive und effiziente Planung ist daher die Voraussetzung für erfolgreiche Produktentwicklungen. Die Globalisierung der Märkte sowie der beschleunigte technologische Fortschritt erhöhen jedoch in zunehmendem Maße die Komplexität der Planung. Insbesondere bei Produkten mit kurzen Produktlebenszyklen, die weltweit vertrieben werden, steht eine zielgerechte Planung vor besonderen Herausforderungen. Dies gilt in besonderem Maße für die Hersteller von Informations- und Kommunikationstechnologie. Denn sie werden durch den globalen Wettbewerb gezwungen, strategische Geschäftsvorgaben immer schneller und präziser in operative Maßnahmen umzusetzen, um die kurzfristige Ergebniserwartung und den langfristigen Erfolg des Unternehmens sicherzustellen.

Schwachstellen im Kernprozess aufgedeckt

Siemens Information and Communication Networks (ICN) ist mit 51.500 Mitarbeitern und 9,9 Milliarden € Jahresumsatz einer der führenden Anbieter von Sprach-/Datennetzen mit einem umfangreichen Produkt- und Lösungsportfolio für Firmen, Carrier und Service-Provider. Der Bereich „Enterprise Networks" (EN) innerhalb ICN nimmt mit mehr als einer Million Kunden in 160 Ländern den Spit-

zenplatz unter den Anbietern von Sprach-/Daten-Kommunikationslösungen ein.
90 Prozent seiner verkauften Produkte und Dienstleistungen sind nicht älter als
zwei Jahre. Die besonderen Herausforderungen der Produktentwicklung für Siemens ICN liegen im sich dramatisch ändernden Geschäftsumfeld auf den internationalen Informations- und Telekommunikationsmärkten. Wesentliches Merkmal
ist das Auftreten von konvergenten Strömungen und Trends auf den Märkten, bei
Technologien, Anwendungen und Kunden.

Rund 10 Definition-Teams sammeln bei Siemens ICN EN permanent Ideen und
Anfragen (Requests) für neue Produkte aus dem Markt. In Abstimmung mit der
Produktstrategie des Unternehmensbereichs werden daraus „Pakete" geschnürt.
Diese enthalten die komplette Spezifikation des neuen Produkts, eine abgeschlossene Projektplanung und einen Nachweis der Wirtschaftlichkeit. Nach der Zustimmung durch das Management (Meilenstein 1) übernehmen funktionsübergrei-
fende Realisationsteams das Produktentwicklungsprojekt bis zum Meilenstein 3
(Produktverfügbarkeit im jeweiligen Land). Zuvor wurde mit der Information der
Vertriebsorganisationen in den einzelnen Ländern über die bevorstehende Pro-
duktfreigabe der Meilenstein 2 erreicht. Im weiteren Lebenszyklus des Produkts
übernehmen Betreuungsteams dessen Pflege. So etwa den 3rd Level-Support für
die Servicetechniker vor Ort, wenn in dieser Phase Produktfehler auftreten sollten.
Als Meilenstein 4 zählt die Entscheidung des Definition-Teams, ein Produkt vom
Markt zu nehmen. Ein Auslaufteam startet dann ein entsprechendes Projekt, das
am Ende des Produkt-Lebenszyklus mit dem Meilenstein 5 endet (Abb. 1).

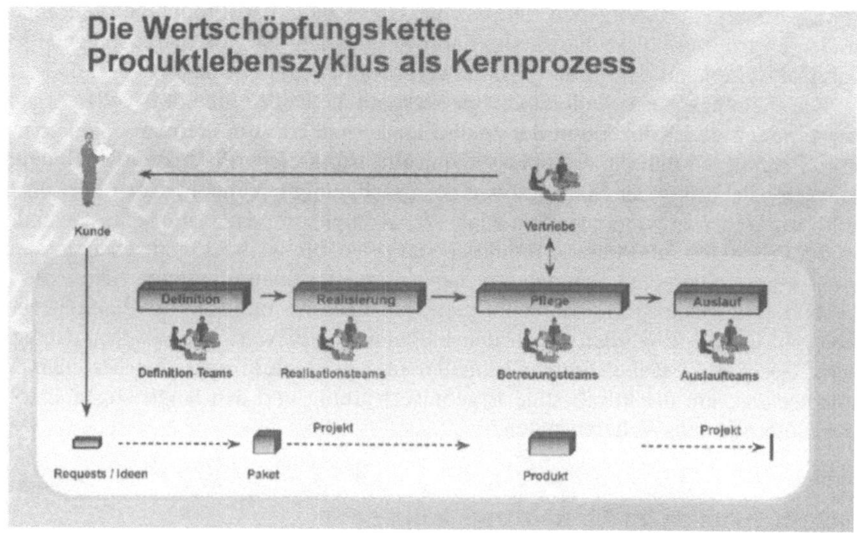

Abb. 1. Der Produktlebenszyklus als Kernprozess

Untersuchungen des Kernprozesses „Produktentwicklung" bei Siemens ICN
EN ergaben eine Reihe von Schwachpunkten. So stellte sich die Produktplanung
als zu intransparent dar, es gab eine doppelte Datenhaltung bei den Dokumenten,
Medienbrüche bei der Dokumentenübergabe zwischen den beteiligten Teams tra-

ten auf, es gab kein Multi-Projekt-Controlling und kein übergreifendes Reporting zur Projektsteuerung durch das Management. Weitere Mängel waren uneinheitliche Ablagestrukturen für die Projektunterlagen, unsystematische und zum Teil fehlende Produktinformationen für die Vertriebsorganisationen sowie die mangelnde Durchgängigkeit beim Informationsfluss. Auch existierte keine Datenbasis für Prozessmessungen, die zum Beispiel die Grundlage für Verbesserungen der Durchlaufzeiten bilden könnten.

Zukunftssicheres und flexibles Steuerungsinstrument

Als Konsequenz aus dieser Analyse wurde das Projekt TopInfo (Top: Time Optimized Processes, Info: Informationssystem) gestartet und in mehreren Schritten realisiert. Sein Ziel war, künftig

- alle Projekte zu erfassen (von der Projektplanung bis zur Projektberichterstat tung) und zu unterstützen,
- die Projekte einer gleichartigen Systematik (jedoch abhängig von der Projektgröße, -komplexität und Ergebniswirkung) mit einem Plan-/Prognosekonzept zur vorausschauenden Steuerung zu unterziehen,
- alle Projektinformationen eindeutig und weltweit (abhängig von den jeweiligen Zugriffsrechten) über das Siemens-Intranet zugreifbar für die Projektbeteiligten und Entscheider bereitzustellen und zu verwalten,
- das Projektergebnis – also das Produkt – mit der zugehörigen Produktinformation, zum Beispiel der Produktverfügbarkeit in einer Region, ebenfalls eindeutig zu verwalten.

Darüber hinaus wurde schnell klar, dass von dem System relativ heterogene Anwendergruppen mit unterschiedlichen Bedürfnissen und Sichtweisen unterstützt werden mussten:

- vom Entscheider, der als sporadischer Nutzer nur an stark aggregierter Information – zum Beispiel dem Projektstatus – interessiert ist,
- über den Projektbeteiligten, der Detailinformationen beispielsweise von korrespondierenden Projekten benötigt und auch für die Pflege der Termininformationen und der Projektberichte verantwortlich ist, und
- dem Vertriebsbeauftragten in den Vertriebskanälen und Regionen, der an Produktankündigungen, -freigaben und Ansprechpartnern für ein Produkt interessiert ist, bis hin zum
- Benutzeradministrator, der die gesamte TopInfo-Funktionalität für Administrationsaufgaben nutzt.

Zusammengefasst ergab sich, dass ein zukunftssicheres und flexibles Steuerungsinstrument benötigt wurde, das die Beantwortung folgender Fragen unterstützt:

– Produktkatalog: Welche Produkte werden bis wann benötigt, um die strategischen Vorgaben (Geschäfts- und Produktstrategie) erfüllen zu können (meet customer and market opportunities ...)?
– Produktverfügbarkeit: Wann, in welchem Produkt und in welcher Region ist der Kundenwunsch bzw. die erwartete Geschäftsmöglichkeit realisiert?
– Ansprechpartner: Welche Personen/Teams sind verantwortlich?
– Eskalation durch Ampelstatus: In welche Projekte muss steuernd eingegriffen werden?

Das Informations- und Kommunikationskonzept hatte damit zwei grundlegende Komponenten zu berücksichtigen. Einmal die geschäftsprozessbezogene Komponente mit Produktivfunktionen für die Bereitstellung und Pflege der Informationen, wie Meilensteintermine, Berichte usw., und zusätzlich eine Informationskomponente für die einheitliche Darstellung und Aggregation der geforderten Steuerungsinformationen.

WebTop-Arbeitsumgebung im Netz ermöglicht weltweite Nutzung

Im Hinblick auf die Anforderungen an die zugrunde liegende Systemarchitektur standen im Vordergrund:

– webbasiertes System, das heißt Nutzung vorhandener Internetstandards, zum Beispiel vorhandene Browser für die weltweite Nutzung des Systems mit einfacher Softwareversorgung (WebTop-Arbeitsumgebung im Netz).
– Objektorientierung und modulares Konzept, um die notwendige Flexibilität, zum Beispiel für Benutzeroberflächen, Skalierbarkeit und die Realisierung neuer Anforderungen, zu erhalten.

In der ersten Stufe wurde das Projekt TopInfo-R (Requests) für das Request- und Package-Management (bis Meilenstein 1) realisiert. Die notwendige Basis dafür bildete ein klar umrissener und abgestimmter „Definitionsprozess". TopInfo-R ist ein „Single Point of Entry" im Intranet für alle Vorschläge, die vom Vertrieb, von Kunden oder von Mitarbeitern kommen, und stellt eine Arbeitsumgebung mit Workflow-Ansätzen für die Definition-Teams zur Verfügung. Damit können die angeschlossenen Personen über das unternehmensweite Intranet Requests direkt in eine zentrale Datenbank eingeben. Benötigt wird hierzu lediglich ein WWW-Browser. Dadurch war es möglich, die Mitarbeiter der weltweit verteilten Vertriebsgesellschaften einzubinden und somit verstärkt Marktinformationen aufzusaugen. Die gesammelten Requests können mit Hilfe eines LAN-Clients – des „Request-Managers" – aufgerufen und bearbeitet werden. Hierzu werden die Requests nach deren Eingabe einem Definition-Team-Mitglied zugewiesen. Dieses ist damit unmittelbarer Ansprechpartner für alle künftigen Belange des zugewiesenen Requests. Der „Request-Manager" steuert während der folgenden Requestbewertung den Prozessablauf. Abgeschlossene Arbeitsschritte werden dem jeweiligen Request zugeordnet, sodass jederzeit der aktuelle Requeststatus abgerufen werden kann. Der Abruf der Requests ist – je nach zugeteilten Rechten – sowohl von den Bearbeitern als auch von den Ideenträgern möglich.

Über die Anbindung an ein Dokumentenmanagementsystem (NetInfo) ist die Ablage aller request- oder packagespezifischen Unterlagen möglich. Dieses System läuft eigenständig im Hintergrund von TopInfo; die Dokumente können sowohl über NetInfo als auch über die Benutzeroberfläche von TopInfo verwaltet werden. Damit können alle mit einem Request verbundenen Dokumente, wie etwa technische Spezifikationen, in TopInfo direkt an die jeweiligen Requests angebunden und abgerufen werden. Somit wird die (weltweite) Zusammenarbeit zwischen den Teammitgliedern oder mit hinzugezogenen Fachleuten deutlich erleichtert. Die Kommunikation und der Dokumentenaustausch innerhalb der angeschlossenen Teammitglieder und Experten wird über ein eigenes Modul – den „Notification-Manager" – durchgeführt. Für die Vorbereitung der Realisierungsprojekte steht den Benutzern ein weiteres Systemmodul – der „Package-Manager" – zur Verfügung. Damit können die bewerteten und ausgewählten Requests zu Paketen gebündelt, Realisierungsprojekte definiert und die Kosten-, Termin- und Kapazitätsplanung der Projekte koordiniert werden.

Im zweiten Schritt kam dann TopInfo-T (Time) als umfassendes Infosystem zur Verwaltung sämtlicher Informationen im Produktentstehungsprozess hinzu. Es ermöglicht ein übergreifendes Projektreporting und liefert inzwischen auch Steuerungsinformationen zu den Projektkosten, die aus dem SAP R/3-System übernommen werden. Die Datenpflege erfolgt dezentral durch die einzelnen Teams. Der Projektstatus wird anhand einer „Ampel" mit den Farben Grün, Gelb und Rot festgelegt, wobei diese Entscheidung nicht automatisch erfolgt, sondern vom Team gemeinsam getroffen wird. Eine Projektplanungsfunktion wurde bewusst nicht in TopInfo-T integriert, da eine einheitliche Funktionalität bei den sehr heterogenen Anforderungen der Projekte als nicht zielführend angesehen wurde (Abb. 2).

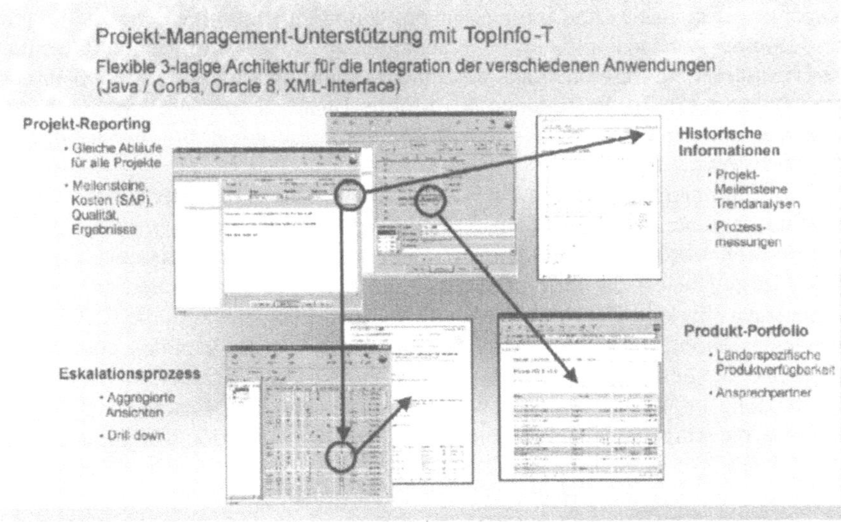

Abb. 2. Hinter der Web-Oberfläche von TopInfo-T verbergen sich vielfältige Features.

Projektmeilensteine können beim Anlegen eines neuen Projekts mit Hilfe eines ausgewählten Prozesstemplate bestimmt werden. Dabei ist auch die hierarchische Festlegung von beliebig vielen funktionalen Unterprojekten (z.B. Logistik, Development, Manufacturing, Sales oder Marketing) möglich, die alle in analoger Weise berichten. Eine automatisch generierte Meilenstein-Trend-Analyse und der Zugriff auf alte Reports zum Nachverfolgen der Projektgeschichte sind weitere Features. Produktinformationen wie zum Beispiel die Verfügbarkeit von Produkten in einem Land oder der Ansprechpartner werden über eine eigene Applikation aus den Reports in TopInfo-T extrahiert, als HTML-Seiten aufbereitet und direkt im Intranet für die Vertriebsorganisationen zur Verfügung gestellt. Dadurch konnte eine sonst notwendige manuelle Aufbereitung wegfallen und die Aktualität verbessert werden.

Wichtiger Kernprozess ist E-Business-fähig geworden

TopInfo-R und TopInfo-T sind inzwischen auf der Basis gemeinsamer Grundfunktionen sehr eng miteinander integriert und bilden ein flexibles System, das auch für die Anbindung weiterer, spezifischer Anwendungen offen ist. Als Ergänzung dazu wurde in einem dritten Schritt das Projekt NetInfo realisiert, das ein integriertes Dokumenten- und Web-Content-Management-System als Ziel hatte. Damit können Inhalte – unabhängig vom Format (z.B. Word, FrameMaker oder HTML) – in einem System unter dem Aspekt des Geschäftsbezugs verwaltet werden. Außerdem ist durch die Verknüpfung der Ablagen untereinander sowie die Änderung der Zugriffsrechte bei Übergabe der Verantwortung (zum Beispiel vom Definition- zum Realisationsteam) ein durchgängiger Informationsfluss sichergestellt. Für Partnervertriebsorganisationen (in der Regel Siemens-Minderheitsbeteiligungen), die bestimmte Produkte von Siemens ICN vertreiben und keinen Zugang zum firmenweiten Intranet haben, wurde ein spezielles Extranet geschaffen. Darüber können autorisierte Personen, die den Zugriff auf Produktinformationen benötigen, NetInfo ebenfalls nutzen. Bestimmte Abfragen (z.B. zum Projektstatus) sollen künftig im Rahmen des Mobile Business auch über mobile Endgeräte möglich sein. Ebenso ist – wo erforderlich – die Integration mit weiteren E-Business-Verfahren geplant.

Das Hauptziel von TopInfo, die Verkürzung der Planungszeiten, konnte mit der Einführung einer IT-unterstützten Produktplanung voll erreicht werden. Die Planungszeiten wurden mehr als halbiert. Zudem ist die Treffergenauigkeit der Produkte gestiegen, da die differenzierten Anforderungen der Kunden auf den verschiedenen Märkten frühzeitiger erkannt werden. Ebenso wurde die Stabilität der Produkte erhöht, da technische Fehler minimiert werden konnten. Wesentliche Faktoren für diesen Erfolg waren die Einführung eines strukturierten Prozesses, die Bildung vernetzter Teams sowie die durchgängige IT-Unterstützung. Damit konnten die eingetretenen Pfade, die vor der Reorganisation vorhanden waren, durch klare Prozess-Schritte ersetzt werden.

Durch die Definition-Teams, die zum Teil global zusammenarbeiten, können die vielfältigen Informationen effektiver verarbeitet und die komplexen Entscheidungen fundierter und schneller getroffen werden. Auf Grund der entstandenen

Transparenz der Requests sind nun die verschiedenen Produktmanager in der Lage, von den Ideen anderer Märkte zu profitieren und diese für Ihren Markt zu nutzen. Die Auswirkung von TopInfo auf die Kosten der Planung und der nachfolgenden Prozesse kann zwar nicht genau quantifiziert werden, es ist jedoch davon
auszugehen, dass durch die deutliche Verkürzung der Planungszeiten und die ge-
sunkenen Transaktionskosten klare Vorteile erzielt werden. NetInfo hat zu 20 bis
25 Prozent Zeitersparnis bei der Suche nach Produktinformationen geführt. Durch
die eindeutige Ablage kann nun auf einen konsistenten Informationsbestand zuge-
griffen werden. Und die WebTop-Arbeitsumgebung ermöglicht nun eine bequeme
und weltweite Nutzung sämtlicher Arbeitsunterlagen. Ein wesentlicher interner
Kernprozess bei Siemens ICN EN – die Produktentwicklung – ist dadurch E-Busi-
ness-fähig geworden.

Teil 6

Outsourcing als neues strategisches Konzept

Outsourcing als strategische Unternehmensentscheidung

Christian Oecking
Leiter Outsourcing Deutschland, Siemens Business Services GmbH & Co OHG

1 Von der Unternehmensstrategie zur Informationstechnologie

Schon in der Bibel steht geschrieben, dass die Weisen aus dem Morgenland dem Stern von Bethlehem folgten, um ihr Heil zu suchen. Neuzeitliche Interpretationen der Bibel gehen davon aus, dass die Weisen sich wahrscheinlich an dem Halley-schen Kometen orientiert haben, der bekanntlich nur alle 76 Jahre am Firmament erscheint und damit eine für die damalige Zeit nicht zu erklärende Erscheinung darstellte.

Der Stern am Horizont ist auch heute noch eines der wichtigsten Führungselemente moderner Unternehmen und Kulturen, nur sind die Menschen und erfolgreiche Manager schon gar nicht dazu bereit, Sternen am Horizont blind hinterherzulaufen, wenn sie nicht akzeptiert haben, dass der Weg auch für sie erfolgreich enden wird. Der Glaube allein reicht dazu heute nicht mehr.

Wir adaptieren dieses Bild in den heutigen Führungssystemen, in dem wir von gemeinsam erarbeiteten Unternehmensvisionen sprechen, die das Leitbild für alle Mitarbeiter darstellen sollen. Die heutigen Manager sind dazu aufgefordert, durch Überzeugung und Beispiel die Vision mit den Mitarbeitern gemeinsam zu erreichen und nicht durch „Command and Control" die Umsetzung einzufordern.

Also besteht die Notwendigkeit, hinter der Vision eine strategische Umsetzung der Vision zu erarbeiten und zu kommunizieren, die den Mitarbeitern die notwendige Glaubwürdigkeit u.a. auch durch das Verständnis der Maßnahmen vermittelt. Die Umsetzung der Vision durch eine Vielzahl synchronisierter Einzelmaßnahmen, deren Wirksamkeit mit betriebswirtschaftlichen Methoden nachzuweisen ist, werden wir hier als Unternehmensstrategie bezeichnen. Sie beschreibt im Wesentlichen die unternehmensspezifischen Notwendigkeiten und führt bei erfolgreicher Umsetzung zur Erreichung der Vision.

Würde man Manager unterschiedlichster Unternehmen und Branchen nach ihrer Unternehmensstrategie befragen, so erhielte man wahrscheinlich viele Aussagen, die in ihrer übergeordneten Zielsetzung in folgende Gruppen zusammengefasst werden könnten:

- Finanzen
- Kunden und Märkte

- Operative Exzellenz
- Organisation des Unternehmens

Um diese Strategieelemente jedoch auf Maßnahmen, Messgrößen und progno-stizierbare Ergebnisse herunterzubrechen, benötigen wir eine erheblich höhere Präzision der Maßnahmen und der damit verbundenen Effekte. Gleichzeitig muss eine betriebswirtschaftliche Berechnungs- und Steuerungsmethodik hinterlegt werden, die in Form einer Balanced Score Card als Monitor der Unternehmensper-formance aufgebaut werden kann.

Abb. 1. Erfolgreiche Umsetzung einer Strategie bedingt professionelle IT-Leistung.

Wenn wir aus Abb. 1 z.B. den Komplex „Kunden & Märkte" exemplarisch hervorheben, dann könnte eine Logikkette von der Strategie zur IT folgenderma-ßen gestaltet sein:

1. Zur erfolgreichen Erreichung der Unternehmensvision ist es notwendig, dass im Rahmen der Unternehmensstrategie die Kundenbindung gesteigert wird.
2. Zur Steigerung der Kundenbindung ist es notwendig, die Kundenbeziehung besser zu managen und z.B. den Produktentwicklungszeitraum zu verkürzen.
3. Umsetzung durch Informationstechnologie:

- Einführung eines Customer-Relationship-Management-Systems (CRM) wie z.B. SIEBEL zur Verbesserung von Kundenbetreuung und Sales-Performance,

- Einführung eines Computer-Aided-Design-Systems (CAD) zur Verkürzung der Design-Zeiten im Konstruktionsprozess und automatischen Integration in das vorhandene ERP-System (Enterprise Resource Planning).

Ein weiteres Beispiel könnte sein, dass die Informationen über das Unternehmen und seine Produkte proaktiv kommuniziert werden müssen und ebenfalls der Informationsaustausch im Unternehmen verbessert werden muss. Hierzu könnte eine Logikkette folgendermaßen aussehen:

1. Zur erfolgreichen Umsetzung der Unternehmensvision ist es notwendig, dass im Rahmen der Unternehmensstrategie das im Unternehmen vorhandene Wissen strukturiert und intern sowie extern kommuniziert wird.
2. Dazu ist es notwendig, das Wissen im Unternehmen zu erfassen und zu managen.
3. Das Wissen muss strukturiert aufgearbeitet und bereitgestellt werden.
4. Das Wissen ist ein Wettbewerbsfaktor und muss den Kunden weltweit aktuell zur Verfügung gestellt werden.
5. Hieraus können z.B. folgende Maßnahmen abgeleitet werden:
   - Organisatorische Umsetzung eines lernenden Unternehmens
   - Strukturierung des Wissens und Einführung eines Knowledge-Management-Systems
   - Bereitstellung des Wissens auf einem elektronischen Marktplatz oder Verwendung in Outbound-Sales-Maßnahmen auf Basis eines CRM-Systems

Bei e-Business-Aktivitäten könnte sich folgende Fragestellung ergeben:
Zur erfolgreichen Umsetzung der Unternehmensvision ist es notwendig, die Produkte global zu verkaufen und wirtschaftlich liefern zu können. Die Lösung könnte z.B. folgendermaßen gestaltet sein:

1. Einführung eines elektronischen Marktplatzes im Internet, der multilingual den Produktvertrieb ermöglicht und durch die Integration in das vorhandene ERP-System sofort verlässliche Aussagen über die Verfügbarkeit der Produkte liefert.
2. Einführung eines Supply-Chain-Management-Systems, das die globalen Produktionsstätten und Vertriebsstrukturen optimiert und eine möglichst wirtschaftliche Lieferkette zwischen den Unternehmen oder zum Endkunden ermöglicht.

Wie man leicht erkennen kann, lassen sich so beliebige Logikketten entwerfen, die nach der Präzisierung der Unternehmensstrategie und der Beschreibung einer möglichen Umsetzung durch IT sehr schnell einen Maßnahmenkatalog bedingen, der als Road-Map zur Umsetzung der Unternehmensstrategie dienen kann. Die Beschreibung der dazu notwendigen kritischen Erfolgsfaktoren und das Einbringen der Faktoren in ein Balanced Score Card Model ermöglichen gleichzeitig ein Monitorsystem zur Beschreibung des aktuellen Fortschrittes.

Man stößt bei konsequenter Anwendung der Methode sehr schnell auf die Erkenntnis, dass bei allen tagtäglich anfallenden Arbeiten einer IT-Abteilung hier eine Zusatzlast an Maßnahmen produziert wird, die i.d.R. über die Kapazitäten und manchmal auch über die Fähigkeiten hauseigener IT-Abteilungen hinausgeht. Es stellt sich also sehr schnell die Frage, welche Themen man im eigenen Haus bearbeitet und welche Themen man einem externen Dienstleister übergibt. Hier bekommt das Thema Outsourcing von Informationstechnologie eine besondere Rolle, nämlich die der Bereitstellung von Managementkapazität und der Fähigkeit der Übernahme komplexer IT-Themen.

Dies bedingt, dass wir den Outsourcing-Begriff, der historisch meistens in der Verlagerung von Rechenzentren und der Reduzierung der Kosten gesehen wird, aus einer anderen Perspektive betrachten können, die wir hier „Capability Sourcing" nennen wollen. Um diesen Begriff in diesem Zusammenhang besser adaptieren zu können, folgt nun zuerst eine Beschreibung der dahinter liegenden Outsourcing-Methode.

2 Der Marktplatz „Outsourcing Business"

Die Geschäftsart Outsourcing ist einem kontinuierlichen Wandel unterworfen und weiterhin stark im Trend. Dies hat vielfältige Gründe und hängt sowohl mit der Situation in den Unternehmen als auch mit der Entwicklung und Akzeptanz der Informationstechnologie als entscheidendem Enabler einer wirtschaftlichen Wertschöpfungskette zusammen. Der Trend ist insbesondere durch die Elektronifizierung der Unternehmen und Märkte (e-Business) gewachsen. Sowohl das konventionelle IT-Outsourcing als auch Business-Process-Outsourcing-Geschäftsfelder wachsen zwischen 15 und 20 % jährlich und stellen damit einen wichtigen Marktplatz für die anbietenden Unternehmen dar – gleichzeitig reflektiert die Bedeutung des Marktes für die Outsourcing-Anbieter im Gegenzug die Bedürfnisse der Unternehmen der deutschen Wirtschaft (Abb. 2).

Wenn das Outsourcing der 70er Jahre noch aus der gemeinsamen Nutzung kostspieliger Ressourcen bestand, das Outsourcing der 80er Jahre sich im Wesentlichen mit der Reduzierung von Kosten und der Verbesserung der Performance der Datenverarbeitung beschäftigte (im Sinne einer klassischen Make-or-Buy-Entscheidung), so endete die letzte Dekade mit Outsourcing-Geschäftsfeldern, die einen erheblich höheren Anteil an der Wertschöpfungskette der Unternehmen innehatten, den Business Value der Geschäftsfelder im Fokus hatten oder hochgradig selektiv und spezialisiert zu betrachten waren.

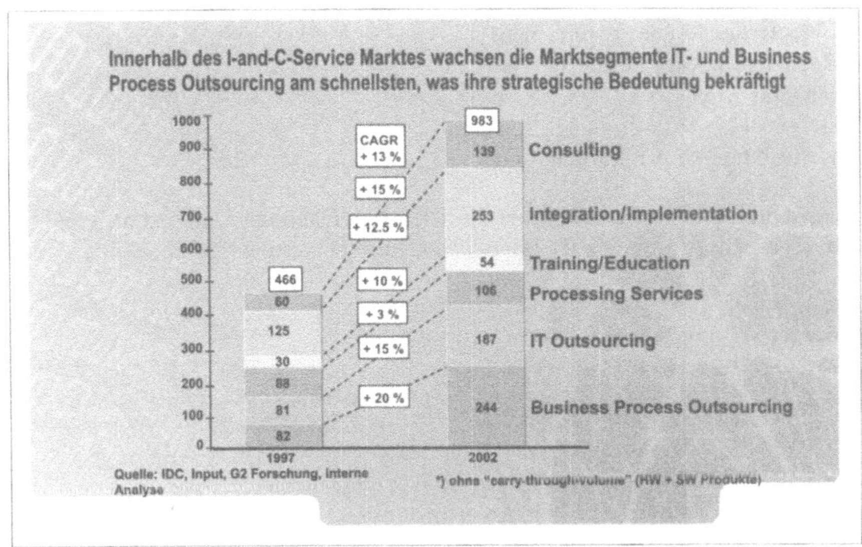

Abb. 2. I- und C-Marktdaten

Die Trendparameter können folgendermaßen zusammengefasst werden:

- Reduzierung von Fertigungstiefe und Komplexität innerhalb der Unternehmen
- Verbesserung der Wettbewerbsposition durch effektivere Prozesse und wirtschaftlichere IT bei gleichzeitiger Fokussierung auf die Kernkompetenzen
- Vereinfachter Zugang und Business Enabler für elektronische Marktplätze (e-Business)

Dies alles führt dazu, diese Geschäftsart unter einem besonderen kritischen Erfolgsfaktor zu betrachten: dem „Management der Komplexität" oder der Bereitstellung von Umsetzungsfähigkeit, „Capability Sourcing". Die dazu notwendigen Eigenschaften und Basiselemente der Komplexität werden im Weiteren noch detailliert beschrieben.

3 Historische Entwicklung des Outsourcing-Begriffes

Die Herkunft des Outsourcing-Begriffes ist vielfach betrachtet worden und erklärt sich am einfachsten aus der Zusammensetzung der Worte **Out**side, Re**sourc**e und Us**ing** – worunter theoretisch jeglicher Fremdbezug oder jegliche Dienstleistung subsumiert werden kann.

Wesentlich ist, dass Outsourcing eine Management-Methode ist, die schon lange vor dem heute bekannten IT-Outsourcing bekannt war und insbesondere in klassischen Produktionsbereichen mit Synonymen wie

- Eigenfertigung oder Fremdbezug
- Reduzierung der Fertigungstiefe
- Make-or-Buy

vielfach täglich Anwendung findet.

Outsourcing begegnet uns heute in vielen Bereichen der Unternehmen und hat sich insbesondere in folgenden Bereichen signifikant ausgeprägt:

- Kantine
- Personalabrechnung
- Werkschutz
- Fuhrparkverwaltung/Flottenmanagement
- Reisestelle
- Gebäudereinigung

Hieran erkennt man, dass die Methode auf unterschiedlichste Geschäftsarten und -tätigkeiten angewendet werden kann – jedoch jedes Mal mit spezifischen Ausprägungen, insbesondere im Umfeld der Informationstechnologie.

4 Outsourcing im Wandel

Beim IT-Outsourcing folgt der Wandel aus den traditionellen Geschäftstätigkeiten hin zu komplexeren Fragestellungen der Entwicklung der Informationstechnologie in den Unternehmen. Der Wandel von der Datenverarbeitung zur Informationstechnologie lässt sich am einfachsten mit der Fokussierung auf den erzielten Nutzwert im Unternehmen beschreiben. Wenn es noch vor einigen Jahren Aufgabe der Datenverarbeitung war, eine funktionierende Systemumgebung bereitzustellen und zu pflegen, so stellt heute die Informationstechnologie einen strategischen Wettbewerbsvorteil in den traditionellen und insbesondere den neuen Märkten dar. Die Messgrößen für diesen Wettbewerbsvorteil können demnach auch nicht mehr Kennzahlen wie beispielsweise DV-Kosten am Umsatz sein, sondern sind idealtypisch an den Performance-Kennzahlen des Unternehmens reflektiert (siehe 1., Unternehmensstrategie).

Outsourcing der Informationstechnologie oder von Unternehmensprozessen entwickelt sich dabei zu einem akzeptierten Management-Werkzeug (Abb. 3).

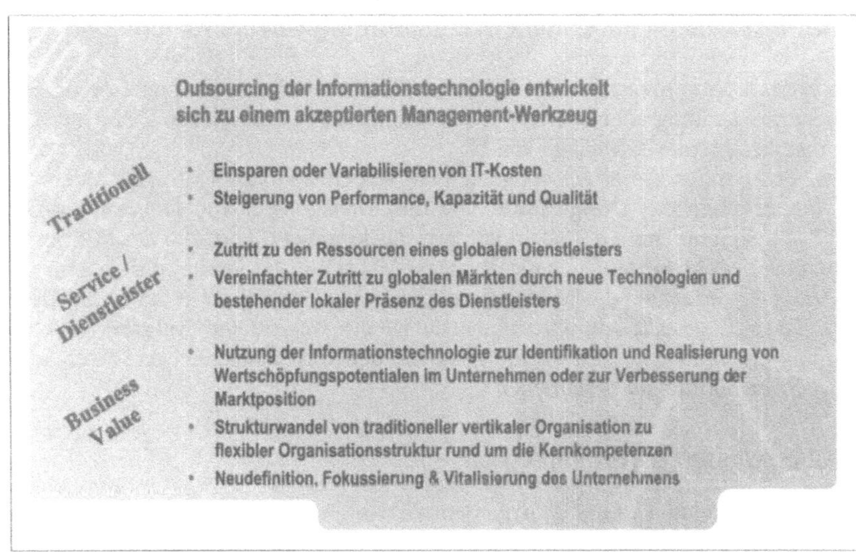

Abb. 3. Outsourcing im Wandel

Dabei ist insbesondere der Wandel von den traditionellen Erfolgsfaktoren zu einer Fokussierung auf den Nutzwert (Business Value) im Unternehmen erkennbar. Messgrößen dafür sind z.B. der Geschäftswertbeitrag (GWB) bzw. der Economic Value Add (EVA), die die wahre Wertschöpfung einer Leistung für das Unternehmen als betriebswirtschaftliche Kenngrößen beschreiben. Dabei ist es wesentlich, dass durch das Outsourcing und insbesondere durch die innerbetriebliche Diskussion über die eigenen Kernkompetenzen, Qualitäten, Stärken und Schwächen ein Prozess in Gang gesetzt wird, der zu einer Neudefinition und Vitalisierung der Unternehmen führt. Es wird für Unternehmen, die langfristig ihre Märkte definieren oder in ihren Märkten wachsen wollen, zu einem wesentlichen Erfolgsfaktor werden, diesen Prozess nicht einmalig durchzuführen, sondern als kontinuierliche Aufgabe zu verstehen.

Für die Anbieter von Outsourcing-Geschäftsfeldern resp. für die Kunden der Kunden bedeutet dies eine kontinuierliche Fokussierung auf den Nutzwert in den Kundenunternehmen. Dies führt dazu, dass unter Outsourcing heute nicht mehr nur eine wie immer auch gestaltete Übernahme eines Kundenbereiches verstanden wird, sondern insbesondere auch die Gestaltung von Geschäftstätigkeiten am Markt, die z.B. auch zur Bereitstellung eines Unternehmensprozesses als Umkehrschluss zum Business Process Outsourcing führen kann (Business Process Management: siehe auch Beitrag zur TeleFactory).

5 Komplexitätsmanagement in Outsourcing-Geschäftsvorhaben

Die Wertschöpfungskette von Full-Service-IT-Dienstleistern bedingt eine professionelle Behandlung aller in der Wertschöpfungskette verbundenen Elemente: Design, Build, Operate & Manage von IT.

In der Adaption dieser Komponenten auf das Outsourcing-Geschäft finden wir im Wesentlichen das Design/Build und das Management von Outsourcing-Geschäftstätigkeiten. Darin enthalten ist zwar das komplette Portfolio der IT-Dienstleistungen, jedoch bezieht sich der Business Value auf das Design des zu generierenden Nutzwertes und das Management der Value Generation in der Value Delivery. Dies zu gestalten und zu managen ist die wesentliche Aufgabe im Outsourcing-Geschäft und wird nachfolgend mit den Basiselementen und ihren Verknüpfungen einführend beschrieben.

5.1 Variationen & Terminologien

In der Outsourcing-Terminologie finden wir einige spezifische Begriffe, die hier einführend erläutert werden sollen (Abb. 4).

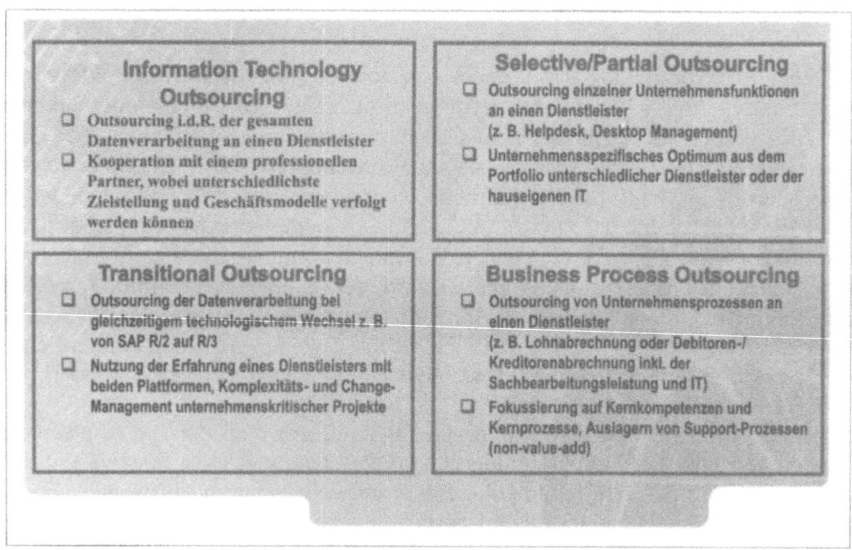

Abb. 4. Variationen und Terminologien zu Outsourcing

Gleichzeitig werden die Begriffe auch in Analogie zu Werkzeugen verwendet und hier dargestellt. Mit dem Werkzeug „Information Technology Outsourcing" (ITO) z.B. übernimmt der Dienstleister i.d.R. die gesamte IT eines Unternehmens und transformiert sowie managt die IT nach den zuvor gestalteten und vereinbarten Geschäftsprinzipien.

Im Umfeld des „Business Process Outsourcing" oder „Business Process Management" (BPO/BPM) finden wir die Auslagerung oder Bereitstellung eines Unternehmensprozesses samt unterlagerter IT und Sachbearbeiterleistung wieder. Hier ist neben dem „Best in Class" Design und Management des Prozesses insbesondere die Integration des Prozesses in die beteiligten Unternehmen ein erfolgskritischer Faktor. In der Gestaltung dieser Geschäftsfelder muss ein wesentlicher Augenmerk auf die Definition der Prozesskennzahlen und Messmethoden gelegt werden. Diese Prozesskennzahlen stellen eines der wichtigsten Elemente in der Gestaltung dieser Geschäftsart dar, da durch diese Kennzahlen die Value Creation als Zielstellung vereinbart, gemessen und einem kontinuierlichen Benchmark unterworfen werden kann.

Einen weiteren Trend finden wir im Umfeld des „Selektiven oder Partiellen Outsourcing". Analog zum BPO aus Sicht des Unternehmensprozesses finden wir hier sehr spezifische Tätigkeiten aus der IT, die an einen Dienstleister vergeben werden. Hier finden wir heute Geschäftätigkeiten wie z.B. Call Center, Desktop Management, R/3 Operations oder R/3 Applications Management wieder. Diese Geschäftsfelder sind i.d.R. von geringerer Komplexität – die auslagernden Unternehmen haben häufig diese Tätigkeiten als „Non-Core-Business" identifiziert und verlagern diese Dienstleistung zu einem professionellen Anbieter mit der dazu notwendigen technologischen Exzellenz.

Die komplexeste Form einer Partnerschaft findet man im Umfeld des „Transitional Outsourcing". Hier übernimmt der Partner nicht nur die Ausgangssituation und garantiert die Zielerreichung – hier ist insbesondere der Partner auch für den Transitionsprozess verantwortlich. Dies könnte z.B. ein Übergang aus einer veralteten Technologie in eine neue Welt bedeuten, wobei das beauftragende Unternehmen teilweise weder die Ressourcen noch die Skills für die neuen Technologien hat. Ein wesentlicher Erfolgsfaktor neben der technologischen Exzellenz beider Welten ist hier das Management des Transitionsprozesses, wobei das Element „Mensch" einer der wichtigsten Faktoren ist. Insbesondere wenn persönliche oder kulturelle Aspekte mit involviert sind, stellt diese Form des Outsourcing einen besonderen Komplexitätsgrad dar.

5.2 Anwendungsbereiche im Unternehmen

Nachdem der Werkzeugkasten mit Tools und Methoden wie z.B. ITO, BPO, BPM, Selective Outsourcing, Transitional Outsourcing etc. reichlich gefüllt ist, stellt sich nun die Frage nach der Anwendbarkeit im Unternehmen und der damit verbundenen Geschäfts- und Nutzendefinition.

Dabei sind in der Literatur vielfältige Cluster der wesentlichen Unternehmensprozesse zu finden, die sich primär nach Kernprozessen und Supportprozessen unterscheiden (Abb. 5). Üblicherweise geht man davon aus, dass Kernprozesse nicht zum Outsourcing geeignet seien, jedoch bei Supportprozessen die Outsourcing-Option besteht – dies ist jedoch nur korrekt, wenn die Kernprozesse auch Best-in-Class designt und gemanagt werden.

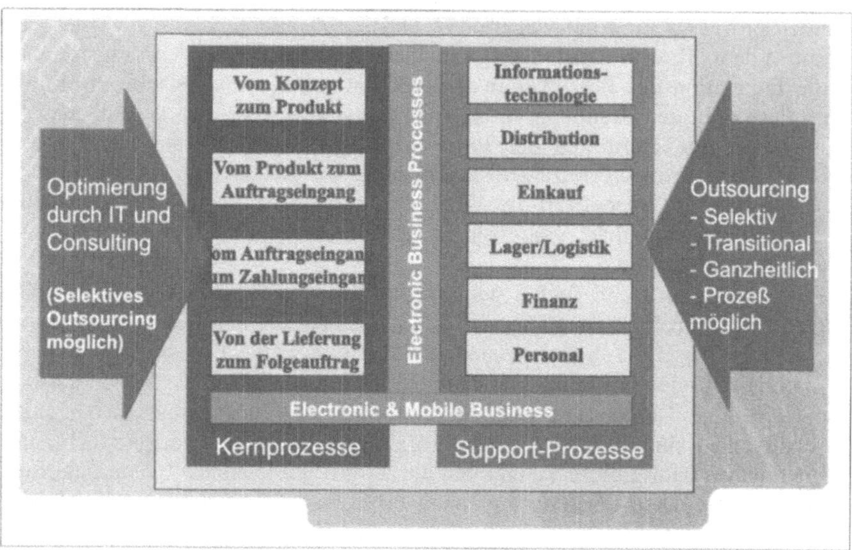

Abb. 5. Outsourcing in der Prozesssicht

Im Zuge der Fokussierung oder des Umbaus eines Unternehmens liegt das Outsourcing im Umfeld von Support-Prozessen auf der Hand. Hier können alle Methoden aus dem Werkzeugkasten angewandt werden und führen bei i.d.R. handhabbarer Komplexität zu den gewünschten Resultaten (Business Value).

Im Umfeld der Kernprozesse ist dies erheblich schwieriger. Wenn ein Unternehmen alle Kernprozesse Best-in-Class hat, besteht sicherlich wenig Bedarf nach einem Outsourcing von Kernprozessen an ein Partnerunternehmen. Dies wird aber umso unternehmenskritischer, je weniger Kernprozesse Best-in-Class sind – in diesem Fall ist es zwingend, Teilprozesse selektiv zu verlagern oder extern managen zu lassen. Die Realität in den Unternehmen hat diesem Aspekt sicherlich Rechnung zu tragen.

Ein besonderer Aspekt kommt durch das e-Business in den Unternehmen zum Tragen. Durch die Elektronifizierung von Prozessen und Märkten ist ein signifikanter Teil der IT für viele Unternehmen zum Kernprozess geworden. Einige Unternehmen tragen dem auch derart Rechnung, dass das e-Business nicht in der IT, sondern als eigener Bereich unterhalb des Vorstandes angesiedelt ist. An dieser Stelle wird die ganzheitliche Kompetenz der IT-Manager benötigt – der Nutzwert des Unternehmens steht im Vordergrund, die professionelle IT ist der wichtigste Enabler dieser Geschäftstätigkeiten. Durch die Geschwindigkeit, mit der das e-Business auf die Unternehmen geprallt ist, konnten nicht immer die notwendigen Kompetenzen aufgebaut werden. Gerade in diesem Kontext erkennen viele Unternehmen, dass wesentliche Bereiche der IT nicht zum Kerngeschäft gehören und ideal zum Outsourcing geeignet sind, während andere Teile wie z.B. die Prozessgestaltung und Elektronifizierung der Prozesse zu wesentlichen Kernkompetenzen des Unternehmens geworden und auch so zu managen sind.

5.3 Die Vielfältigkeit spezifischer Situationen

Nachdem die Anwendbarkeit der Werkzeuge auf die unterschiedlichen Segmente eines Unternehmens betrachtet wurde, stellt sich nun die Frage nach einer Analyse der definierenden Elemente des möglichen Unternehmens für eine Outsourcing-Partnerschaft.

Hierbei stellen einige signifikante Parameter sehr leicht dar, dass die Vielfältigkeit der vorhandenen Unternehmen jeweils eine individuelle Betrachtung bedingen.

Wesentliche Faktoren zur Unterscheidung der Unternehmen sind z.B. (s. Abb. 6):

- Unternehmensgröße im jeweiligen Markt
  (lokaler Hersteller untergeordneter Bauelemente oder international agierender Hersteller komplexer Industrieanlagen)
- Ist-Situation in der Datenverarbeitung
  (Ist bereits eine auf das Unternehmen angepasste ganzheitliche Software im Einsatz oder liegt noch eine proprietäre IT vor?)
- Bedarf an Prozess-Reengineering
  (In welchem Grad sind bereits Aufwände in die Gestaltung der Unternehmensprozesse investiert worden?)

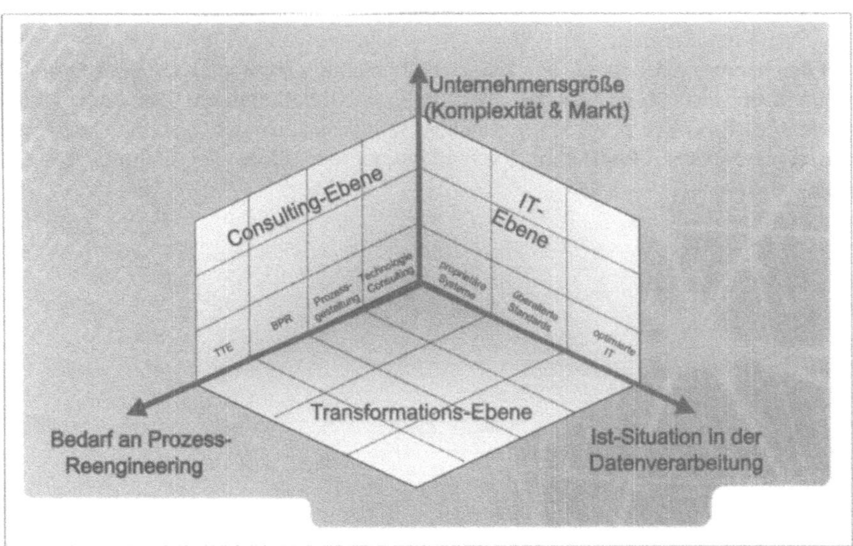

Abb. 6. Vielfältigkeit spezifischer Situationen

All dies führt sehr schnell dazu, dass insbesondere eine komplexere Outsourcing-Partnerschaft im Umfeld der Informationstechnologie für jedes Unternehmen in einer derart spezifischen Situation eine individuell gestaltete Lösung notwendig macht. Wesentlich daran ist neben der Berücksichtigung all dieser Einflussgrößen, dass nach der Analyse eine detaillierte Nutzengenerierung definiert und mit den notwendigen Messgrößen hinterlegt wird.

5.4 Zielstellung der Unternehmenstransformation

Nachdem nun die Werkzeuge bekannt sind, die Anwendungsbereiche im Unternehmen betrachtet wurden und die Vielfältigkeit möglicher Unternehmenssituationen als weitere kritische Größe erkannt wurde, stellt sich die Frage nach der Zieldefinition für die Geschäftspartnerschaft.

Diese Zielstellung kann vereinfacht folgendermaßen gruppiert werden:

- Technologiepartnerschaft   (Kundennutzen und Wertschöpfungsbeitrag eher gering)
- Prozesspartnerschaft   (am Wertschöpfungsprozess orientierter Ergebnisbeitrag)
- Unternehmenspartnerschaft   (Neugestaltung des Unternehmens oder eines Marktes)

Hierbei können aus Abb. 7 die jeweils notwendigen Parameter abgelesen werden. Je größer der Wertschöpfungsbeitrag der Partnerschaft sein soll, desto bedeutender ist eine Ausrichtung an der Vision des Unternehmens. Dies bedingt eine bedeutende Rolle für die IT und bildet damit die Basis für einen hohen Grad an positiver Veränderung.

Gleichzeitig wird damit die Geschäftsbeziehung zwischen den Partnerunternehmen definiert. Eine Geschäftsbeziehung im linken/unteren Quadranten kann keine Messgrößen wie z.B. den Business Value haben; eine Geschäftsbeziehung im rechten/oberen Quadranten kann nicht auf der Basis Cost-Cutting gestaltet sein.

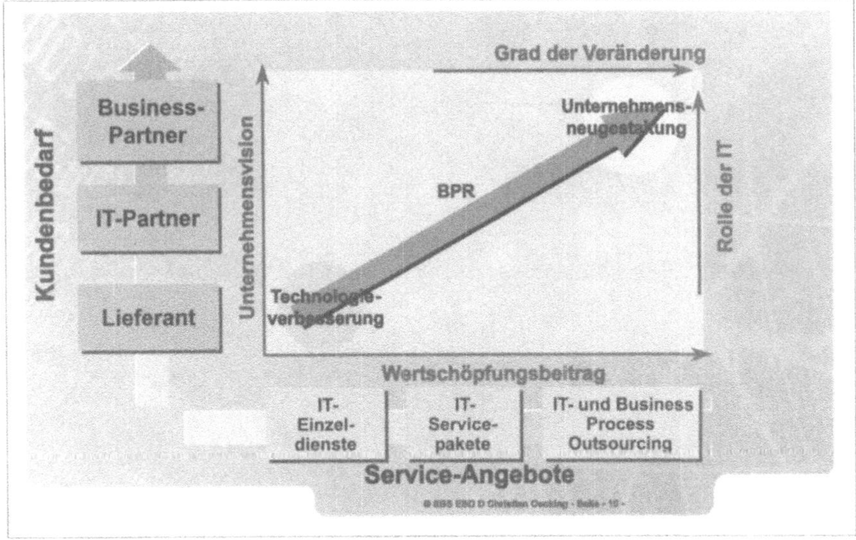

Abb. 7. Transformation des Unternehmens (Cost/Performance Improvement vs. Business Performance Improvement)

All dies führt in der Zieldefinition zu der wesentlichen Unterscheidung

- Cost Performance Improvement (Kosten)
- Business Performance Improvement (Nutzen)

und den damit verbundenen Auswirkungen auf die Gestaltung der Geschäftstätigkeit.

5.5 Der Komplexitätskreis oder „The Art of Outsourcing"

Nachdem nun auch die Zieldefinition erfolgt ist, wird sehr schnell deutlich, dass all diese Aspekte im Rahmen einer Outsourcing-Partnerschaft betrachtet und berücksichtigt werden müssen. Die Kunst des Outsourcing ist dabei, all diese Aspekte so zu analysieren, dass die Grundlagen für die notwendigen Definitionen und Entscheidungen gesetzt werden können.

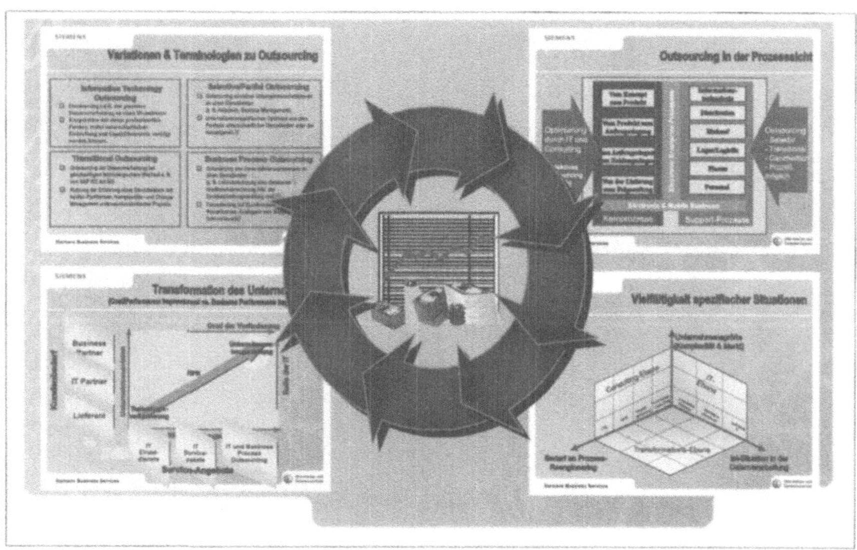

Abb. 8. Der Komplexitätskreis oder „The Art of Outsourcing"

Der Komplexitätskreis (Abb. 8) beschreibt nun die wesentlichen Aufgaben im Rahmen einer Outsourcing-Partnerschaft:

- Die Wahl des richtigen Werkzeuges,
- angewandt auf den richtigen Teil des Unternehmens,
- ausgerichtet auf die spezifische Situation des Unternehmens in seinem Markt
- mit der an den Unternehmenszielen festgelegten Zielsetzung „Cost Performance Improvement" oder „Business Performance Improvement"

insgesamt so zu gestalten, dass der wirtschaftliche Erfolg des Unternehmens dadurch gesteigert wird. Dies lässt sich am Ende des Tages dann in Messgrößen wie z.B. Earnings per Share ausdrücken.

6 Die „Top-Ten-Liste" der Outsourcing-Motivatoren

Die vorangehende Beschreibung der notwendigen Aspekte einer erfolgreichen Outsourcing-Partnerschaft hängt letztlich immer noch von der hinreichenden Motivation des Unternehmens ab.

Als taktische oder kurzfristige Motivatoren findet man z.B.:

- Nicht ausreichende interne Ressourcen
- Freie Ressourcen für andere Aufgaben
- Zufluss von Barmitteln

- Verfügbarkeit von Kapital
- Unternehmensfunktion ist schwer zu managen oder außer Kontrolle.

Als strategische oder langfristige Motivatoren findet man z.B.:

- Verbesserung des Unternehmens- und Managementfokus auf die Kernkompetenzen
- Flexibler Zugriff auf weltbeste Kapazitäten und Fähigkeiten eines Dienstleisters
- Beschleunigung der Vorteile aus dem Prozess-Reengineering
- Langfristig optimierter Ressourceneinsatz für eine wirtschaftlichere Betriebsführung
- Schneller und professioneller Zutritt zu elektronischen Marktplätzen und Gewährleistung der damit verbundenen Änderungsgeschwindigkeit sowie einer State-of-the-Art IT.

All diese Elemente können Initialzünder für den Beginn einer Outsourcing-Partnerschaft sein, die dann nach den vorhergegangenen Konzepten gestaltet werden kann.

7 Anwendungsbereiche und erzielbare Potenziale

Nachdem die Anwendungsbereiche in den Unternehmen hinreichend betrachtet wurden, stellt sich die Frage nach den möglichen Anwendungsbereichen und den damit erzielbaren Potenzialen auf dem Weg von Cost Performance Improvement zu Business Performance Improvement.

Hier lassen sich im Wesentlichen zwei Gruppen bilden, die wir im Vorhinein in groben Clustern im Quadranten links/unten oder rechts/oben definiert haben.

Im Umfeld des technologieorientierten IT-Outsourcing finden wir folgende Prioritäten:

- Applikationsentwicklung
- Applikationswartung
- Mainframe Data Center
- Client/Server
- Desktop Systems
- LAN/WAN

Hierbei hat aktuell insbesondere das Feld des Telekommunikations-Outsourcing eine besondere Bedeutung.

Die in dieser Geschäftsart erzielbaren wirtschaftlichen Potenziale erstrecken sich neben Qualitätsaspekten auf eine Einsparung der IT-Kosten eines Unternehmens. Wenn diese Kosten bezogen auf den Umsatz in einer Größenordnung von 1,5–3 % je nach Branche liegen, so ist sehr leicht ersichtlich, dass eine Einsparung von beispielsweise 20 % hier ein wirtschaftlicher Effekt, jedoch nur eine weniger priore strategische Option ist.

Im Umfeld der beschriebenen Möglichkeiten für Outsourcing-Partnerschaften mit dem Ziel der Unterstützung der Unternehmenstransformation finden wir folgende Prioritäten:

- Flexibilisierung und Fokussierung der Organisation
- Optimierung der Unternehmensprozesse
- Konzentration auf das Kerngeschäft
- Nutzung neuer Technologien für geänderte Vertriebskanäle

Diese Form der Outsourcing-Partnerschaft führt dazu, dass Potenziale in ganz anderen Größenordnungen erzielt werden können, wie z.B. Ergebnisse aus Umsatzsteigerungen, Marktanteile, Reduzierung von Prozesskosten u.v.a.m.

Zwischen diesen beiden Effekten liegen wirtschaftliche Dimensionen, die nicht mehr nur anhand des einzelnen Geschäfts, sondern anhand der Bedeutung auf das gesamte Unternehmen beschrieben werden können. Diese Effekte nicht zu nutzen wird sich mittelfristig kaum noch ein Unternehmen leisten können.

8 Strategisches Outsourcing als „Best-in-Class"-Methode zur erfolgreichen Umsetzung einer Unternehmensstrategie

In den vorhergegangenen Ausführungen ist der Weg von der Vision über die Unternehmensstrategie zur Informationstechnologie beschrieben worden. Gleichzeitig steht die Geschäftsart Outsourcing unter einer neuen Gesamtperspektive, die man mit den Begriffen „Business Value Generation" und „Capability Sourcing" vielleicht am besten charakterisieren kann.

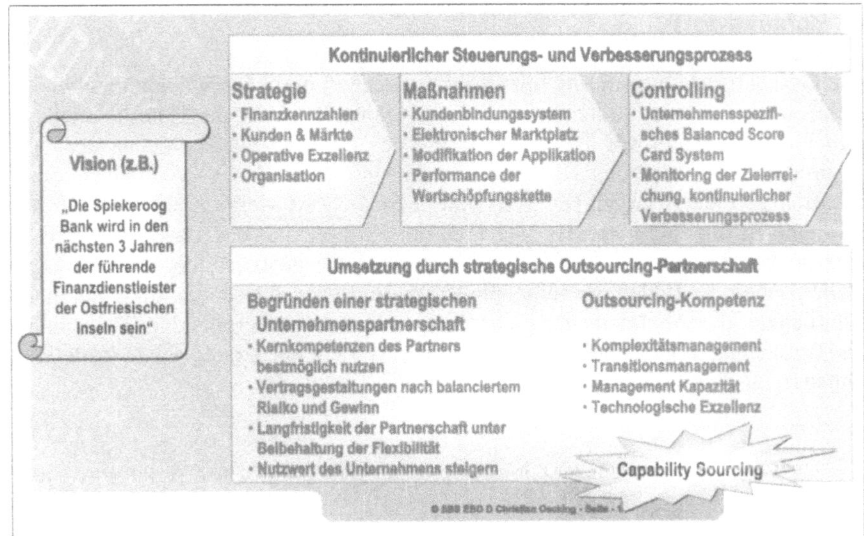

Abb. 9. Outsourcing als „Best-in Class"-Werkzeug zur Umsetzung der Unternehmensstrategie

Ebenso wurde deutlich, dass viele der großen strategischen Herausforderungen unserer Unternehmen einen wesentlichen kritischen Erfolgsfaktor in einer angemessenen und professionellen Informationstechnologie haben. Es liegt also nichts näher, als diese beiden Effekte zu kombinieren und Outsourcing als Werkzeug zur schnelleren und professionelleren Umsetzung der Unternehmensstrategie einzusetzen.

Dies bedeutet eine klare Fokussierung auf die Kerngeschäftsfelder des Unternehmens und dabei speziell auf die unternehmenskritischen Know-how-Felder. Alle weiteren Prozesse können mehr oder weniger ganzheitlich an einen Dienstleister verlagert werden, der sich an den Business-Performance-Kennzahlen des Unternehmens messen lassen muss. Gleichfalls muss die Geschäftsbeziehung aber auch so gestaltet sein, dass der Dienstleister auch die Möglichkeit hat, die Kennzahlen positiv zu beeinflussen.

So ist Outsourcing die „Best-in-Class"-Methode, um die IT-Exzellenz zu verbessern, die Fähigkeit zur Umsetzung der Unternehmensstrategie zu steigern und damit langfristig den Firmenwert signifikant zu erhöhen (Abb. 9). Dass nebenbei den Unternehmen auch eine der wirklich wesentlichen Engpassressourcen eines Unternehmens – die Zeit der Manager für ihre Kunden und Mitarbeiter – anteilig zurückgegeben wird, ist ein ebenso wichtiger Aspekt, um den Weg zum Stern am Horizont auch erfolgreich verfolgen zu können.

9 Schlusswort

Die Geschäftsart Outsourcing mit all ihren Facetten und Möglichkeiten entwickelt sich immer mehr zur strategischen Pflichtveranstaltung für die Unternehmen. Ob dies Geschäftsfelder wie das Outsourcing des Desktop-Managements, der Telekommunikation oder des Rechenzentrums sind oder ob Unternehmenspartnerschaften gebildet werden, die den Unternehmenswert steigern sollen – der wesentliche Erfolgsfaktor ist das Managen der Komplexität des Geschäftes und die externe Beistellung von Management-Kapazität. Die vorgestellten Ausführungen stellen einen Leitfaden für eine plausible Vorgehensweise dar und bieten die Möglichkeit des Abgleichs der Zielstellungen und damit verbundener Kausalitäten zur Erreichung sowohl der wirtschaftlichen als auch der strategischen Ziele einer Outsourcing-Partnerschaft.

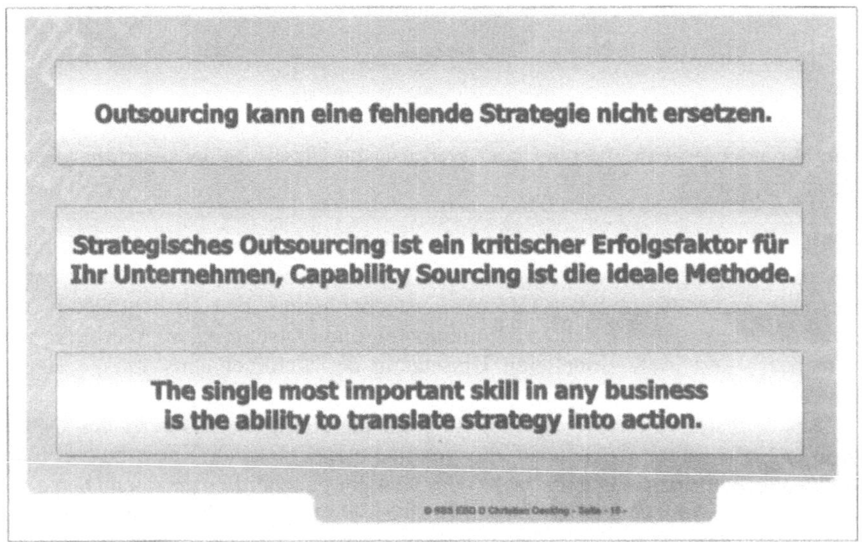

Abb. 10. Resümee

Gerade im Zeitalter der Konvergenz von Information und Kommunikation sowie der explodierenden Bedeutung elektronischer Marktplätze für die Unternehmen zählen technologische Exzellenz, Umsetzungsstärke und Geschwindigkeit im Business. Die Notwendigkeit funktionierender elektronischer Märkte oder Business-to-Business-Lösungen wird für die Unternehmen keine Option mehr sein, weshalb Outsourcing eines der wenigen probaten Mittel sein kann, hier die notwendige Geschwindigkeit zu entwickeln, um sich am Markt attraktiv zu positionieren.

Das dritte Zitat des Resümees in Abb. 10 beschreibt treffend das Thema „Capability Sourcing" in Kombination mit der hier verwendeten Outsourcing-Methode.

Praxisbeispiel: Outsourcing von Telekommunikationsleistungen – ein strategisches Beispiel im RAG-Konzern

Michael Koppitz
Leiter IT-Strategie RAG Aktiengesellschaft

1 Einleitung

Der Bergbau ist traditionell ein Industriezweig mit hoher Fertigungstiefe. Höchste Sicherheitsanforderungen, überwacht durch die Bergämter, und sehr spezifische Dienstleistungen sind der Grund dafür, dass in der Wirtschaft allgemein akzeptierte Tendenzen der Konzentration auf Kerngeschäftsfelder und -prozesse sowie Ausgliederung bis hin zum Outsourcing hier relativ zurückhaltend umgesetzt werden. Die strategische Bedeutung vieler interner Dienstleistungen zur Aufrechterhaltung der Kernprozesse wird sehr hoch eingeschätzt – als Beispiele seien genannt: Laborleistungen, Instandsetzung von Fördereinrichtungen, aber auch Telekommunikation. Unter anderem wegen der erwähnten Sicherheitsüberlegungen ist der Bergbau eine der wenigen Industriesparten, die auch zur Zeit des Telekommunikationsmonopols bereits über ein eigenes Telefonnetz verfügten und hierfür Ausnahmegenehmigungen erhielten. Die Liberalisierung des Telefonmarktes hat allerdings mehrere Entwicklungen beschleunigt, die letztendlich zum Outsourcing-Beschluss bei RAG geführt haben. Der verschärfte globale Wettbewerb hatte zum Ergebnis, dass die spezifischen Marktpreise erheblich sanken. Bei gleichzeitig reduziertem internem Bedarf war es den RAG-internen Dienstleistern an Ruhr und Saar nur eingeschränkt möglich, diese Preisentwicklung selbst nachzuvollziehen. Eine Entlastung durch externes Providergeschäft wurde zwar angestrebt – in diesem Zusammenhang wurden auch Partnerschaften geprüft –, das Thema wurde dann aber wegen hoher unternehmerischer Risiken nicht weiter verfolgt.

2 Konzernstruktur/Ausgangssituation

Die RAG Aktiengesellschaft ist ein international tätiger Energie- und Technologie-Konzern, der 1999 mit rund 102.000 Mitarbeitern etwa 27 Milliarden DM Umsatz erwirtschaftete. Die RAG engagiert sich schwerpunktmäßig in den Geschäftsfeldern Bergbau, Bergbautechnik, Handel, Kraftwirtschaft, Prozesstechnik, Chemie, Kunststoffe und Umwelt (Abb. 1).

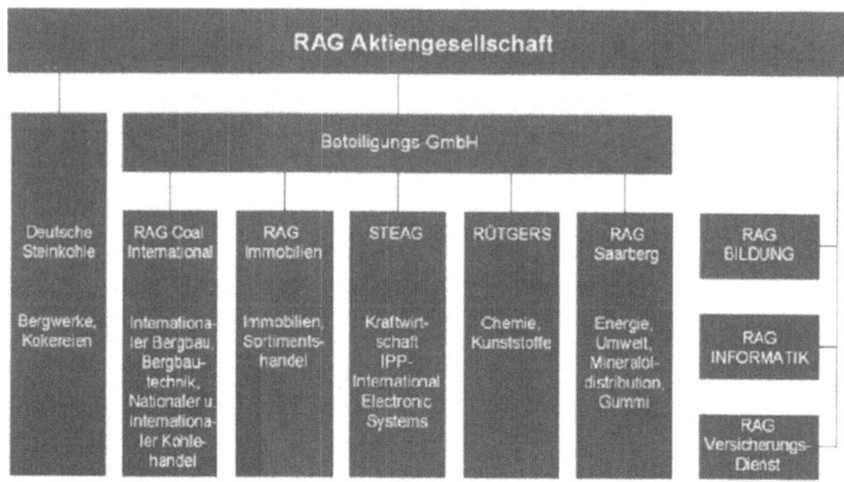

Abb. 1. Der RAG-Konzern

Der Konzern hat insgesamt 458 Gesellschaften und ist mit rund 224 Auslands-
beteiligungen weltweit aktiv. Der Umsatzanteil des Auslandsgeschäftes liegt bei
25 %. Als reines Bergbauunternehmen unter dem Namen Ruhrkohle AG 1969 gegründet, wurde das umfangreiche technologische Know-how in weitere bergbau-
nahe Geschäftsfelder eingebracht und weiterentwickelt. Mit seinen vielfältigen
Aktivitäten im Auslandsbergbau, in der Bergbautechnik, im Kohlehandel und
-vertrieb sowie in der Kraftwerkstechnik bringt der RAG-Konzern seine Kompetenzen rund um die Kohle ein. Damit bleibt das Geschäft mit der Kohle einschließlich eines langfristig lebensfähigen heimischen Bergbaus die unternehmeri-
sche Basis des Konzerns.

Der „Zentrale Fernmeldebetrieb" an der Ruhr sowie die „Technischen Zentralwerkstätten – Telekommunikation" an der Saar sind interne Dienstleistungsberei-
che mit insgesamt etwa 180 Mitarbeitern, die ihre Leistungen schwerpunktmäßig
für die DSK (Deutsche Steinkohle), aber auch für andere Konzerngesellschaften
und in geringem Umfang auch für Konzernfremde erbringen.

Das Leistungsportfolio umfasst die Bereiche Fernsprechtechnik, Übertra-
gungstechnik, Betrieb und Instandhaltung des konzerneigenen Grundstück-
verbindenden Fernkabelnetzes für Sprache und Daten, Funktechnik, Sicher-
heitstechnik, Verkabelung innerhalb von Gebäuden sowie an der Saar zusätzlich
den Vermittlungsdienst.

Das starke Wachstum des Telekommunikationsmarktes bei gleichzeitiger Liberalisierung brachte die Telekommunikationsbetriebe zunehmend in die Lage, die
entsprechenden Leistungen intern und extern nicht mehr zu wettbewerbsfähigen
Preisen anbieten zu können. Gleichzeitig erforderte das hohe Innovationstempo im
TK-Bereich hohe Investitionen in die Infrastruktur und die Qualifikation der entsprechenden Mitarbeiter. Diese Effekte führen in Summe zu einer immer schwie-
rigeren Kostensituation. Preissenkungen bei gleichzeitigen hohen Investitionen in
neue Technologien lassen sich nur bei entsprechendem Wachstum realisieren.

Der Versuch, Wachstum auf dem konzernexternen Markt zu realisieren, wurde durch einen extrem scharfen Wettbewerb erschwert, der für alle Anbieter zu einem scharfen Margendruck führte. Deshalb wurden bereits frühzeitig Gespräche mit potenziellen Kooperationspartnern geführt, die aber über den Status von Sondierungen nicht hinauskamen. Deshalb fasste der RAG-Vorstand 1998 den Beschluss, mit Siemens Business Services in Outsourcing-Verhandlungen über den Zentralen Fernmeldebetrieb der Ruhr zu treten. Nach erfolgreichem Abschluss wurde das Modell dann auch auf den Telekommunikationsbetrieb an der Saar übertragen.

Die Erwartungen an das Outsourcing sind im Einzelnen:

- Die spezifischen Telekommunikationskosten sollen mittelfristig trotz sinkender Abnahmemengen gesenkt werden. Hierzu soll ein Verfahren definiert werden, das es gestattet, innerhalb der sechseinhalbjährigen Vertragslaufzeit (an der Saar fünfeinhalb Jahre) die Preise auf Marktkonformität zu prüfen und ggf. anzupassen (Preisanpassungsregelung bezüglich Marktniveau).
- Das Investitionsrisiko in das eigene Netz soll reduziert werden, indem die Infrastruktur wo möglich auch Dritten zugänglich gemacht werden soll.
- Die Qualität der erbrachten Leistungen soll durch Definition von Service-Levels überprüfbar werden. Es wird außerdem erwartet, dass die Leistungen mindestens in gleich bleibender Qualität erbracht werden.
- Außerdem soll die Möglichkeit geschaffen werden, den Leistungsumfang ohne dedizierte Investitionen, die von keinem anderen Anwender genutzt werden können, zu erweitern. In diesem Zusammenhang sind Voice-over-IP und andere Dienste zu nennen.
- Wegen der Vielzahl der individuell gestalteten Gestattungsverträge für die Durchleitung der Netztrassen soll „der blanke Draht" bei RAG verbleiben und zur Nutzung gegen Entgelt dem Outsourcingpartner überlassen werden. Erhaltungs- und Modernisierungsinvestitionen werden wie Mietereinbauten behandelt und vom Outsourcingpartner finanziert.
- Wegen der besonderen sozialen Bedingungen im Steinkohlenbergbau hat das Thema „Arbeitsplatzsicherheit" einen hohen Stellenwert. Die 12-monatige Kündigungsfrist, die die Regelungen des BGB (§ 613 a) als Mindeststandard vorsehen, soll deshalb erweitert werden.

3 Kriterien und Vorgehensweise bei der Partnerauswahl

Outsourcingprozesse, die mit dem Übergang von Mitarbeitern verbunden sind, müssen mit besonderer Sensibilität gestaltet werden. Wegen der hohen Anforderungen an die qualitative Kontinuität der Leistungsbeziehung muss die Kommunikation mit den Mitarbeitern besonders sorgfältig geplant werden. Ein Ausschreibungsverfahren, das Bestandteil vieler großvolumiger Vergabeverfahren ist, scheidet deshalb häufig aus, weil Zeitfaktor und „Psychologie" hierbei zu kurz kommen. Darüber hinaus betont das Ausschreibungsverfahren die quantitativen Kriterien wie den Preis und die angebotenen Leistungen, während beim

Outsourcing die Qualität einer angestrebten langfristigen Leistungsbeziehung einen besonders hohen Stellenwert hat.

Diese Langfristigkeit ist normalerweise im Interesse beider Verhandlungspartner. Das abgebende Unternehmen vertraut auf die Leistung und Unternehmenskenntnis der ehemals eigenen Mitarbeiter. Das übernehmende Unternehmen strebt eine vertragliche Symmetrie zwischen Arbeitsverträgen und der Leistungsbeziehung an. Die häufig angestrebte Vermarktung der Leistungen an externe Dritte stellt darüber hinaus häufig ein unternehmerisches Risiko dar, sodass eine Absicherung der Grundlast unabdingbare Voraussetzung für das übernehmende Unternehmen ist.

Insofern sind an das Outsourcing eines Dienstleistungsbereichs andere Anforderungen zu stellen als an den Verkauf eines Unternehmens oder Unternehmensteils, mit dem anschließend keine nennenswerten internen Leistungsbeziehungen mehr bestehen. Aus diesen Gründen ist das Vertrauen zwischen abgebendem und aufnehmendem Unternehmen eine wichtige Voraussetzung für einen erfolgreichen Outsourcingprozess. Dieses Vertrauen sollte auch die Betriebsvertretung des abgebenden Unternehmens einschließen. Es sollte insbesondere feststehen, dass das übernehmende Unternehmen aufgrund seiner Kompetenz in der Lage ist, die angefragten Leistungen mittel- und langfristig anforderungsgemäß zu erzielen und damit auch Arbeitsplatzsicherheit für die übernommenen Mitarbeiter zu garantieren.

Wegen der bereits erwähnten Unruhe, die die Übernahmeverhandlungen unvermeidlich in der Belegschaft mit sich bringen, muss die Partnerwahl schnell fallen. Falls sich als Outsourcingpartner nicht bereits ein Unternehmen „anbietet", beispielsweise, weil es sich um einen Vorzugslieferanten des Dienstleistungsbereichs oder bereits bewährten Dienstleister des outsourcenden Unternehmens handelt, kann die Wahl durch Berater beschleunigt und objektiviert werden.

Bei der Bewertung des Partners ist natürlich zuerst dessen fachliche Kompetenz zu beurteilen. Der Outsourcing-Beschluss ist häufig die Folge einer Kerngeschäftsstrategie des abgebenden Unternehmens. Im Umkehrschluss sollte aber die Erwartung bestehen, dass die Leistung, die in dem abgebenden Unternehmen ein Randthema darstellt, im neuen Unternehmen Kerngeschäft sein muss. Damit sollte dann sichergestellt sein, dass die entsprechende Leistung mittel- und langfristig qualitativ mindestens gleichwertig zu einem besseren Preis/Leistungs-Verhältnis erbracht werden kann.

Die Übernahme eines Bereichs bei Kontinuität der Leistungsbeziehung erfordert darüber hinaus hohe Managementkompetenz. Die Organisation muss auf das neue Unternehmen angepasst werden, ohne dass es zu Beeinträchtigungen bei der Qualität kommt. Häufig müssen gleichzeitig Service-Levels definiert und eingehalten werden, wenn diese nicht bereits im internen Verhältnis existieren. Für diese Art der Managementkompetenz lässt sich der Begriff der „Outsourcingkompetenz" definieren, der die Fähigkeit bedeutet, diesen Übergangsprozess erfolgreich zu gestalten. Wichtige Komponenten dieser Fähigkeit sind die soziale Kompetenz des Leiters des neuen Dienstleistungsbereichs, aber auch die Personalentwicklungskonzepte für alle Mitarbeiterebenen.

Wegen der Langfristigkeit der Leistungsverträge sollte das Vertrauen in die wirtschaftliche Stabilität des Übernehmers eine unabdingbare Voraussetzung sein. Effizienzsteigerungen setzen über Umsatzausweitung außerdem einen guten

Marktzugang voraus. Es sollte deshalb sichergestellt sein, dass das übernehmende Unternehmen über die entsprechenden Vertriebskapazitäten verfügt und auf dem Markt einen guten Namen hat. Zwar lassen sich Preissenkungen langfristig auch vertraglich zusichern (das ist sogar notwendig!), die Fähigkeit, diese auch profitabel gestalten zu können, sollte aber vermittelt werden.

4 Vertragsgestaltung / Vertragliche Inhalte

Der „Zentrale Fernmeldebetrieb" an der Ruhr sowie die „Technischen Zentralwerkstätten – Telekommunikation" an der Saar erbringen Leistungen für alle Betriebe der Deutschen Steinkohle, für andere Tochterunternehmen des RAG-Konzerns (insbesondere an Standorten der DSK) sowie in geringem Umfang für Konzernfremde. Alle Leistungsbeziehungen wurden im Rahmen der Due Diligence aufgenommen und anschließend auf das übernehmende Unternehmen übertragen. Als Vertragslaufzeit wurden an der Ruhr sechseinhalb Jahre, an der Saar mit gleichem Vertragsende fünfeinhalb Jahre gewählt, weil dieser Zeitraum einem durch die kohlepolitischen Beschlüsse gegebenen Planungshorizont des deutschen Steinkohlebergbaus entspricht. Insgesamt waren etwa 180 Mitarbeiter zu übernehmen, die zunächst fast ausschließlich auf ihren alten Positionen weiter eingesetzt wurden.

Für die Nutzung von RAG Leistungen wie Telekommunikationsnetz, Gebäude, Kantine, aber auch Gehaltsabrechnung wurden eigene Vereinbarungen getroffen. Zielsetzung war es, die im Rahmen von Betriebsvereinbarungen zugesagten betriebsspezifischen Leistungen durch entsprechende Vereinbarungen auf Standards des übernehmenden Unternehmens zu transferieren. Nach der durch das BGB (§ 613 a) vorgegebenen Schutzfrist ist es vorgesehen, den ehemaligen Mitarbeitern des Zentralen Fernmeldebetriebs individuell Arbeitsverträge von Siemens Business Services anzubieten. In dieser Frist werden die Mitarbeiter in einer Zwischengesellschaft angelegt.

Das Geschäftsmodell sieht zunächst eine zweijährige budgetorientierte Phase vor. In diesem Zeitraum findet die Abrechnung der erbrachten Leistungen auf der Basis der alten Budgetplanung des Zentralen Fernmeldebetriebs statt. Hierzu wurden die geplanten Leistungen in Umfang und Qualität erfasst und vertraglich festgeschrieben. Abweichungen hinsichtlich des Umfangs werden komplett fakturiert. Sollte die Wirtschaftlichkeit (Umsatz minus Kosten) bei gleichem Leistungsumfang vom Plan abweichen, werden Gewinn bzw. Verlust zwischen den beiden Partnern geteilt. Dieses Verfahren der offenen Bücher ermöglicht es den beiden Partnern, sorgfältig entsprechende Leistungsscheine zu vereinbaren, die im Anschluss Service-Level-orientiert das Vertragsverhältnis beschreiben. Für die „Leistungsschein"-Phase wurde an der Ruhr bereits zum Zeitpunkt des Vertragsabschlusses festgelegt, dass eine jährliche Senkung der Preise um 10 % vorgenommen wird. Für den Fall, dass sich die so ermittelten Preise immer noch über Marktniveau befinden, wurde ein Verfahren beschrieben, wie über Benchmarking und Preisverhandlungen eine darüber hinausgehende Preisanpassung vorgenommen wird. Sollte es nicht zu einer Einigung kommen, hat der Auftraggeber ein außerordentliches Kündigungsrecht für diese Leistung. An der Saar wurden vergleichbare Regelungen vereinbart.

5 Das Outsourcing-Projekt

Das Projekt an der Ruhr startete im Juli 1998 mit einer dreimonatigen Due Diligence, in der Anlagegüter, Patente, Verträge und Leistungsbeziehungen mit konzerninternen und -externen Kunden gesichtet und aufgenommen wurden. Alle Leistungen wurden mit Service-Levels (soweit vorhanden) protokolliert. Auf der Personalseite wurden die Arbeitsverträge (zunächst anonymisiert) sowie alle Betriebsvereinbarungen aufgenommen.

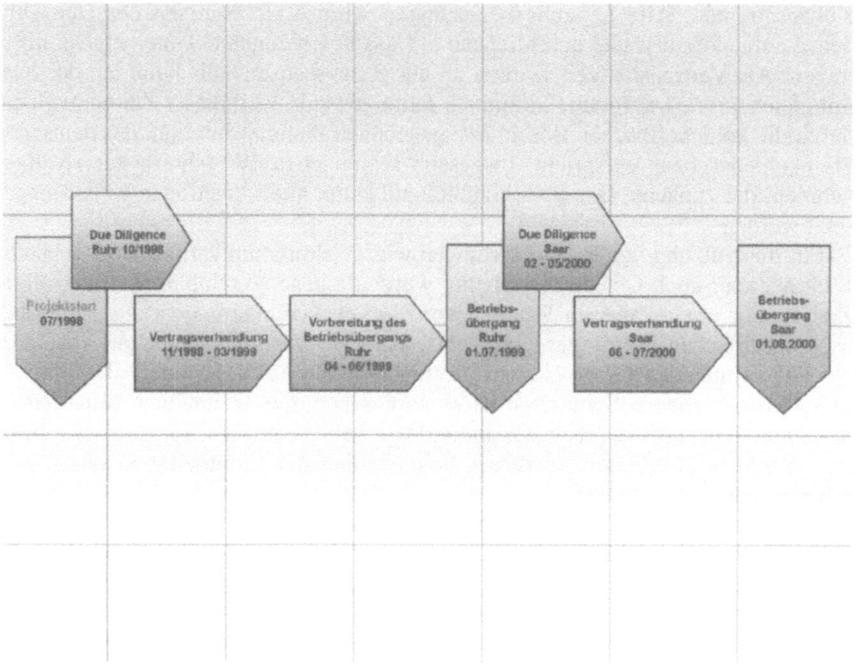

Abb. 2. Der Outsourcing-Prozess

Diese zwischen den Verhandlungspartnern abgestimmte Bestandsaufnahme bildete die Basis für die dann folgenden Verhandlungen, die etwa 6 Monate bis März 1999 in Anspruch nahmen. Im zweiten Quartal 1999 wurde dann der Betriebsübergang (1. Juli 1999) vorbereitet. Alle Phasen waren von intensiven Verhandlungen mit dem Betriebsrat und der Gewerkschaft (IG BCE) begleitet, wobei es sicher eine Besonderheit war, dass der Betriebsrat als Teilnehmer in jeder Verhandlungsrunde vertreten war. Für die personalrechtlichen Aspekte wurde ein eigenes Teilprojekt eingerichtet, das zeitlich parallel lief.

Zur Projektbegleitung wurde ein 5-köpfiger Lenkungskreis eingerichtet, der monatlich tagte. Der Lenkungskreis bestand aus den Bereichsleitern Personal (einschl. Personalrecht), Technik sowie der Projektleitung. Außerdem wurde eine Lenkungskommission eingesetzt, die zweimal jeweils zu den „Meilensteinen" zusammenkam und diese abnahm. Der Auftrag zu den Outsourcingverhandlungen sowie die Zustimmung zum Vertrag selbst erfolgte jeweils durch den Vorstand der RAG.

Nach erfolgreichem Projektabschluss und der zwischenzeitlichen Übernahme aller deutschen Kohleaktivitäten unter dem Dach der RAG erging Ende 1999 der Auftrag, auch für den Telekommunikationsbetrieb an der Saar eine entsprechende Vereinbarung abzuschließen. Zielsetzung war eine qualitativ einheitliche Leistungserbringung aus einer Hand, um so die Koordinationsaufwände aufseiten der RAG zu minimieren.

Die Due Diligence begann zu Anfang des Jahres 2000, der Betriebsübergang fand am 01. 08. 2000 statt (s. Abb. 2).

Als Erfolgsfaktoren für den Verlauf dieses Projekts können folgende Punkte genannt werden:

- Von Anfang an bestand ein klarer Projektauftrag, der vom Vorstand eindeutig formuliert war. Lenkungskreis und Lenkungskommission waren hochkarätig besetzt und ließen sich regelmäßig über den Projektfortschritt informieren. Durch diese Aufbauorganisation sowie hohe Management-Attention war zu jedem Zeitpunkt sichergestellt, dass erforderliche Entscheidungen schnell getroffen wurden.

- Das Verhandlungsteam deckte alle erforderlichen Aspekte ab (Vertragsrecht, Personal einschließlich Personalrecht, Betriebswirtschaft, Technik, Steuern). Bei Bedarf wurden temporär weitere Spezialisten hinzugezogen. Die offene Kommunikation mit der Mitbestimmung sorgte für ein größtmögliches Vertrauensverhältnis.

- Offene und proaktive Kommunikation zu den Mitarbeitern in Betriebsversammlungen und Informationsveranstaltungen des übernehmenden Unternehmens machte die betroffenen Mitarbeiter zu handelnden Menschen und reduzierte so die „Lähmungserscheinungen", die häufig mit Outsourcingprozessen verbunden sind. So konnte auch die Mitarbeiterfluktuation relativ gering gehalten werden. Erfahrungsgemäß wechseln in Outsourcingprojekten gerade die Leistungsträger, wenn es nicht gelingt, auch individuelle Perspektiven zu vermitteln.

- Personelle Konstanz der Verhandlungsteams auf beiden Seiten sorgte dafür, dass Verhandlungsfortschritte festgehalten werden konnten und nicht von anderen Beteiligten wieder in Frage gestellt wurden. Und nicht zuletzt zeigte sich auch in der Professionalität der Verhandlung, dass der Outsourcingpartner richtig gewählt war. Vertragliche Standards, klare Vorstellungen beim Geschäftsmodell und eine perspektivische Personalpolitik ließen bereits in den Verhandlungen sehr schnell ein vertrauensvolles Klima entstehen.

6 Die Praxis

Bereits während der Outsourcing-Verhandlungen muss berücksichtigt werden, dass der Vertrag anschließend von beiden Seiten, also auch vom Auftraggeber, gelebt werden muss. Dazu reicht es in der Regel nicht, den Einkauf als vertraglichen Ansprechpartner zu benennen. Der outgesourcte Bereich braucht auf der Gegenseite auch weiterhin fachliche Kompetenz als Steuerungsfunktion. Das trifft umso mehr zu, je innovativer die entsprechende Leistung ist, also in hohem Maße für den Bereich der Telekommunikation.

Deshalb wurde beim Auftraggeber ein kleiner Stab eingerichtet, der für operative Themen erster Ansprechpartner des outgesourceten Bereichs ist. Für strategische Weichenstellungen wie die Beauftragung neuer Leistungen wurde ein Lenkungskreis eingerichtet, der auch die Qualitätsentwicklung regelmäßig begutachtet.

7 Zusammenfassung

Der RAG-Konzern hat seine Fernmeldebetriebe an Siemens Business Services outgesourcet. Mit dieser Konstellation soll das Preis/Leitungs-Verhältnis dieser komplexen Dienstleistungen mittel- und langfristig gesichert und verbessert werden. Zum Erfolg haben die Auswahl des richtigen Outsourcingpartners, die Gestaltung des Verhandlungsprozesses und die Organisation der weiteren Zusammenarbeit beigetragen.

Praxisbeispiel: Business Process Outsourcing (BPO) von Customer Care und Billing im Umfeld der City Carrier am Beispiel TeleFactory

Thomas Gläßer
Stefan Feldmann
TeleFactory GmbH

1 Ausgangssituation und Markt

Mit der Entscheidung zur vollständigen Liberalisierung im Bereich der Festnetz-gebundenen öffentlichen Sprachvermittlung zum 1. Januar 1998 wurde der letzte noch bestehende Monopolbereich im deutschen Telekommunikationsmarkt für den Wettbewerb freigegeben. Neben ausländischen Telekommunikationsgesellschaften, Datenverarbeitungsunternehmen und diversifizierten Industrieunternehmen waren es vor allem Energieversorger und Kreditinstitute, die mit der Gründung von Telekommunikationsgesellschaften in den aufkommenden Wettbewerb eintraten.[1] Unterscheidungsmerkmale existierten jedoch nicht nur innerhalb der verschiedenen Wertschöpfungsstufen, die diese Unternehmen abdecken, sondern vielmehr in ihrer räumlichen Ausdehnung. Lokal tätige Telekommunikationsunternehmen, so genannte City Carrier, sind dabei als Tochtergesellschaften von Stadtwerken, Sparkassen oder regional agierenden Energieversorgern in der Lage, durch die Nutzung eigener Infrastruktur dem bisherigen Monopolisten auch bei Ortsgesprächen Wettbewerb zu schaffen und flexibel und kundennah auf spezifische Bedürfnisse ihrer Zielgruppen einzugehen. Bereits sieben Monate nach Öffnung des Marktes waren über 160 Unternehmen bei der Regulierungsbehörde für Telekommunikation und Post (RegTP) als Lizenznehmer der Klassen 3 und 4 registriert, von denen ca. 50% Ausgründungen von Energieversorgern, Stadtwerken oder Sparkassen waren (Abb. 1).[2]

---

[1] Vgl. K. Backhaus, E. Stadie, M. Voeth: Was bringt der Wettbewerb im Telekommunikationsmarkt?

[2] Vgl. Jahresbericht 1998 der Regulierungsbehörde für Telekommunikation und Post

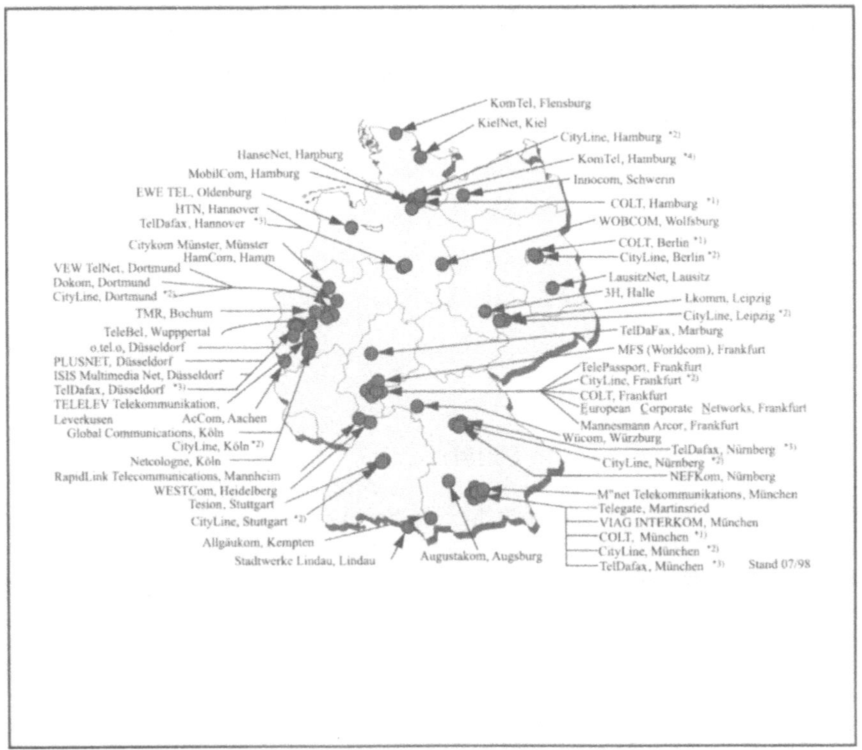

Abb. 1. Übersichtskarte der Lizenznehmer (nicht vollständig)

Das Marktvolumen im Festnetz bei Privat- und Geschäftskunden betrug nach Schätzungen von Marktanalysten im Jahr 1998 ca. 55,8 Mrd. DM, wovon die alternativen Carrier rund 5,9 Mrd. DM bei sich verbuchen konnten.[3] Für das Jahr 2000 sagen die Prognosen einen Umsatz von ca. 16 Mrd. DM für die alternativen Carrier voraus, das Gesamtmarktvolumen wird dann auf ca. 63 Mrd. DM geschätzt.[4]

Während zu Beginn der Liberalisierung der Preis als dominierendes Merkmal die Kaufentscheidung der Geschäfts- und Privatkundensegmente beeinflusste und die Marktteilnehmer mit aufwendigen Image-Kampagnen die Aufmerksamkeit ihrer Zielgruppen zu erreichen versuchten, rückten auf Grund rapiden Preisverfalls[5] und nahezu vollständiger Markttransparenz mit zunehmender Zeit weitere Kriterien in den Vordergrund: Qualität der Dienste, Service-Grad und die Fähigkeit, individuelle Problemlösungen zu platzieren (Abb. 2).[6]

---

[3] Quelle: WestLB 1998
[4] Quelle: WestLB 1998
[5] Quelle: Statistisches Bundesamt, Januar 2000
[6] Quelle: Gartner Group

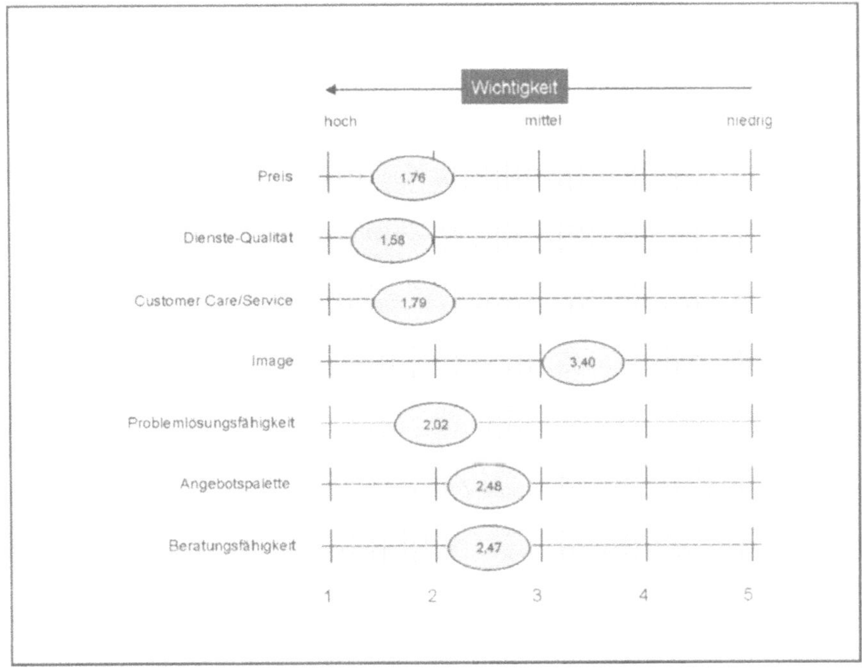

Abb. 2. Beurteilung von Leistungsmerkmalen von TK-Unternehmen

2 Strategische Bedeutung des Customer-Care- & Billing-Prozesses

Customer Care als Gesamtprozess bezeichnet alle mit der Betreuung eines Kunden zusammenhängenden Schritte von der Erstaufnahme der Kundenstammdaten wie z.B. Name, Anschrift, Bankverbindung, über die Änderung erfasster Daten, die Aufnahme von Anfragen und Störungen sowie die Information des Kunden im Fall von Rückfragen zu Produkten bis zu Verträgen und Rechnungen. Eine weitere Kernfunktion liegt in der Konfiguration und Einrichtung von Diensten und Produktpaketen. Hier entscheiden die Flexibilität der eingesetzten Software und die Geschwindigkeit der Produktimplementierung über den Erfolg eines Carriers am Markt. Darüber hinaus dienen Customer Care Tools der Erfassung demographischer Daten zu Zwecken der Auswertung und Kundenanalyse. Somit stellen die Customer-Care-Prozesse das Kundenbindungsinstrument über den gesamten Lebenszyklus eines Kunden dar.

Unter Billing verstehen wir die Bewertung und Abrechnung von Gesprächsdatensätzen (Call Detail Records, CDR). Diese beziehen sich zum einen auf die Abrechnung von Endverbrauchern (Endkunden-Billing), zum anderen auf die Abrechnung von Gesprächsdatensätzen zwischen Netzbetreibern (Intercarrier-Billing). Beide Abrechnungsszenarien tragen den bestehenden Netzstrukturen Rechnung, wonach ein Gespräch zwischen zwei Endkunden oder die Nutzung eines Dienstes nicht ausschließlich innerhalb des Netzes eines Netzbetreibers, sondern über die Netze zweier beteiligter Teilnehmernetzbetreiber (TNB, Netzbetreiber der Endkunden) und beliebig vieler Verbindungsnetzbetreiber (VNB, Transportnetzbetreiber) geführt wird.

Während für die Durchführung des Intercarrier-Billings keinerlei Daten aus dem Customer-Care-Prozess benötigt werden, ist für das Endkunden-Billing die Verknüpfung der beiden vorgenannten Prozesse zwingende Voraussetzung. Abbildung 3 skizziert den Ablauf und das Zusammenspiel der einzelnen Prozessschritte:

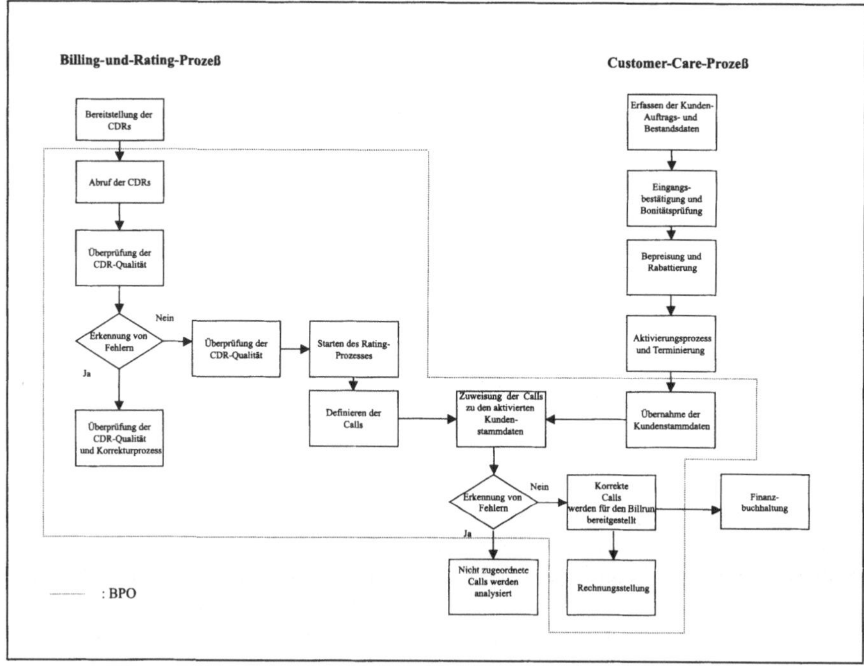

Abb. 3. Workflow Endkunden-Billing

Die effiziente Verbindung von Customer-Care- & Billing-Prozessen bildet die Grundlage für den Einsatz weiterer Operations-Support-Systeme (Data Warehouse, Service Provisioning, Intelligent Network) und Business-Support-Systeme (Warenwirtschafts-, Buchhaltungs- und Controlling-Systeme).

3 Business Process Outsourcing (BPO)

Wie bereits in 1. ausgeführt, verliert das Preisargument zur Gewinnung neuer und Bindung bestehender Kundenpotenziale zunehmend an Bedeutung. Für die Carrier rückt vielmehr eine Konzentration auf ihr tatsächliches Kerngeschäft wie Vertrieb, Produktmarketing und Service in den Vordergrund. Wenngleich Customer-Care-

& Billing-Prozesse die Grundlage für das Kerngeschäft eines Telekommunikationsunternehmens bilden, bedingt dies nicht den Eigenbetrieb dazugehöriger IT-Systeme und die Modulierung systemspezifischer Geschäftsprozesse. Die hierfür notwendigen Personalressourcen in Bezug auf Qualifikation und Quantität stellen auf dem deutschen wie auch auf internationalen Telekommunikationsmärkten einen stark limitierenden Faktor dar. Ergänzend zur bereits genannten Fokussierung auf das Kerngeschäft begünstigen weitere Faktoren die Vergabe von Customer-Care- & Billing-Prozessschritten an einen Business Process-Outsourcing-Partner.

Wesentliche Vorteile liegen in den im Vergleich zum Eigenbetrieb geringeren Investitionskosten, da dem Carrier nur die tatsächlich in Anspruch genommenen IT- und Lizenzkapazitäten der Serverprozesse in Rechnung gestellt werden, sowie der Nutzung branchenspezifischen Know-hows des BPO-Partners. Durch die Inanspruchnahme der in Abb. 3 innerhalb der punktierten Linie dargestellten Prozessschritte bei einem BPO-Partner besteht für den Carrier zudem die Möglichkeit, den Zeitpunkt seines Markteinstiegs wesentlich zu begünstigen. Hierbei nutzt der Carrier bereits bestehende und in der Praxis bewährte Prozesse und Software-Tools, die ihm einen kurzfristigen Start mindestens im Umfang der Standard-Systemlösung garantieren. Die Skalierbarkeit und Modularität der durch den BPO-Partner eingesetzten Lösung unterstützt den Ansatz der „pay as you grow"-Methode, wonach Kosten immer nur entsprechend Höhe und Umfang des genutzten Services anfallen.

4 Konzeptionelle Darstellung der TeleFactory GmbH & Co. KG als BPO-Partner für Customer Care & Billing

Als BPO-Partner für Customer-Care- & Billing-Prozesse wurde im September 1999 die TeleFactory GmbH & Co. KG mit Sitz in Münster/Westf. auf dem deutschen Telekommunikationsmarkt positioniert. Gesellschafter der TeleFactory sind die Siemens Business Services GmbH & Co. OHG (SBS) sowie die Citykom Münster GmbH Telekommunikationsservice, bei der die Systemlösung seit Januar 1998 im Produktivbetrieb zunächst für den Münsteraner City Carrier selbst und nachfolgend für weitere Carrier eingesetzt wurde. Neben der Systemlösung wurden auch das Betriebspersonal sowie die beiden Geschäftsführer, bisher als Prokuristen in den Bereichen Marketing/Vertrieb und Technik bei der Citykom Münster tätig und für Systemauswahl und -einführung verantwortlich, in die TeleFactory übernommen.

Die enge Verbindung zu SBS als Systemlieferant und Marktführer auf dem deutschen IT-Dienstleistungsmarkt auf der einen Seite sichert auch weiterhin genügende Ressourcen zur Weiterentwicklung und kundenindividuellen Anpassung des Customer-Care- & Billing-Systems. Citykom Münster als „Life-Link" in das Netzbetreiberumfeld auf der anderen Seite untermauert die Synchronisation der bei TeleFactory betriebenen BPO-Prozesse mit den notwendigen allgemeinen Betriebsprozessen der Carrier, die beispielsweise durch regulatorische Entscheidungen gesetzlich vorgeschrieben oder durch Carrier-Facharbeitskreise beeinflusst werden. Aktuell betreibt TeleFactory das Business Process Outsourcing für neun

Telekommunikationsunternehmen und hat sich innerhalb kürzester Zeit zu einem der führenden Anbieter dieses Bereichs entwickelt.

Über die heute bereits angebotenen Leistungen hinaus plant TeleFactory die Ergänzung des Produktportfolios um Prozessschritte aus dem Umfeld von Operation Support Systems und Business Support Systems, deren Grundlage die vorbezeichneten Customer-Care- & Billing-Prozesse bilden (Abb. 4).

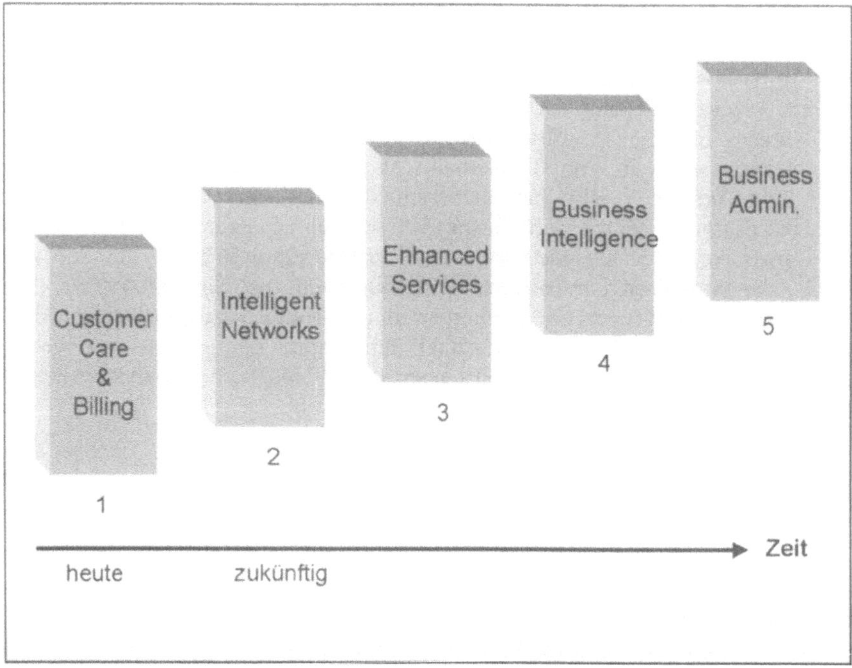

Abb. 4. Zukünftige Märkte für BPO-Prozesse

Ausblick

Sechs Erfolgsfaktoren in einer vernetzten Wirtschaft

Tim Cole
tim@cole.de

Das Internet verändert alles – auch die Art und Weise, wie Firmen und Manager Erfolge erzielen. Handel, Industrie und Gewerbe stehen nicht nur in Deutschland vor einem neuen, bislang unbekannten Phänomen, dessen Folgen bis in die entferntesten Winkel der Unternehmensstruktur reichen werden, wobei die Auswirkungen im Detail heute nicht einmal annähernd zu erahnen sind. Es geht dabei um etwas, was der visionäre Gründer der Internet-Firma Netscape, Marc Andreessen, als die „totale Vernetzung der Wirtschaft" bezeichnet.

Die dahinter liegende Grundannahme ist einfach und nachvollziehbar. Wenn das Internet, wie seit mehr als einem Jahrzehnt, sich weiterhin pro Jahr mindestens verdoppelt, ist der Zeitpunkt abzusehen, an dem jedes Unternehmen der Welt ebenso selbstverständlich über einen Internet-Anschluss verfügen wird wie heute über Telefon und Fax.

Doch was bedeutet das für den Manager? Welche Herausforderungen ergeben sich, welche Chancen, welche Risiken? Welche Strategien können helfen, mit den rasenden Veränderungen Schritt zu halten? Welche neuen Geschäftsmodelle versprechen Erfolg? Sechs Thesen sollen beleuchten, welche neuen Spielregeln in dieser total vernetzten Wirtschaft gelten werden.

These 1: Das Ende ist nah – Sie müssen sich beeilen!

Das Ende des Internet-Booms ist absehbar. Das Internet verdoppelt seit Jahren die Zahl seiner Teilnehmer jedes Jahr – zurzeit sind es mehr als 200 Millionen weltweit. Doch in einem endlichen System ist bekanntlich exponentielles Wachstum auf Dauer nicht möglich. Die Preisfrage lautet nur: Wann ist Schluss? Die Antwort ist im Grunde einfach: In drei bis vier Jahren! Denn würde es bei der Verdopplung bleiben, hätten wir nächstes Jahr 400 Millionen Internet-Nutzer, übernächstes Jahr 800 Millionen und in drei Jahren 1,6 Milliarden. Das sind aber mehr, als es heute Telefone auf der Welt gibt. Und selbst der größte Optimist glaubt nicht, dass es jemals mehr Internet- als Telefonanschlüsse geben wird.

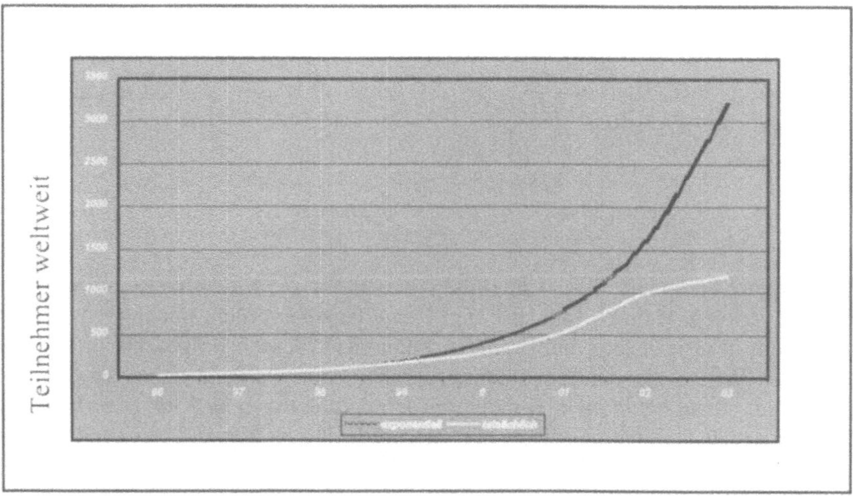

Abb. 1. Ist der Internet-Boom bald vorbei?

In spätestens drei Jahren also müssen die steil nach oben ragenden Kurven anfangen abzuflachen (s. Abb. 1). In den USA ist es schon so weit: Eine Studie von Cyber Dialogue ergab bereits Ende 1999, dass die Zahl der Neuzugänge erstmals langsamer zu wachsen beginnt. Die Marktforscher schließen daraus, dass sich erste Zeichen einer Marktsättigung abzuzeichnen beginnen und die Kosten für Online-Marketing sich in den nächsten Jahren dramatisch erhöhen werden, weil es beim Aufbau neuer Kundenbeziehungen künftig zum Verdrängungswettbewerb kommen wird. Die Jahre, in denen sich Internet-Firmen ihre Wachstumsraten durch den Ansturm immer neuer Scharen von Netz-Neulingen sichern konnten, sind also vorbei. In Deutschland, wo der Internet-Goldrausch später eingesetzt hat als in Amerika, wird dieser Zustand mit ein bis zwei Jahren Verzögerung einsetzen – kommen wird er aber ganz bestimmt.

Die Herausforderung für Manager und Unternehmen ist klar: Es gilt, wie bei jedem Goldrausch, jetzt noch schnell die besten Claims abzustecken, um sich die entsprechenden Schürfrechte zu sichern – für später, wenn Geld verdient wird. Wer jetzt nicht dabei ist, auch das lässt sich aus dieser These ableiten, hat keine Chance mehr, denn im Internet-Zeitalter fressen nicht mehr die Großen die Kleinen, sondern die Schnellen die Langsamen.

These 2: Die PC-Ära ist vorbei – das Internet wird allgegenwärtig

Bis heute ist die Nutzung des Internets mit der Fähigkeit verbunden, einen PC zu bedienen. Damit sind automatisch weite Teile der Bevölkerung ausgeschlossen: die Alten sowie all diejenigen, die keine Lust haben, sich mit diesen komplexen, anfälligen und umständlichen Kisten zu beschäftigen. Doch die Zeit des Surfens per Mausklick ist ohnehin bald vorbei. Stattdessen werden die Menschen sich einer Vielzahl neuer und alter Geräte bedienen, um gezielt Informationen abzurufen. Dass sie sich dazu des Internets bedienen, werden sie im Zweifelsfall überhaupt nicht merken – und es wird ihnen auch egal sein.

Die erste Welle der alternativen Zugangsgeräte zeichnet sich bereits ab: „Intelligente" Mobilfunk-Handies, die dank des neuen Daten-Standards „WAP" in der Lage sind, kurze Textnachrichten auf dem kleinen Bildschirm des Telefon-Displays darzustellen. Damit kann man einfache Informationen wie Börsenkurse, Abflugzeiten oder Schlagzeilen-News abrufen, ohne sich an den PC setzen zu müssen. In den kommenden Jahren werden neue Dienstleister ein Geschäft damit machen, dass sie Informationen, die im World Wide Web bereitgehalten werden, von automatischen Softwaresystemen so aufbereiten lassen, dass sie sich für die WAP-Übertragung eignen. Bilder und Grafiken werden herausgenommen, die Texte auf die wesentlichen Kernaussagen verdichtet, um sie Handy-fähig zu machen.

Doch Internet-Handies sind nur der Anfang. Die ersten Hersteller haben schon so genannte „Internet-Telefone" vorgestellt, die über kleine, eingebaute Farbbildschirme verfügen, auf denen sich E-Mails und einfache Web-Seiten darstellen lassen. Diese Apparate sehen aus wie ein ganz normales Komfort-Telefon, verfügen aber über eine Mini-Tastatur, mit der auch schnell mal eine Antwort getippt werden kann. Andere werben für „Internet-Faxe", die in der Lage sind, handgeschriebene Nachrichten an E-Mail-Adressen zu versenden und elektronische Nachrichten aus dem Internet als Fax auszudrucken. Öffentliche Internet-Terminals werden in den nächsten Jahren wie Pilze aus den Böden der Bahnhöfe, Flughäfen und Hotel-Lobbies sprießen – nicht, damit Passanten darauf ziellos im Internet surfen können, sondern um ganz bestimmte Informationen wie Fahrplanauskünfte im Vorbeigehen anzubieten. Und schließlich entwickelt die Industrie eine Generation ganz neuer Zugangshilfen, vom „Internet-Kühlschrank", der die Ablaufdaten von Butter, Milch und Eiern selbsttätig liest und bei Bedarf per Internet Nachschub beim Lebensmittelhändler um die Ecke bestellt, bis zu Internet-Zapfsäulen für die Tankstelle, mit deren Hilfe Autofahrer beim Zapfen die neuesten Verkehrsnachrichten, Hotelempfehlungen oder Sportergebnisse abrufen können.

Die Folge wird ein allgegenwärtiges Internet sein, in dem wir uns wie in einem Meer aus Informationen fortbewegen. Für die meisten Menschen wird es selbstverständlich werden, dass sie jederzeit und überall Informationen abrufen können und nicht mehr nur in bestimmten Lebenslagen – zum Beispiel am PC zu Hause oder im Büro. Umgekehrt wird dadurch die Erwartung geweckt werden, Informationen tatsächlich überall serviert zu bekommen. Anbieter von Informationen werden sich auf diese neue Entwicklung einstellen müssen, denn derjenige, der diesen „mobilen Informationsbedarf" am besten abdecken kann, wird gewinnen.

These 3: Online-Shopping ist nur der Anfang

Alle reden vom elektronischen Verkauf. Dabei ist eigentlich klar, dass sich nicht jedes Produkt gleichermaßen für den Vertrieb per Internet eignet. Doch wie kann der Manager feststellen, ob er mit seinem Angebot zu den Glücklichen zählt?

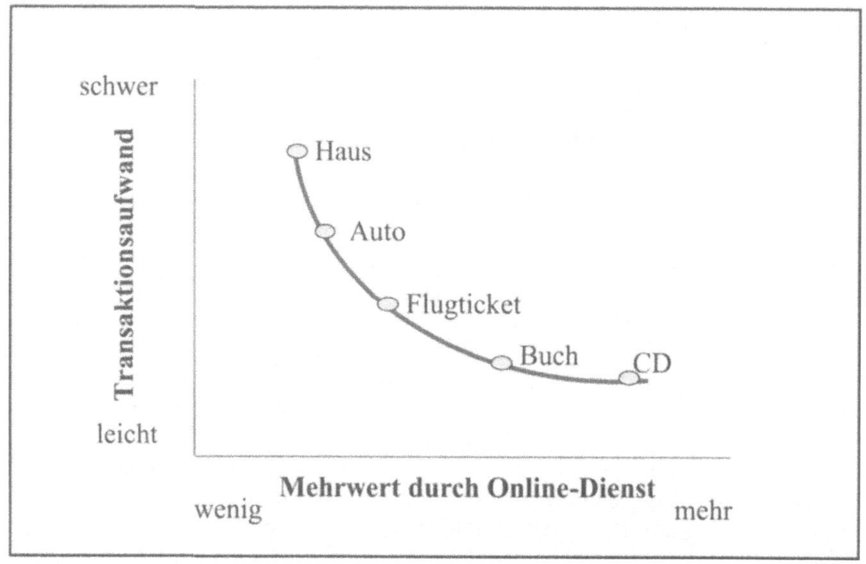

Abb. 2. Renner im Online-Shopping

Ganz einfach (s. Abb.2): Die Eignung einer Ware oder einer Dienstleistung für Online-Shopping wird von zwei Faktoren bestimmt, nämlich dem Transaktionsaufwand – wie kompliziert oder zeitraubend ist es, etwas zu kaufen, egal über welchen Vertriebskanal? – und dem Mehrwert, den das Internet dabei bietet– was habe ich als Kunde davon, das Produkt online zu kaufen statt über eine klassische Handelsschiene wie Laden oder Katalog?

Manche Anbieter werden auf Anhieb feststellen, dass ihr Produkt geeignet ist. Zu den Selbstläufern im Cyberspace gehören Dinge wie Bücher, Musik-CDs, Hardware und Software. Andere sind nicht so geeignet, zum Beispiel Autos oder Häuser, denn hier kann das Internet zunächst keinen erkennbaren Mehrwert beim Kaufvorgang bieten. Mag sein, dass man die gewünschte Immobilie per elektronischer Kleinanzeige rascher findet als in der Tageszeitung, aber was ist mit all den Dingen, die danach kommen – Finanzierung, Hypothek, Eintrag ins Grundbuch? Solange hier noch keine funktionierenden Angebote im Internet zu finden sind, bleibt der Kunde auf bestehende Systeme angewiesen: seine Bank, seinen Finanzberater, den Gang zum Grundbuchamt.

Die Aufgabe eines jeden Managers oder Unternehmers, der den großen Schritt ins Electronic Commerce wagen möchte, besteht also darin, sich möglichst vorher schon zu überlegen, ob sein Produkt von sich aus für den Verkauf übers Internet geeignet ist oder nicht. Wenn nicht, muss die Frage lauten: Wie verbessere ich die Eignung meines Produkts – wie schaffe ich also Mehrwert für den Kunden? Eine Patentantwort auf diese Frage gibt es nicht – sie muss für jedes Unternehmen und jede Branche neu beantwortet werden. Die einfachste Methode ist aber natürlich ein Preisnachlass für Kunden, die per Internet einkaufen. Schließlich weiß auch der Kunde, dass ein Online-Laden billiger zu betreiben ist als ein physikalischer:

Es muss kein teures Ladenlokal in Citylage angemietet werden, es müssen keine Regale mit leibhaftigen Waren gefüllt werden, was Kapital bindet, und es müssen keine ausgebildeten Fachverkäufer angeheuert werden, die zeitweise untätig herumstehen und warten, bis ein Kunde das Geschäft betritt. Dass diese Preisvorteile zumindest teilweise an den Kunden weitergegeben werden, wird im Internet-Zeitalter schon fast erwartet. Darüber hinaus ist jedes Mittel recht, um Mehrwert zu schaffen, beispielsweise durch besonderen Service, durch zusätzliche Informationen oder durch Links zu Themen, die für den Käufer eines bestimmten Produkts von Interesse sind: Ein Snowboard-Käufer freut sich vielleicht über aktuelle Schneehöhenmeldungen aus den beliebtesten Wintersportgebieten. Für den Käufer eines Fonduegeschirrs sind kostenlose Rezeptvorschläge ein echter Mehrwert. Hier ist Fantasie gefragt!

These 4: B2B schlägt B2C

Was aber, wenn ein Anbieter auch beim besten Willen keinen Weg sieht, sein Produkt geeignet zu machen fürs Internet – oder wenn er gar kein Produkt hat, das für Endverbraucher interessant wäre? Jedes Unternehmen unterhält Geschäftsverbindungen mit anderen Unternehmen, und das oft schon seit vielen Jahren. Meistens werden diese Geschäftsprozesse auf klassischem Wege abgewickelt, sprich per Briefpost, Fax oder Telefon. Durch die Digitalisierung dieser Geschäftsprozesse und durch Abwicklung übers Internet, so schätzen inzwischen viele Experten, wird ein Rationalisierungseffekt erzielt, der zu beispielloser Kostensenkung und Effizienzsteigerung führen wird. Forrester Research schätzt, dass durch Einsparung und Neugeschäft im Internet das Umsatzvolumen im Bereich „B2B" (Business-to-Business) bis zum Jahr 2003 auf mehr als 1,3 Billionen (!) Dollar anwachsen wird, während der Bereich „B2C" (Business-to-Consumer, sprich „Home Shopping") in den USA gerade eben 150 bis 200 Milliarden ausmachen wird (Abb. 3).

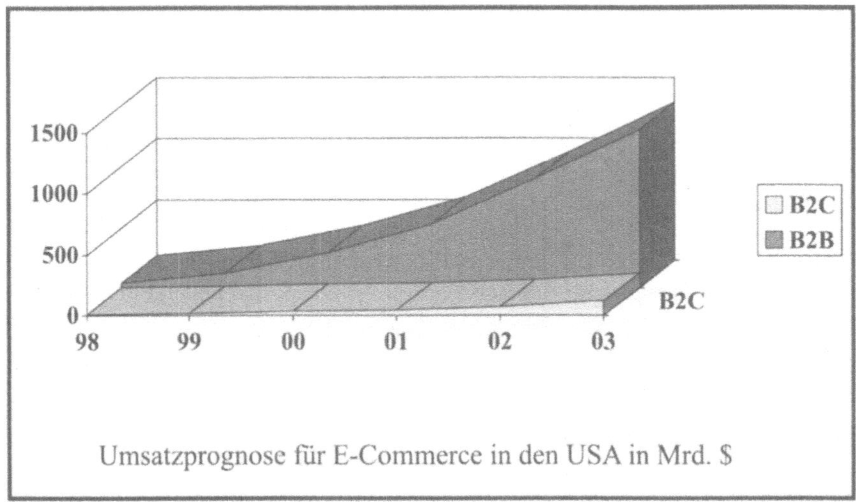

Abb. 3. B2B schlägt B2C. (Quelle: Forrester Research)

Versuchen wir uns eine Welt vorzustellen, in der jeder mit jedem ständig online verbunden ist – nicht nur die Menschen in den Betrieben, sondern auch die Betriebe selbst, die Computersysteme, die Warenwirtschaften, die Steuerungsprozesse und sogar das Einkaufswesen. In einer solchen total vernetzten Wirtschaft werden Dinge von selbst und völlig reibungslos ablaufen, die heute personalintensiv und fehleranfällig sind. Das Internet bildet dann die Schnittstelle zwischen bestehenden und neuen Computeranwendungen, die über die Grenzen der eigenen Firma hinausreichen und in einem ständigen, selbstständigen Daten-Dialog stehen mit den entsprechenden Systemen bei Lieferanten, Vertriebspartnern, Beratern und natürlich auch beim Kunden.

Wie bei der so genannten „Just-in-time"-Fertigung großer Industriebetriebe, zum Beispiel Automobilwerke, können auch mittelständische Hersteller dank Internet dafür sorgen, dass Bauteile oder Verpackungen stets rechtzeitig und in Stückzahlen geliefert werden, die gerade für die Fertigung der nächsten Tage oder Wochen ausreichen. Lager- und Bestellsysteme können sich gegenseitig abgleichen, automatisch Bestände kontrollieren und immer dann für Nachschub sorgen, wenn nur noch eine vorher vereinbarte Sicherheitsreserve vorhanden ist.

Andere Logistiksysteme können über das Internet Einblick in die Inventurlisten von Einzelhändlern nehmen, um den Zeitpunkt zu bestimmen, an dem automatisch der Ordervorgang ausgelöst werden muss, um Nullbestände zu vermeiden. Doch hier erwartet den Internet-Innovator in der Unternehmenspraxis schon der erste harte Widerstand: Einkäufer und Filialleiter wollen gar nicht, dass sich die Computer untereinander auch über Routinebestellungen einigen. Sie fühlen sich dann überflüssig – sogar mit einigem Recht.

Ein gutes Beispiel bietet die deutsche Niederlassung der US-Firma Logitech in Germering bei München. Der weltweit führende Hersteller von so genannten „Peripherals" (Zusatzgeräte zur Steuerung von PCs wie Maus, Trackball oder Tastaturen) stattete seinen Außendienst kürzlich mit Laptops aus, um die Abgabe von Besuchsberichten zu beschleunigen und zu verbessern. Wenn ein Logitech-Vertreter die Filiale einer Computer-Handelskette wie Vobis oder MediaMarkt besucht, füllt er gleich im Laden den elektronischen Bericht aus und speichert darin zum Beispiel Angaben darüber, wie viel Stück von jedem Produkt im Regal vorhanden sind. Diese Information wird von unterwegs per Mobiltelefon und Modem-Adapter als E-Mail in die Firmenzentrale übertragen. Dort fließt sie in das großrechnergesteuerte Ordersystem ein. Droht der Bestand unter eine vorher vereinbarte Grenze zu sinken oder ist womöglich keine Ware mehr vorhanden, wird Alarm geschlagen in Form einer E-Mail an die zuständigen Sachbearbeiter im eigenen Haus und an die Einkaufsabteilung des Kunden.

Der Bestellvorgang selbst wird aber nach wie vor „von Hand" ausgeführt. Und das, obwohl es problemlos möglich wäre, die Computersysteme einfach alles untereinander ausmachen zu lassen. Technisch, so die Logitech-Geschäftsleitung, sei eine Anbindung an die Warenwirtschaftssysteme der Kunden überhaupt kein Problem. Doch leider sei bislang kein Kunde davon zu überzeugen gewesen, ein solches System auch tatsächlich einzurichten. Hinter den vordergründigen Argumenten („Computer können nicht denken", „Was ist, wenn der Computer mal kaputt ist?", „Vertrauen ist gut, Kontrolle ist besser") steckt in Wirklichkeit eine unschwer erkennbare Technophobie beziehungsweise die nackte Angst um den möglicherweise gefährdeten Arbeitsplatz des Einkäufers. Auf diese Weise wird Einsparpotenzial verspielt, beide Seiten verlieren völlig überflüssigerweise Geld.

These 5: Das Internet hilft Unternehmen, Geld zu sparen

„In der vernetzten Wirtschaft des Internet-Zeitalters können auch mittelständische Unternehmen die gleichen günstigen Einkaufskonditionen bekommen wie ein Großkonzern", glaubt Dr. Paul Gromball, ehemaliger McKinsey-Berater und heute Chef der Münchner Internet-Firma Healy Hudson, einem führenden Anbieter von so genannten Desktop Purchasing-Systemen. Seine Kunden sind zwar gerade die großen Konzerne wie Siemens oder die Allianz-Gruppe, aber auch öffentliche Verwaltungen wie die Regierung von Bayern und regionale Zusammenschlüsse wie der „Virtuelle Marktplatz Straubing", in dem vornehmlich mittelständische Firmen aus der Region zusammengeschlossen sind. Sie alle haben eines gemeinsam: Sie wollen die Macht des Internets nutzen, um ihre Kosten zu senken. Eine Umfrage der Zeitschrift „The Economist" unter den 500 größten US-Konzernen hat ergeben, dass Kostensenkung mittlerweile mit Abstand der wichtigste Beweggrund für Investitionen in die Internet-Technologie geworden ist (Abb. 4).

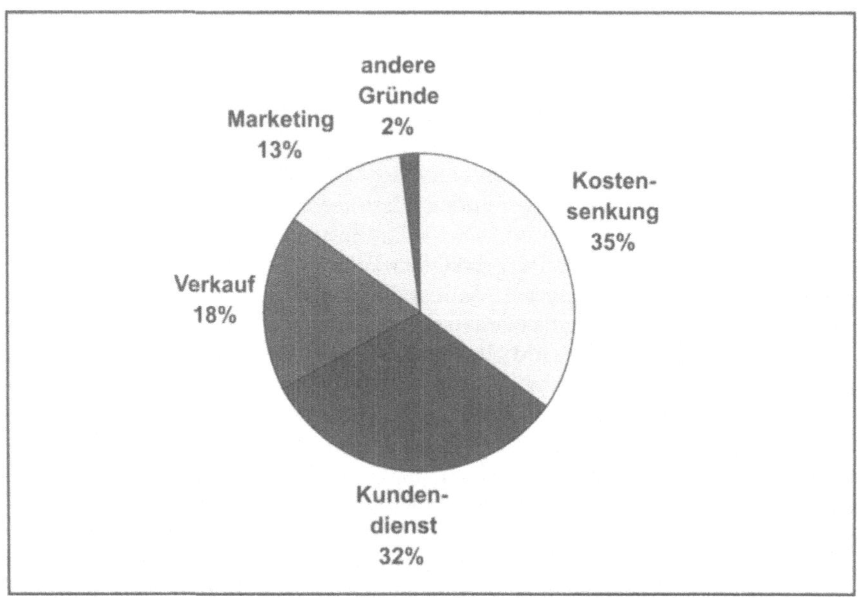

Abb. 4. Beweggründe für Internet-Nutzung. (Quelle: The Economist)

Neu ist der Gedanke gerade nicht. Viele Großfirmen versuchen seit langem, durch Zentraleinkauf entsprechende Volumenverträge abschließen und den Lieferanten zu Preisnachlässen bewegen zu können. Aber der klassische Zentraleinkauf geriet bislang relativ schnell an Grenzen, weil ein solches System meist umständlich und langsam arbeitet: Will eine Sekretärin einen neuen Bleistiftspitzer bestellen, muss sie zuerst einen Antrag ausfüllen, vom Chef abzeichnen lassen und per Hauspost an die zentrale Einkaufsabteilung schicken – unter Umständen sogar in einer anderen Stadt. Der Produktkatalog, aus dem sie ausgewählt hat, ist außerdem womöglich schon sechs Monate alt, das Produkt schon gar nicht mehr lieferbar.

Dank Internet und Intranet hat sich der Einkaufsvorgang in vielen Firmen schon wesentlich verändert. Die Sekretärin wählt das Gewünschte aus einem Online-Katalog, der Chef gibt per Mausklick die Bestellung frei, die in Sekundenschnelle beim Einkauf landet.

Doch das ist nur der Anfang. Denn bestellt wurde bislang meist traditionell bei einem festgelegten Anbieter, dessen Preise – abzüglich des vereinbarten Rabatts – der Kunde zu schlucken hatte. Wer hat schon Zeit, sich ständig nach neuen Lieferanten umzuschauen?

Heute lassen Firmen die Anbieter gleich reihenweise antanzen – per Internet. „Mit Hilfe von so genannten Multi-Vendor-Systemen können Firmen eine Art Negativ-Auktion veranstalten, indem sie ihren Bedarf auf einer entsprechenden Website veröffentlichen und die Lieferanten auffordern, möglichst niedrige Gebote abzugeben", sagt Gromball. Er muss es wissen: In seiner McKinsey-Zeit half er, ein solches System beim amerikanischen Weltkonzern General Electric (GE) zu installieren. Dort wurden bei einem indirekten Einkaufsvolumen von mehr als einer Milliarde US-Dollar innerhalb von einem Jahr Einsparungen von mehr als 30 Prozent realisiert.

Ein ähnliches System arbeitet inzwischen auch in München, wo der Bayerische Staat per Internet den Kampf gegen die Kostenlawine in der öffentlichen Verwaltung aufgenommen hat. In einer Pilotanwendung, die seit etwa einem Jahr läuft, können Staatsdiener über eine eigens dafür geschafftene Webseite Toner-Kartuschen für Drucker und Kopierer ordern. Drei Lieferanten wurden ausgesucht, die ihre aktuellen Produktpreise in das System einpflegen. Wer Toner bestellen will, sieht sofort, wer gerade das billigste Angebot für sein spezielles Modell hat – und bestellt natürlich dort.

Für den Freistaat ergeben sich, wie das verantwortliche Staatsministerium behauptet, gleich zwei Vorteile: Erstens weiß man nun erstmals wirklich ganz genau, wie viel Toner die über das flächengrößte Bundesland verstreuten Dienststellen der vielen Behörden und Landesämter tatsächlich verbrauchen – zu Beginn des Online-Experiments waren es rund 15 Millionen Mark im Jahr –, und zweitens wird kräftig gespart: Schon im ersten Jahr konnten die Beschaffungskosten für Toner um fast ein Drittel – fünf Millionen Mark – gesenkt werden. Die Regierung will das System deshalb jetzt auf andere Verbrauchsmaterialien ausweiten.

Die Einsparungen treffen auch Firmen dort, wo sich die Ausgaben bislang am schmerzhaftesten bemerkbar gemacht haben, nämlich bei den so genannten indirekten Kosten. Das sind jene Aufwendungen, die sich nicht unmittelbar auf die Produktion umwälzen lassen, wie Allgemeine Verwaltung, Fuhrparkmanagement, Bürobedarf, Geschenkartikel oder Drucksachen – scheinbar Nebensächliches, für das die deutsche Wirtschaft aber nach einer Untersuchung der Münchner Beraterfirma ERA Jahr für Jahr satte 44 Milliarden Mark ausgibt. Laut einer Studie der US-Beratungsgesellschaft Killen & Associates sind die indirekten Kosten mit 33 Prozent der größte Ausgabenblock eines normalen Unternehmens. Doch gerade mit diesen nicht direkt zurechenbaren Kosten kommen die meisten Firmen bis heute nur schwer zurecht.

Viele Unternehmen wissen nicht genau, was und wie viel sie von wem kaufen. Die verfügbaren Daten sind nicht detailliert und zeitnah genug, um effiziente Einkaufsprozesse hinreichend zu unterstützen. Die Mehrzahl aller „indirekten" Einkäufe wird ohne formalen Einkaufsprozess verhandelt und abgeschlossen. Die Loyalität zum, Lieferanten ist dabei oft höher als die zum eigenen Unternehmen. Meistens fehlt der Überblick über den Markt der Anbieter. Vor allem aber fehlt die Zeit, sich diesen Überblick systematisch zu verschaffen.

„Genau hier verbergen sich große Verbesserungspotenziale durch den Einsatz von Internet-Technologien", schlussfolgern die Autoren einer Studie der Meta Group zum Thema Desktop Purchasing. Da solche Systeme außerdem mit Hilfe eines ganz normalen Web-Browsers zu bedienen sind, entfallen meistens die Kosten für die Personalschulung; jeder Mitarbeiter kommt fast spielend mit dem neuen System zurecht und nutzt es deshalb auch besonders intensiv.

Die meisten heute angebotenen Einkaufs-Systeme bestehen aus verschiedenen Funktionsmodulen, beispielsweise einem elektronischen Katalog, der häufig über die Personaldatenbank des Unternehmens so konfiguriert werden kann, dass der einzelne Mitarbeiter nur solche Produkte zu sehen bekommt, für deren Einkauf er auch berechtigt ist. Meistens sind die Systeme auch per Internet an die Warenwirt-

schaft des Lieferanten angebunden, sodass verbindliche Aussagen über Verfügbarkeit und Liefertermine gleich bei der Bestellung möglich sind. Manche Systeme bieten die Möglichkeit, den Bestellstatus jederzeit über eine Tracking-
Funktion zu überprüfen („Ihre Sendung ist zurzeit von München nach Frankfurt
unterwegs und wird morgen früh bis 10 Uhr ausgeliefert") sowie über eine Bu-
chungsfunktion die Kosten jederzeit der richtigen Kostenstelle im Unternehmen
zuzuordnen.

Neben der Einsparung durch die Wahl des günstigsten Lieferanten sieht Dr.
Wolfgang Sipos, Einkaufsleiter des Chemieherstellers Boehringer Mannheim, die
Reduzierung der hausinternen Beschaffungskosten denn auch als größten Vorteil
des elektronischen Einkaufs: Neben der Bündelung des Bedarfs, die zu besseren
Konditionen führt, lasse sich über das Internet der Einkaufsvorgang selbst weitge-
hend automatisieren, was wiederum Kosten senkt.

Ist das Internet ein Ausweg aus der immer steileren Kostenspirale? Fachleute
wie Gerald Heydenreich, Managing Director der Portum GmbH in Frankfurt, sind
überzeugt: „Einkaufsgemeinschaften werden von Einkäufern genutzt, um die eigene Einkaufsmacht zu vergrößern." Dabei entstehen Chancen für Dienstleister
und Existenzgründer, denn solche Einkaufsnetze entstehen nicht von allein, sie
müssen organisiert werden. Heydenreich: „Auf solchen Börsenplätzen werden
Nachfrage und Angebot von neutralen Intermediären zusammengeführt."

These 6: Im Internet ist der Kunde wirklich König

Dem Abnehmer einer Ware oder Dienstleistung wächst dank Internet eine solche
Machtfülle zu, dass er es am Ende sein wird, der bestimmt, wo es langgeht (Abb.
5). Er wird es sein, der aus dem weltweiten Angebot heftigst miteinander konkur-
rierender Hersteller und Händler dasjenige aussucht, das ihm gefällt. Und er wird
selbst bestimmen, wie viel er dafür zu bezahlen bereit ist.

Schlimmer noch: Der Endverbraucher wird sich mit Gleichgesinnten zu kar-
tellähnlichen Gebilden zusammenschließen, um die Anbieterseite unter Druck zu
setzen – und kein Gesetz der Welt kann ihn daran hindern.

Wer bisher also schon über harten Wettbewerb und niedrige Margen geklagt
hat, dem kann man nur raten, sich ganz warm anzuziehen. Im Zeitalter der totalen,
globalen Vergleichbarkeit von Dingen wie Online-Auktionen, Power Shopping,
elektronischen Preisagenten und virtuellen Einkaufsnetzen ist der Kunde wirklich
König. Und er wird die neue Machtfülle wie ein echter Despot ausüben, konsequent und rücksichtslos.

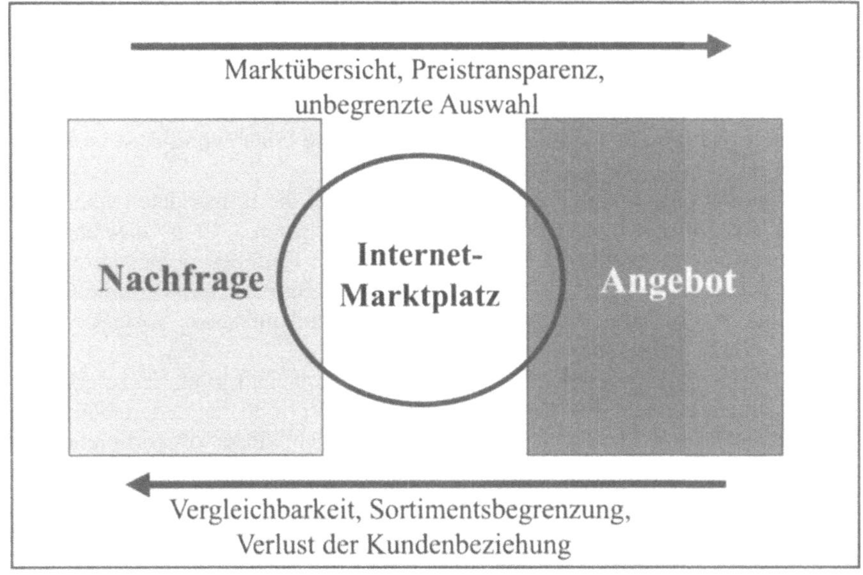

Abb. 5. Machtverschiebung in der vernetzten Wirtschaft

Unsere bisher angebotsorientierte Wirtschaft ist dabei, sich in eine bedarfsorientierte zu verwandeln. Der Wert der Marke als Navigationshilfe des Verbrauchers im unübersichtlichen Angebotsdschungel wird abnehmen, stattdessen werden Dinge wie Glaubwürdigkeit, Angebotsvielfalt, Marktübersicht und Informationstiefe wichtig werden. Statt sich dem Kunden aufzudrängen, wird es die Aufgabe von Anbietern sein, seine Wünsche und Bedürfnisse vorausahnend zu befriedigen und ihn mit einem so perfekten und umfassenden Serviceangebot zu bedienen, dass sich Loyalität für den Abnehmer besser bezahlt macht als das Abwandern zu einem Konkurrenten.

Dem Kunden wird seine neue Machtfülle anfangs kaum bewusst sein, aber das wird sich schnell ändern, denn wo es um den eigenen Vorteil geht, ist der Mensch schnell lernfähig. Außerdem wird ihm eine neue Unternehmergattung dabei helfen, zu seinem Recht zu kommen, denn als Anwalt oder Agent des Verbrauchers werden sich in Zukunft die besten Geschäfte überhaupt machen lassen. Kunden-Kartelle und virtuelle Einkaufsnetze entstehen in der Regel nicht von selbst, irgendjemand muss sich um sie kümmern. Nennen wir, um beim Bild zu bleiben, diesen Dienstleister den „Kartell-Manager", nämlich derjenige, der seine Erfahrung, sein Wissen und seine Arbeitskraft dafür aufwendet, Nachfrage zu sammeln, zu verdichten und zu befriedigen, indem er das jeweils passende Angebot dazu findet und sich dann als Mittler zwischen beiden betätigt.

Experten wie der McKinsey-Berater John Hagel und Jeff Rayport versuchen, das Phänomen in ihrem Buch „Net Worth" mit dem Begriff des „Infomediary" zu umschreiben. Die Wortschöpfung aus „Information" und „Intermediary" (Mittelsmann) beschreibt einen Dienstleister, dessen Geschäft darin besteht, Informationen über den Kunden zu sammeln und zu detaillierten Profilen auszuwerten, die er wiederum ausgewählten Anbietern entweder direkt oder indirekt zur Verfügung stellt. Anders als der klassische Großhändler oder Verkaufsagent wird der typische Infomediary vom Interesse des Kunden geleitet, dem er das meistens billigste, in jedem Fall aber das bestmögliche Angebot zukommen lassen will, um auf diese Weise die Loyalität des Kunden zu gewinnen. Diese Glaubwürdigkeit ist das eigentliche Betriebskapital des Infomediarys.

Und was steht am Ende dieser Entwicklung? Wird die Horrorvision wahr, nach der einer ausschließlich über den – natürlich niedrigsten – Preis differenzierten Anbieterseite die geschlossene Front der in Kunden-Kartellen organisierten Verbraucher gegenübersteht? Oder wird am Ende auch hier das kapitalistische Grundprinzip des Wettbewerbs zu einer Pluralität der Einkaufsnetze, sozusagen zum Kampf der Kartelle führen?

Und: Wie wird sich gerade die mittelständige Wirtschaft in einem solchen System behaupten können? Etwa indem sie selbst die Vorteile der Bedarfsbündelung nutzt, um sich von Kostenblöcken zu befreien und sich wieder konkurrenzfähig zu machen? Wird der Genossenschaftsgedanke, der bislang im „richtigen" Leben häufig an den Hürden von Regionalität und Traditionalismus zu scheitern drohte, im Internet seine Auferstehung feiern in Form von mächtigen, weltumspannenden, branchenübergreifenden „Cyber-Genossenschaften"?

Von den Antworten auf diese Fragen wird der Erfolg der Bemühungen einer ganzen Generation von Managern und Unternehmern abhängen, die sich jetzt um den Einstieg ins Zeitalter von Internet und Electronic Commerce bemühen. Dabei wird es Gewinner und Verlierer geben – wenigstens eine Regel der Wirtschaft, die sich trotz aller technischen Innovation nicht geändert hat.

Autorenverzeichnis

Mike Bassmann (45) ist Vertriebsbeauftragter für E-Business im Geschäftsreisebereich bei Siemens Business Services in Frankfurt am Main. Seit zwölf Jahren befasst er sich mit IT- Dienstleistungen für die Reisebranche und trat vielfach als Referent auf Kongressen und Fachmessen auf. Vor seiner Tätigkeit bei Siemens Business Services war der ausgebildete Pilot im Groß- und Einzelhandel für Sales und Marketing verantwortlich.

Siemens Business Services GmbH & Co. OHG Deutschland
Lyoner Straße 27
60528 Frankfurt am Main
michael.basmann@ffm2.siemens.de

Dr. Hans-Dieter Baumgart hat Physik studiert und war nach seiner Promotion ein Jahrzehnt in der Computerentwicklung tätig. Seit 1979 ist er in der Geschäftsführung des Verlages der Rheinischen Post verantwortlich für neue Technologien, Informationstechnik und die gesamte Zeitungsproduktion. In der Tochtergesellschaft RP-Online ist er für die Online-Aktivitäten des Verlages und die sich daraus entwickelnden neuen Geschäftsfelder zuständig.

Rheinische Post
Zülpicher Straße 10
40196 Düsseldorf
baumgart@rp-online.de

Heike Christ (33) ist seit Juli 2000 verantwortlich für die Portfoliodefinition, das Partnermanagement und das Channel-Management der Serviceline (Delivery-Einheit) E-Commerce der SBS in Deutschland. Der Schwerpunkt ihrer Arbeit liegt in der Entwicklung des Service-Portfolios zum Thema E-Commerce mit Auswirkungen für das Ressourcenmanagement und die Vertriebsstrategien. Vor dieser Tätigkeit war Frau Christ Mitarbeiterin in der CIO-Organisation der Siemens AG, verantwortlich für die E-Business-Aktivitäten innerhalb des Siemens Konzerns weltweit. Sie gehört dem Konzern seit 1991 an. Frau Christ ist diplomierte Mathematikerin.

Siemens Business Services GmbH & Co OHG Deutschland
Otto-Hahn-Ring 6
81739 München
heike.christ@mch20.sbs.de

Tim Cole gilt als einer der erfahrensten Internet-Publizisten im deutschsprachigen Raum. Seine Beiträge, Kommentare und Kolumnen erscheinen in führenden Wirtschaftsmagazinen (z.B. „Capital") , Tageszeitungen („Die Welt"), Fachpublikationen („Die Geschäftswelt – Kundenmagazin der Sparkassen-Finanzgruppe") und Internet-Zeitschriften („PC-Online"). Als Buchautor („Erfolgsfaktor Internet", Econ; „Managementaufgabe Sicherheit", Hanser), Berater und Referent bei Seminaren und Firmenveranstaltungen steht der gebürtige Amerikaner im laufenden intensiven Dialog mit Führungskräften aus Wirtschaft, Politik und Finanzen. Sein neues Buch, „Das Kunden-Kartell – die neue Macht des Kunden im Internet", ist im Sommer 2000 bei Carl Hanser erschienen. Seit Anfang April 2000 ist Tim Cole darüber hinaus als META Group Fellow assoziiertes Mitglied eines der führenden weltweiten Analysten-Netzwerke zum Thema E-Business und New Economy.

Kontakt: tim@cole.de

Stefan Feldmann (37) ist seit 1999 Geschäftsführer des neu gegründeten Dienstleistungsunternehmens TeleFactory, dessen Gesellschafter die Siemens Business Services GmbH & Co OHG und die Citykom Münster GmbH sind. Seine Aufgabenschwerpunkte liegen in Technik und Operations. Davor war Hr. Feldmann Prokurist und Leiter der Technik bei der Citykom Münster GmbH Telekommunikationsservice. Vor dieser Tätigkeit war Hr. Feldmann bei der E-plus Mobilfunk für die Festnetzplanung und den Aufbau des Netzbetriebes in Berlin, Brandenburg und Sachsen verantwortlich. Internationale Erfahrung hatte er durch verschiedene Projekte im Bereich der Telekommunikation bei der Lahmeyer Informationstechnik gewonnen. Hr. Feldmann ist Diplom-Ingenieur für Elektrotechnik und hat in Bochum studiert.

TeleFactory GmbH & Co KG
Rösnerstr. 8
48155 Münster
stefan.feldmann@telefactory.de

Jürgen Frischmuth (43) leitet seit 1999 verantwortlich die Geschäfte der Siemens Business Services GmbH & Co OHG in Deutschland. Sein Verantwortungsbereich erstreckt sich über das gesamte Dienstleistungsangebot der SBS für die Informations- und Kommunikationstechnik, von der Management Beratung über Professional Services und die Produktservices bis Outsourcing. Hr. Frischmuth ist Mitglied des Executive Board der SBS. In vorherigen Managementfunktionen war Hr. Frischmuth unter anderem für das weltweite Geschäft der SBS als kaufmännischer Geschäftsführer der Siemens Business Services sowie für den Geschäftszweig Financial Services verantwortlich. Bis Ende 1999 war er ebenfalls Geschäftsführer der SBS Management GmbH, in der die deutschen Outsourcinggeschäfte der SBS verantwortlich geführt werden. Hr. Frischmuth gehört dem Siemens-Konzern seit 1977 an.

Siemens Business Services GmbH & Co OHG Deutschland
Berliner Str. 95
80805 München
juergen.frischmuth@mch20.sbs.de

Uwe Geiger (38) ist seit Oktober 2000 für den Geschäftszweig Industrie, Handel und Medien der Siemens Business Services GmbH & Co OHG Deutschland verantwortlich. Er verantwortet damit ein Volumen von ca. 250 Mio. Euro mit ca. 250 Mitarbeitern. Seine Schwerpunkte liegen hier vor allem in der Marktentwicklung und im Kundenmanagement. Zuvor war Hr. Geiger Leiter des Business Developments der SBS Deutschland. In dieser Funktion hat er entscheidend das Change Management vorangetrieben. Seine vertrieblichen Erfahrungen sammelte Hr. Geiger in seinen Funktionen als Account Manager, Vertriebsleiter und Business-Center-Leiter für Industrie im Südwesten Deutschlands. Hr. Geiger ist seit 1986 im Konzern. Er studierte an der Fachhochschule Nürtingen Betriebswirtschaft.

Siemens Business Services GmbH & Co OHG Deutschland
Löffelstr. 40
70597 Stuttgart
uwe.geiger@stg.siemens.de

Thomas Gläßer (31) ist seit 1999 Geschäftsführer des neu gegründeten Dienstleistungsunternehmens TeleFactory, dessen Gesellschafter die Siemens Business Services GmbH & Co OHG und die Citykom Münster GmbH sind. Seine Aufgabenschwerpunkte sind Marketing, Vertrieb und kaufmännische Aufgaben. Davor war Hr. Gläßer Prokurist und Leiter für Marketing und Vertrieb der Citykom Münster GmbH Telekommunikationsservice. Internationale Erfahrung gewann er in seiner Funktion als Marketing Manager für die Regionen Europa, Afrika und Mittlerer Osten bei der LHS. Hr. Gläßer ist Betriebswirt und hat an der Verwaltungs- und Wirtschaftsakademie Münster studiert.

TeleFactory GmbH & Co KG
Rösnerstr. 8
48155 Münster
thomas.glaesser@telefactory.de

Dipl.-Ing. Wilhelm Haverkamp sammelte nach dem Studium erste Industrieerfahrung bei der Siemens AG, bevor er als wissenschaftlicher Mitarbeiter zum Universitätsrechenzentrum der Heinrich-Heine-Universität Düsseldorf wechselte. Sein besonderes Interesse gilt der Schnittstelle zwischen Hochschule und Wirtschaft. Zusammen mit Prof. Knop gehört er zu den Initiatoren der „*KMU-Tage*" (Kleine und Mittlere Unternehmen) an der Heinrich-Heine-Universität Düsseldorf (*www.compacom.de*), die erstmals im April 2001 stattfinden. Er ist von der IHK Düsseldorf öffentlich bestellter und vereidigter Sachverständiger für Informationsverarbeitung im kaufmännischen und administrativen Bereich.

Heinrich-Heine-Universität Düsseldorf
Universitätsrechenzentrum
Universitätsstr. 1
40225 Düsseldorf
haverkamp@uni-duesseldorf.de

Dr. Wolfgang Karrlein (38) ist seit 1999 verantwortlich für Strategie, Market Research und Marketingstrategie der Siemens Business Services GmbH & Co OHG Deutschland. Seine Arbeitsschwerpunkte liegen vor allem in der Strategie- und Organisationsentwicklung sowie der Marketingkonzeption und -planung. In verschiedenen Fachartikeln hat sich Dr. Karrlein mit den Auswirkungen und Möglichkeiten des E-Business für neue Geschäftsmodelle beschäftigt. Vor seiner jetzigen Aufgabe war Dr. Karrlein leitendes Mitglied einer Task Force, die in der SBS den Roll-out des neuen E-Business Portfolios international vorantrieb. Er gehört dem Konzern seit 1990 an. Dr. Karrlein ist promovierter Chemiker. Zusätzlich erwarb er noch ein Diplom in Volks- und Betriebswirtschaft.

Siemens Business Services GmbH & Co OHG Deutschland
Berliner Str. 95
80805 München
wolfgang.karrlein@mch20.sbs.de

Prof. Dr. Jan Knop ist Direktor des Universitätsrechenzentrums und des Medienzentrums der Heinrich-Heine-Universität Düsseldorf mit ca. 25.000 Studierenden und in dieser Eigenschaft u.a. zuständig für die Vernetzung der Hochschule mit ihren mehr als 8.000 PCs und Workstations. Seine wissenschaftliche Arbeit spiegelt sich wider in mehr als 140 Veröffentlichungen und vier Monographien. J. Knop gehört dem Vorstand von *SAVE* (Siemens Anwender Verein) an und ist dort zuständig für die Bereiche E-Business, Neue Medien und High Performance Computing. Er hat die jährlich stattfindende *DFN-Arbeitstagung über Kommunikationsnetze* (DFN = Deutsches Forschungsnetz) vor 14 Jahren ins Leben gerufen (*www.uni-duesseldorf.de/dfn-tag2000*) und ist Gründungs- und Vorstandsmitglied von *EUNIS – European Universities Information Systems*, dem Dachverband der IT-Verantwortlichen in den europäischen Hochschulen (*www.eunis.org*).

Heinrich-Heine-Universität Düsseldorf
Universitätsrechenzentrum
Universitätsstr. 1
40225 Düsseldorf
knop@uni-duesseldorf.de

Dr. Michael Koppitz (40) ist seit 1995 Leiter der IT-Strategie der RAG Aktiengesellschaft sowie seit 1998 Geschäftsführer der RAG Informatik. Seine Arbeitsschwerpunkte sind IT Operations, Quality Management und strategische Aspekte von Outsourcing. Dr. Koppitz hat auf diesem Gebiet bereits einige Buch- und Fachbeiträge veröffentlicht. Vor seinen jetzigen Aufgaben war Dr. Koppitz als Mitglied der Geschäftsleitung Leiter des Qualitätsmanagements sowie von Einkauf und Materialwirtschaft bei der RAG Informatik. Zuvor hatte er verschiedene Positionen in Entwicklung und Vertrieb im Krupp Konzern und bei der W.C. Heraeus GmbH. Dr. Koppitz studierte Physik in Aachen und promovierte in Essen zum Dr.-Ing.

RAG Aktiengesellschaft
Rellinghauser Straße 1 – 11
45128 Essen
michael.koppitz@rag-informatik.de

Angelika Krämer (30) ist verantwortlich für Marketing und Kommunikation im Bereich Telekommunikation bei Siemens Business Services GmbH & Co. OHG Deutschland. Vor Ihrer heutigen Aufgabe war sie Referentin der Geschäftsleitung Deutschland bei Siemens Business Services. In Fachartikeln und Präsentationen beschrieb Frau Krämer die Auswirkungen von Online-Bestellverfahren auf Geschäftsprozesse im Unternehmen und auf das Partnermanagement. Vor Ihrem Einstieg in den Siemens-Konzern arbeitete sie als Kommunikationsberaterin und freie Redakteurin. Frau Krämer ist Magister der Kommunikationswissenschaft und ausgebildete Fernsehredakteurin.

Siemens Business Services GmbH & Co. OHG Deutschland
Lyoner Straße 27
60528 Frankfurt am Main
angelika.kraemer@ffm2.siemens.de

Willy Landsberg, Ltd. Stadtverwaltungsdirektor, ist Leiter der Stabsstelle Informations- und Kommunikationstechnologie der Stadt Köln. In dieser Funktion ist er einer der Vorreiter und engagierter Förderer von E-Government-Themen in der öffentlichen Verwaltung. Daneben ist Hr. Landsberg Geschäftsführer der Arbeitsgemeinschaft Kommunale Datenverarbeitung Nordrhein-Westfalen (KDN), Mitglied im Kommunalen Koordinierungsausschuss Nordrhein-Westfalen, Mitglied der Arbeitsgruppe EURO beim Deutschen Städtetag, Vorsitzender des Arbeitskreises „Digitale Signatur/Chipkarten des Deutschen Städtetages" sowie Projektleiter der „Köln/Card". Hr. Landsberg ist seit 1965 bei der Stadt Köln für den Fachbereich DV verantwortlich.

Stadt Köln – Stadthaus
01/60 Informations- und Kommunikationstechnologie
Willy-Brandt-Platz 3
50679 Köln
willy.landsberg@stadt-koeln.de

Valdo Lehari jr. (Jg. 53), Volljurist, studierte nach dem Abitur in Reutlingen Rechtswissenschaften in Freiburg i.Br. Das erste Staatsexamen absolvierte er 1977, das zweite am Landgerichtsbezirk Karlsruhe 1979. Seit Mitte der 70er Jahre war er ständiger Teilnehmer der Seminare wissenschaftlicher Veranstaltungen bei Bundesverfassungsrichter i.R. Professor Dr. Konrad Hesse, Universität Freiburg.

Ein Schwerpunkt seiner Arbeiten bestand in staats- und verfassungsrechtlichen Fragestellungen und besonders den damals neuen medienpolitischen und medienrechtlichen Themen. Deshalb war er während der Referendarzeit und anschließend (1978, 1981/82) an der University of California at Berkeley und an der Stanford Law School, Palo Alto, tätig. Dort beschäftigte er sich mit wissenschaftlichen und praktischen Antworten auf die Fragen nach dem Zugang zu den elektronischen Medien für Zeitungsverlage.

Anschließend war Hr. Lehari jr. 2 ½ Jahre Assistent der Geschäftsleitung beim General-Anzeiger Bonn und seit 1980 ist er im familieneigenen Zeitungsverlagsunternehmen REUTLINGER GENERAL-ANZEIGER in der Geschäftsleitung tätig.

Hr. Lehari jr. war Gründungsgeschäftsführer von Radio RT 4 und ist Verwaltungsratsvorsitzender von Antenne Radio Stuttgart. Er ist Vorsitzender des Verbandes Privater Rundfunkanbieter Baden-Württemberg e.V. (VPRA), Stuttgart und stellvertretender Vorsitzender des Verbandes Südwestdeutscher Zeitungsverleger e.V., Stuttgart (VSZV).

Reutlinger General-Anzeiger Verlags-GmbH & Co KG
Burgstr. 1-7
72764 Reutlingen

Jürgen Loos (35) leitet bei der UP2GATE GmbH, einer Start-Up Tochter der Siemens Business Services GmbH & Co OHG, den Bereich Content Management. Hr. Loos ist Gründungsmitglied dieser auf Einkaufsportale spezialisierten Internet-Firma. Davor war Hr. Loos Leiter des Business Center Media Online Services bei der SBS Deutschland. In dieser Funktion fokussierte er sich auf Internet Geschäftsmodelle und erwarb Erfahrungen im Medienumfeld (u.a. Rundfunk, Print). Vertriebliche Erfahrung hat Hr. Loos in verschiedenen Tätigkeiten bei der SNI AG und der ISGI GmbH & Co KG erworben. Hr. Loos hat eine Ausbildung zum Industriekaufmann.

UP2GATE GmbH
Berliner Str. 95
80805 München
juergen.loos@up2gate.siemens.de

Heinrich Mackenberg (34) ist seit dem 01.01.2000 bei Flextronics International Germany als IS Projekt Manager tätig. Zu seinen Arbeitsschwerpunkten gehören dabei die Konzeption, Planung und Einführung neuer ERM und SCM Systeme und die Gestaltung der notwendigen Prozesse. Hr. Mackenberg hat langjährige Erfahrung in der Implementation und dem Management von Logistikprozessen. In diesen Aufgaben- und Themengebieten ist er ein anerkannter Fachreferent. Hr. Mackenberg ist seit dem 01.01.2000 bei Flextronics und war zuvor, nach seiner technischen Ausbildung, bei der Nixdorf Computer AG und der Siemens AG in ähnlichen Funktionen tätig.

Flextronics International Germany
Heinz-Nixdorf-Ring 1
33106 Paderborn
heinrich.mackenberg@de.flextronics.com

Uwe Enno Minolts (54) leitet seit 1999 als Vorstand die Virtuelle Industrie Partner AG in Ulm. Seine Arbeitsschwerpunkte liegen vor allem im Bereich Materialwirtschaft, Logistik und Datenverarbeitung. Das VIPAG-System wurde von Herrn Minolts entwickelt und am Markt platziert. Seine praktische Erfahrung erwarb er als leitender Angestellter und Mitglied der Geschäftsleitung bei IVECO-Magirus, Brandschutztechnik und Sonderfahrzeugbau und bei der Firma CLAAS KGaA Erntetechnik in Harsewinkel (jeweils 10 Jahre). Parallel hat er als Projektleiter bei der DLR, Deutsche Luft- und Raumfahrt Behörde, die Abteilung Arbeit und Technik unterstützt und die Ergebnisse unter dem Titel „Abhängigkeit von Arbeitsplätzen im Logistischen System" veröffentlicht. Weitere Fachbeiträge erschienen im IHK Wirtschaftsmagazin und in Service Today.

Virtuelle Industrie Partner AG
Söflinger Str. 100
89077 Ulm
u.minolts@vipag.de

Dr. Henning Möller (34) ist im Siemens-Geschäftsgebiet „Information and Communication Networks – Enterprise Networks" für das Informationsmanagement sowie die E-Business-Strategie verantwortlich. Im Bereich Informationsmanagement liegt sein Arbeitsschwerpunkt auf der Konzeption und weltweiten Einführung von Informationsmanagementsystemen zur Steuerung und Unterstützung effizienter Geschäftsprozesse, wie z.B. der Produktentwicklung. Vor dieser Tätigkeit arbeitete er in einem Kooperationsprojekt zwischen der Siemens AG, Ericsson, Alcatel, der British Telecom u.a. an der Strukturierung eines Austauschformats für technische Dokumentation auf Basis von SGML sowie an der automatischen Transformation strukturierter Dokumente. Dr. Möller gehört dem Siemens-Konzern seit 1996 an. Er hat in München und Tübingen Physik studiert. Seine Dissertation in Informatik verfasste er als Doktorand in der Siemens-Zentralabteilung Technik.

Siemens AG
Hofmannstr. 51
81359 München
henning.moeller@icn.siemens.de

Jürgen E. Müller (46) leitet seit 1999 das Practice Management für das Thema Business Information Management der Siemens Business Services GmbH & Co OHG in Deutschland. Sein Verantwortungsbereich umfasst das Business Development und Marketing für die Themen Knowledge Management, Product Definition Management, Business Intelligence, Archiving. In vorherigen Managementfunktionen verantwortete Hr. Müller unter anderem das weltweite Geschäft der Siemens Business Services für Content-Aufbereitung als Leiter der Media Services sowie die weltweite Produktplanung und Steuerung für Trainings-Produkte der Siemens Nixdorf AG. Hr. Müller gehört dem Siemens-Konzern seit 1979 an.

Siemens Business Services GmbH & Co OHG Deutschland
Carl-Wery-Straße 22
81739 München
juergen.mueller@mch20.sbs.de

Christian Oecking (38) leitet seit Januar 1999 den Bereich Outsourcing in der Siemens Business Services GmbH & Co OHG Deutschland. Zugleich ist er Geschäftsführer der SBS Management GmbH. Seine Interessenschwerpunkte liegen vor allem in den strategischen Aspekten von Outsourcing-Projekten sowie deren Auswirkung auf den Firmenwert der jeweiligen Partnerunternehmen. Hr. Oecking ist anerkannter Fachautor und Referent zum Themenkomplex Strategisches Outsourcing. Vor seinem Eintritt in die SBS im Jahre 1998, war Hr. Oecking u.a. als Director Business Development bei der EDS Electronic Data Systems Deutschland GmbH tätig. Hr. Oecking ist Diplom-Ingenieur und studierte in an der Universität Dortmund die Fachrichtung Maschinenbau.

Siemens Business Services GmbH & Co OHG Deutschland
Otto-Hahn-Ring 6
81739 München
christian.oecking@mch20.sbs.de

Carsten Schmidt (37) ist seit 1998 verantwortlich für die Practice Supply Chain Management (SCM) der Siemens Business Services GmbH & Co OHG Deutschland. Seine Arbeitsschwerpunkte liegen vor allem in der SCM Strategie-, Portfolio- und Geschäftsentwicklung sowie dem Partnermanagement. In verschiedenen SCM-Projekten hat sich Hr. Schmidt mit dem Zusammenspiel und den Möglichkeiten von SCM im Rahmen neuer E-Business-Geschäftsmodelle beschäftigt. Vor seiner jetzigen Aufgabe war Hr. Schmidt als Projekt- und Produktmanager verschiedener IT-Vorhaben im Produktions- und Logistikbereich in unterschiedlichen Branchen tätig. Er gehört dem Siemens-Konzern seit 1988 an. Hr. Schmidt ist Diplom-Ingenieur Elektrotechnik, Fachrichtung Informationstechnik.

Siemens Business Services GmbH & Co OHG Deutschland
Neue Straße 20
38100 Braunschweig
carsten.schmidt@bwg.sbs.de

Alwine Schmitt-Kett leitet seit 1999 die Abteilung *Value-Added-Services-Prozesse* im Bereich Organisation und Information von Siemens IT Service. In dieser Position hat sie frühzeitig den Einfluss von E-Business-Möglichkeiten auf das Servicegeschäft untersucht und die Architektur der entstandenen E-Business-Lösungen wesentlich beeinflusst sowie ihre Umsetzung verantwortlich durchgeführt. Zuvor arbeitete sie in mehreren Geschäftsgebieten der Siemens AG, zuletzt als CIO von zwei verschiedenen Organisationseinheiten. Davor übte sie verschiedene Funktionen im Projektgeschäft und in der Produktplanung aus. Frau Schmitt-Kett gehört dem Siemens-Konzern seit 1990 an. Davor war sie für eine Unternehmensberatung und das Rechenzentrum der Universität des Saarlandes in leitender Funktion tätig. Frau Schmitt-Kett ist Diplom-Informatikerin.

Siemens IT Services
Otto-Hahn-Ring 6
81739 München
alwine.schmitt-kett@mch.siemens.de

Jürgen Schomakers (37) leitet seit Februar 2000 als Practice Manager den Bereich Customer Relationship Management in der Siemens Business Services GmbH & Co OHG Deutschland. Seine Arbeitschwerpunkte liegen vor allem in der Strategie-, Konzept- und Anwendungsberatung im Umfeld von CRM-Fragestellungen. In dieser Funktion tritt Hr. Schomakers als Referent auch auf Fachkongressen auf. Vor seiner jetzigen Aufgabe war er als Area Sales Manager für die Region Asia/Pacific in der SICAD GEOMATICS verantwortlich. Er begann seine Laufbahn 1991 bei der Siemens Nixdorf Informationssysteme AG. Hr. Schomakers studierte Wirtschaftsgeographie, Politik und Rechtswissenschaften.

Siemens Business Services GmbH & Co OHG Deutschland
Carl-Wery-Str. 22
81739 München
juergen.schomakers@mch20.sbs.de

Michael Stopka (47) ist seit dem Spin-Off der neugegründeten TecCom GmbH im September 2000 deren Executive Vice President Finance & Controlling. Seit 1997 war Hr. Stopka verantwortlicher Manager für das TecCom-Projekt der TecDoc Informations-System GmbH in Köln. In dieser Funktion arbeitete er als „Gateway" zwischen den Anforderungen der Teilnehmer des Automotive Aftermarket und der Umsetzung durch den TecCom Account der Siemens Business Services Deutschland. Hr. Stopka ist Diplom-Volkswirt und arbeitete nach seiner Ausbildung als Steuerberater im Bereich der Wirtschaftsprüfung und in der Folgezeit als CFO in der Industrie und als Unternehmensberater für SAP R/3. Seine Arbeitsschwerpunkte waren neben den kaufmännischen Bereichen Tätigkeiten im Bereich des M&A (Merge & Acquisition), der Strategieentwicklung und in Projekten der CIM-Technologien.

TecCom GmbH
Ostmerheimer Str. 198
51109 Köln
michael.stopka@teccom-eu.net

Franz Trimborn (35) ist verantwortlich für das Global Business Management E-Business in der Siemens Business Services GmbH & Co OHG. Seine Arbeitsschwerpunkte liegen in der Fokussierung und Weiterentwicklung des globalen E-Business-Portfolios der SBS. Davor war Hr. Trimborn als Leiter der Strategie für den Aufbau des international arbeitenden Bereichs E-Business Solutions tätig. Er war in verschiedenen strategischen Funktionen und als Marketingverantwortlicher für Internet- und E-Business-Themen seit seinem Eintritt in den Siemens-Konzern 1991 tätig. Hr. Trimborn studierte an der Hochschule St. Gallen Wirtschafts-, Rechts- und Sozialwissenschaften. Im Jahr 2000 absolvierte er das von Siemens Business Services durchgeführte Change Agent Program mit Studienaufenthalten am Massachusetts Institute of Technology (MIT), der Stanford University und INSEAD, Fontainebleau.

Siemens Business Services GmbH & Co OHG
Carl-Wery-Str. 22
81730 München
franz.trimborn@mch20.sbs.de

Thomas Weiser (38) leitet in der UP2GATE GmbH, einer Start-Up-Tochter der Siemens Business Services GmbH & Co OHG, den Bereich Vertrieb und Business Development. Hr. Weiser ist Gründungsmitglied dieser auf Business-to-Business-Portale spezialisierten Internet-Firma. Er entwickelte die Grundidee zu UP2GATE und leitete von August 1999 bis zur Ausgründung im August 2000 das SBS-interne UP2GATE-Projekt. Davor absolvierte Hr. Weiser das von Siemens Business Services durchgeführte 12-monatige Change Agent Program mit Studienaufenthalten am Massachusetts Institute of Technology (MIT), der Stanford University, INSEAD und CEIBS, Shanghai. Hr. Weiser war seit 1989 in verschiedenen Unternehmen der Informationstechnologie-Branche im Vertrieb für Industriekunden tätig. Seit 1995 konzentrierte er sich auf den R/3-Lösungsvertrieb und initiierte und betreute dabei nationale sowie internationale Implementierungs- und Roll-Out-Projekte. Hr. Weiser ist Diplom-Wirtschaftsingenieur (FH).

UP2GATE GmbH
Berliner Str. 95
80805 München
thomas.weiser@up2gate.siemens.de